中国科学院大学研究生教材系列

基于深度学习的
自然语言处理基础教程

胡 玥 曹亚男 方 芳 尚燕敏 著

科 学 出 版 社
北 京

内 容 简 介

本书作为基于深度学习的自然语言处理基础教程，介绍基于深度学习的自然语言处理领域的各种技术范式以及相关概念，构建该领域的知识体系，帮助读者对该领域知识有全面和系统的了解。全书共 12 章，分别介绍深度学习自然语言处理数据资源、常用的神经网络模型、语言模型的基本概念、注意力机制的基本概念、自然语言处理基本任务及建模方法、预训练语言模型，以及典型的自然语言处理核心任务模型。

本书的读者对象为自然语言处理初学者、计算机科学专业的本科生或研究生、自然语言处理相关从业者等。

图书在版编目（CIP）数据

基于深度学习的自然语言处理基础教程 / 胡玥等著. -- 北京 ：科学出版社，2025. 6. --（中国科学院大学研究生教材系列）. -- ISBN 978-7-03-081695-5

Ⅰ. TP391

中国国家版本馆 CIP 数据核字第 2025JD4046 号

责任编辑：郭　媛　孙伯元 / 责任校对：崔向琳

责任印制：师艳茹 / 封面设计：无极书装

科学出版社 出版

北京东黄城根北街 16 号

邮政编码：100717

http://www.sciencep.com

北京九州迅驰传媒文化有限公司印刷

科学出版社发行　各地新华书店经销

*

2025 年 6 月第　一　版　开本：720×1000　1/16

2025 年10月第二次印刷　印张：13 1/4

字数：268 000

定价：99.00 元

（如有印装质量问题，我社负责调换）

前　言

随着人工智能技术的迅速发展，自然语言处理作为其核心研究领域，不断取得重要突破，尤其是在深度学习和大规模预训练语言模型的推动下，自然语言处理的性能显著提升，为未来的人工智能发展提供了前所未有的发展机遇。为帮助初学者、研究者以及从业者更好地了解这一领域的知识体系、技术变迁及发展趋势，作者决定撰写本书。

本书的内容源于作者所在的教学团队在中国科学院大学开设多年的“自然语言处理基础”课程的经验积累。近年来，随着自然语言处理领域技术的飞速发展，作者的授课内容经历了从统计自然语言处理到深度学习自然语言处理的更迭，自然语言处理领域涵盖众多不同时期的技术和知识点，且各种处理技术层出不穷，如果对该领域知识缺乏系统性的了解和全面的认识，势必会给学习造成困难。为此，作者按技术变迁的脉络对自然语言处理的整体知识体系架构进行梳理，介绍各时期的技术特点及相应的基础理论、技术方法、基础技术、核心应用、数据资源等要素，旨在帮助读者对庞大的自然语言处理领域的技术发展及体系架构有全面、系统的认识，为进一步学习奠定基础。

在本书撰写过程中，作者充分兼顾了内容的深度与广度。本书内容从基础到进阶，层层递进，不仅能为初学者提供详尽的基础理论介绍，也能为具有一定经验的研究者和从业者深入探讨前沿技术提供依据。本书结合实际应用案例和任务示例，帮助读者在学习理论的同时，理解自然语言处理技术在实际工作中的具体应用。

在全面梳理自然语言处理体系架构的基础上，本书将内容定位在当前主流的基于深度学习的自然语言处理方法。作者按知识间的支撑关系和技术范式变迁的时间顺序，将整个体系架构纵向分为数据资源层、理论基础层、基本概念层、基本任务层、核心应用任务层五个层次，横向分为任务神经网络方法阶段（第二范式）、预训练语言模型+精调阶段（第三范式）、预训练语言模型（大语言模型）+提示工程阶段（第四/五范式）三个阶段，构建基于深度学习的自然语言处理二维知识体系架构，确保教学内容的全面性和系统性。

在本书的撰写过程中，还得到其他人员的帮助，特别感谢任昱冰老师在整理过程中所付出的努力，同时向所有为撰写本书做出贡献的人员表示衷心的感谢，他们是（按姓氏笔画排列）于静、王骐昊、邓一帆、邢璐茜、刘一龙、孙雅静、孙楠、李运鹏、李卓凡、张兴盛、陆明哲、武佳悦、周红、屈详颜、赵国宇、南艺璇、顾子涵、翁金塔、郭平、唐源民、梅明阳、彭伟、谢玉强。

此外，特别感谢中国科学院大学教材出版中心的资助与支持，使本书能够顺利出版。本书与中国科学院大学网络空间安全学院开设的“自然语言处理基础”课程紧密配合，旨在为该课程提供系统化的教材支持。感谢中国科学院大学网络空间安全学院作为本书的第一完成单位，为本书的撰写工作提供的有力支持。感谢科学出版社编辑出版团队的大力协助，以确保本书能够顺利面世。希望本书能够为广大读者提供有价值的参考，帮助大家掌握自然语言处理的基础知识，并深入理解前沿技术的发展动态。

由于作者水平有限，书中难免存在不妥之处，真诚地希望各位读者不吝赐教，批评指正。

胡　玥

2024 年 11 月

目　　录

第1章　绪　　论

1.1　人工智能与自然语言处理

1.1.1　人工智能

人工智能（artificial intelligence，AI）是引领未来科技发展的核心技术。国际数据公司（International Data Corporation，IDC）近期发布的多份报告显示，2024年全球人工智能及生成式人工智能总投资规模为3158亿美元，有望在2028年增至8159亿美元，其中中国人工智能投资预计突破1000亿美元。人工智能已成为全球科技竞争的核心领域。

人工智能的基本目标是构建能够智能处理任务的系统，使机器能够像人类一样执行任务（如学习、推理、规划和决策等）。这一概念可以追溯到1950年，英国数学家阿兰·图灵在其著名论文《计算机器与智能》中提出的图灵测试：将一个人和一台计算机隔离开，让提问者与二者进行交流，如果提问者无法区分出哪方是人、哪方是计算机，则表明计算机具备了类似于人的智能。

人工智能系统应具有以下几个层次的能力。

（1）运算智能：包括记忆和计算能力。

（2）感知智能：包括听觉、视觉和触觉的感知能力。

（3）认知智能：包括理解和使用语言、掌握并运用知识，以及基于语言和知识进行推理的能力。

（4）创造智能：在现有条件和想象力的基础上创作出作品或产品的能力。

随着计算机视觉、语音处理等技术的快速发展，机器已经具备了感知智能。因此，人工智能研究的重点正逐步从感知智能向认知智能迈进，其中最关键的任务是使计算机能够像人类一样理解和使用自然语言，并利用其承载的知识进行推理和决策。

1.1.2　自然语言处理

自然语言是人类社会发展过程中约定俗成的语言系统，用于沟通和思维的表达，涵盖了如中文、英语、日语等通过发声器官产生的声音来表达的发声语言，以及手语、旗语等通过手势、口令、符号等非声音方式来表达的非发声语言。自然语言处理（natural language processing，NLP）是一种利用计算机对人类特有的书面和口头自然语言进行分析、理解和生成的技术，旨在促进人与计算机及人与人之间的有效交流。自然语言处理是人工智能的一个重要分支，也是实现认知智能过程中的核心问题。

1.1.3 自然语言处理知识体系

自然语言处理知识体系主要包括：①需要完成的语言处理任务；②各任务采用什么样的实现技术；③各类技术需要的相关知识和资源支撑，如理论工具、数据资源等。

1.2 自然语言处理任务

自然语言处理核心任务主要包括独立完成自然语言处理任务的核心应用任务和构成该任务层的核心基本任务（图 1.1）。

其中，核心应用任务包括但不限于以下典型的自然语言处理任务。

（1）机器翻译：实现一种语言到另一种语言的自动化翻译。

（2）情感分析：通过计算机判断文本中蕴含的情感倾向，如正向情感或负向情感。

（3）信息抽取：从指定的非结构化文档或海量文本中抽取用户感兴趣的相关信息，形成结构化信息，包括命名实体识别、关系抽取和事件抽取。

（4）问答系统：通过计算机理解用户提出的问题，在相关知识资源中检索并生成答案。

（5）阅读理解：要求系统在给定的文本范围内回答非事实性、抽象性较强的问题，较传统问答任务更具挑战性。

（6）智能对话：通过计算机系统对用户提出的问题进行理解，利用自动推理等手段并根据具体任务进行多轮对话以实现预定目标。

（7）自动文摘：利用计算机从一篇或多篇长文档中提取关键内容，生成简洁的摘要。

（8）信息检索：通过计算机系统从大量文档中找到用户所需的信息。

核心基本任务可归纳为以下四类基础任务。

（1）文本分类：利用计算机对文本按照分类标准实现自动归类，如新闻分类、情感分类等。

（2）文本匹配：广义地将研究两段文本间关系的问题定义为文本匹配问题，

匹配含义根据任务的不同有不同的定义，如复述识别、文本蕴含识别、问答、对话等。

（3）序列标注：将输入的语言序列转化为标注序列，通过标注序列的标签含义来解决问题，如实体识别、事件中的角色抽取等。

（4）序列生成：根据输入的内容生成一串特定的输出序列，如机器翻译、自动文摘、问答等。

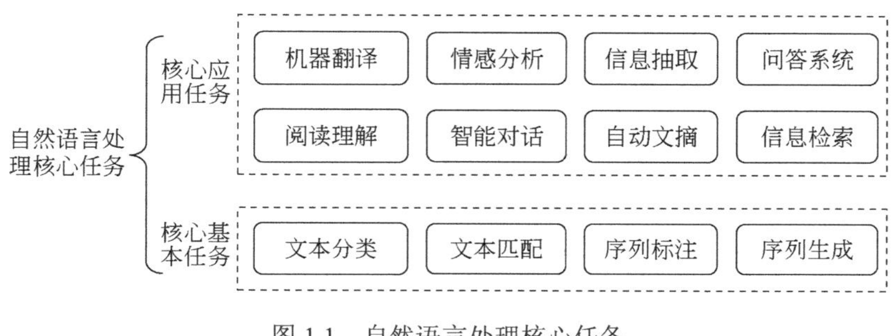

图 1.1　自然语言处理核心任务

1.3　自然语言处理技术

由于自然语言处理技术经过了漫长的发展历程，不同学派对自然语言的本质有不同的理解和处理方法，同一学派也随着技术的发展经历了不同技术范式的变迁，各个时期的技术有着不同的特点，为了理清自然语言处理技术的发展脉络，需要对历史上不同的学派及整体的技术发展历程有所了解[1]。

1.3.1　自然语言处理学派

纵观自然语言发展历史，自然语言处理学派主要分为理性主义学派和经验主义学派两大学派。

理性主义学派以语言学家诺姆·乔姆斯基为代表，他认为人类生成合乎文法的句子的能力是与生俱来的，因此该学派采用的技术路线是通过人工规则的方法描绘人脑中的语言规律，具体为通过一组有限的规则作用于有限的词汇集，生成无限的、合乎语法的句子。该学派的理论基础主要是乔姆斯基的语言理论，即采用人工规则的方法处理语言。理性主义学派的优势在于其语言知识表示直观且灵活，能够表达复杂的语言结构，且具备强大的描述和生成能力。然而，其不足在于语言知识覆盖率较低，解决语言冲突的机制不统一，且规则制定劳动强度大、成本高。此外，由于自然语言不断发展，基于人工规则的方法应变能力较弱。

经验主义学派以行为心理学家伯尔赫斯·弗雷德里克·斯金纳为代表人物，他认为人类语言能力是通过学习获得并通过反复实践而约定俗成的结果。因此，该学派的技术路线主要是数据驱动的统计学习方法，即采用机器学习方法从数据中提取语言规律。该学派早期的理论基础是信息论和概率论，研究要素包括数学理论、统计算法和训练语料。经验主义学派的优势在于大规模数据提升了语言知识的覆盖率，并具备应对语言发展变化的能力；统计模型还提供了统一的冲突解决机制。然而，其不足之处在于难以表示复杂、深层次的语言知识，且对数据稀缺的语言（如小语种）缺乏有效解决方案。

1.3.2 自然语言处理发展历程及技术变迁

作为一门新兴的交叉学科，自然语言处理经历了曲折的发展历程，从 20 世纪 60 年代的步履艰难期，再经历复苏期和繁荣期，最终步入如今的蓬勃发展期（图 1.2）。

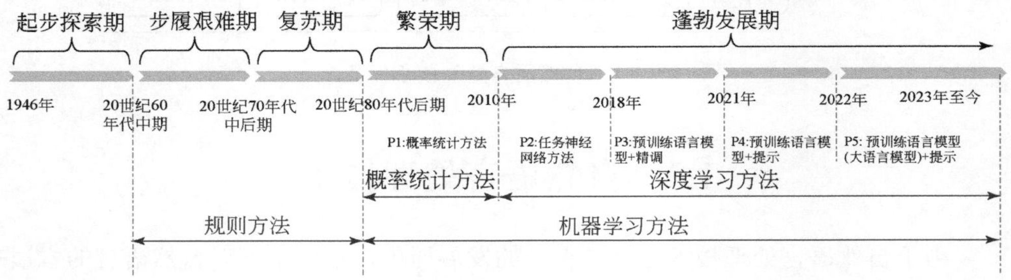

图 1.2　自然语言处理发展历程及技术变迁

起步探索期：自然语言处理起源于机器翻译的研究工作，早在 1946 年，艾克特和莫克利设计了世界上第一台电子计算机埃尼阿克（ENIAC）。随后，英国工程师安德鲁·唐纳德·布斯和美国洛克菲勒基金会的沃伦·韦弗首次提出了机器翻译的概念。1956 年，美国语言学家诺姆·乔姆斯基借鉴了香农的有限状态马尔可夫过程理论，提出了形式语言理论，该理论将符号序列定义为形式语言，并成为计算机科学的重要理论基石。在此期间，机器翻译引发了美国和英国学术界的广泛兴趣，并得到了工业界的支持。1954 年，乔治敦大学在国际商业机器（International Business Machines，IBM）公司的协助下，利用 IBM-701 计算机实现了世界上第一个俄译英的机器翻译系统，并于当年 1 月在纽约公开演示。在接下来的十多年里，国际上掀起了对机器翻译的研究热潮，众多自然语言人机接口系统和对话系统相继问世。

步履艰难期：在自然语言处理技术取得初步进展后，1964 年，美国科学院成立了自动语言处理咨询委员会（Automatic Language Processing Advisory Committee，

ALPAC），以评估机器翻译的研究状况。1966 年 11 月，ALPAC 发布了《语言与机器》报告，并在报告中对机器翻译可行性提出了质疑。受其影响，许多国家的机器翻译研究陷入低潮，自然语言处理进入了步履艰难期。

复苏期：经过一段低迷期后，弗莱德里克·贾里尼克领导的 IBM 华生实验室以及卡内基梅隆大学的詹姆斯·贝克团队在统计方法语音识别算法的研发中取得了重大突破：提出了隐马尔可夫模型和噪声信道与解码模型，这些模型后来被广泛应用于自然语言处理领域。

繁荣期：1993 年 7 月，在日本神户召开的第四届机器翻译高层会议上，英国著名学者约翰·哈钦斯在特约报告中指出，机器翻译的发展进入了一个新纪元。伴随着这一新纪元的到来，自然语言处理技术进入了繁荣期。在该繁荣期，基于数据驱动的概率统计方法得到了广泛应用，并在诸多领域取得了显著成果，机器翻译、信息抽取等技术逐步应用于实际工业场景中。

蓬勃发展期：2006 年，随着杰弗里·辛顿提出了训练深层网络的新思路，其中包括无监督学习、分层预训练以及新的网络结构，开启了深度学习时代。2012 年底，辛顿的博士生亚历克斯·克里泽夫斯基和伊利亚·苏茨凯弗利用深度学习方法在 ImageNet 大规模视觉识别挑战赛（ImageNet Large Scale Visual Recognition Challenge，ILSVRC）中获得第一名，将准确率从 74.3%提升至 84.7%。这一进展震惊了机器学习领域，推动了深度学习技术的飞速发展，与此同时深度学习方法在自然语言处理领域也得到广泛应用，并迅速取得突破性进展，成为当前自然语言处理的主流方法，随着人机对话、智能问答等更高层次的自然语言处理人工智能产品的问世，自然语言处理进入蓬勃发展期。

在不同的发展时期有着不同的主流技术，20 世纪 60 年代中期到 20 世纪 80 年代后期，理性主义学派的规则方法占主导地位，该方法主要通过人工方法描绘人脑中的语言规律并通过计算机辅助进行分析；从 20 世纪 80 年代后期至今，经验主义学派的机器学习方法占主导地位，其中，20 世纪 80 年代后期到 2010 年，以概率统计的机器学习方法占主导地位，2010 年至今，以深度学习的机器学习方法成为当今主流方法，整体机器学习方法随着技术的发展经历了以下五个范式（图 1.2）的变迁。

第一范式：非神经网络的概率统计方法（特征工程阶段）。该范式主要以概率图模型为工具对自然语言进行处理，模型主要有贝叶斯、隐马尔可夫、最大熵、条件随机场等。其特点是需要人工进行大量的特征模板定义，一般采用管道方法。其优点是可解释性强，缺点是解决问题的方法比较复杂。

第二范式：任务神经网络的完全监督学习方法（网络工程阶段）。该范式主要通过设计任务神经网络模型来完成相应的任务处理，模型主要为各种神经网络模型，一般采用端到端解决方案。其优点是模型自动提取特征，不需要人工定义特征模板，使处理问题的方法变得简单，缺点是需要大量标注数据（有监督），可解释性差。

第三范式：预训练语言模型+精调（目标工程阶段）。神经网络方法一般为有监督学习方法，需要大量的任务标注数据，但标注数据往往有限，如何解决任务模型在较少的标注数据条件下获得高性能问题是自然语言处理的重要问题。预训练语言模型+精调范式采用了迁移学习的思想，通过自监督学习从大规模语料数据中获得与任务无关的通用预训练语言模型，然后用训练好的预训练语言模型提高下游任务的性能。其特点是研究重点转向预训练语言模型的目标工程，引入各种辅助任务并将其添加到预训练语言模型中，以便使其适配下游任务，之后通过引入额外的参数，用特定任务的目标函数对模型进行精调，使其更适配下游任务。其优点是在预训练语言模型的加持下，目标任务可以用有限的任务标注数据获得高性能结果。

第四范式：预训练语言模型+提示（提示工程阶段）。随着预训练语言模型参数量的加大和训练数据规模的增加，预训练语言模型的功能逐步增强，可以单独用预训练语言模型完成下游任务。不同于第三范式的通过目标工程使预训练语言模型适应下游任务的方法，第四范式重新定义下游任务建模的方式，通过利用合适的提示实现尽量利用原始的预训练语言模型解决任务问题。其优点是可以充分利用预训练语言模型的能力解决小样本或零样本学习问题，缺点是需要重新定义下游任务形式和人工设计提示模板。

第五范式：预训练语言模型（大语言模型）+提示。该范式仍然采用预训练语言模型+提示范式，其与第四范式的主要区别在于，第五范式中预训练语言模型统一为生成模式的大规模预训练语言模型，并进行与人类价值观对齐的强化训练，使得预训练的大语言模型功能更强大、使用更方便，在该范式下完成下游任务时不必重新对任务形式进行建模，可直接通过自然语言交流的方式利用大语言模型完成任务，同时发展出上下文学习、思维链等多种形式的提示。

对于自然语言处理任务，在不同的历史时期有着不同的技术解决方案，不同的技术解决方案需要的资源和知识支撑体系也不同。

1.4 自然语言处理技术支撑理论及资源

每一种自然语言处理技术想要顺利完成应用任务，都需要依赖其底层的自然语言处理方法、基础理论和相应的数据资源，即每种技术的实现离不开相关的理论和知识体系的支撑。

自然语言处理技术的发展经历了基于规则的方法、基于统计学习的方法到基于深度学习的方法的演进。各方法的知识体系不尽相同，本节将分别对各种方法的知识体系进行阐述。

本书以自然语言处理核心任务不变，各种实现技术演进为主线展开，归纳了自然语言处理体系整体架构（图 1.3），并分别给出了各技术方法的理论基础、基本概念和相关数据资源等支撑要素。

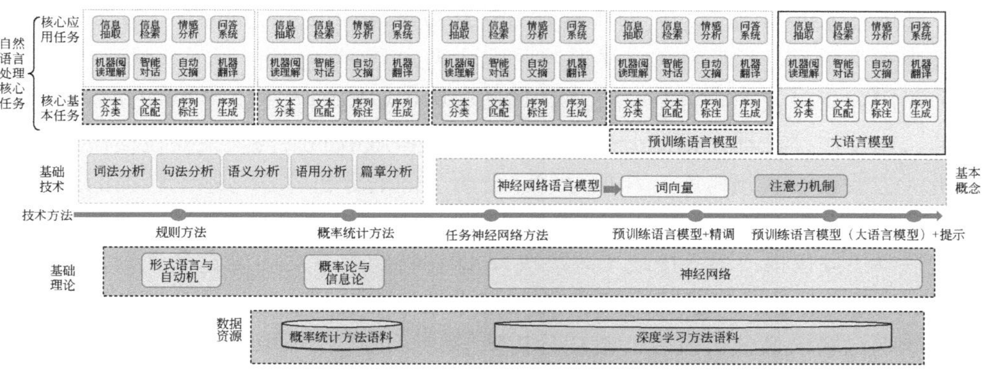

图 1.3 自然语言处理体系整体架构

整个体系架构横向表示知识体系之间的层次关系，纵向表示技术随时间演进的不同范式建模的知识支撑体系。

横向分为核心任务层、技术方法层、基础理论层、数据资源层、基础技术/基本概念层。

（1）核心任务层。该层包括自然语言处理核心应用任务和构成核心应用任务的核心基本任务，其中，核心应用任务包括传统的机器翻译、情感分析、信息抽取、信息检索、问答系统、阅读理解、智能对话、自动文摘等应用任务，核心基本任务包括文本分类、文本匹配、序列标注和序列生成四类基本任务。

（2）技术方法层。随着技术的演进，技术方法分为规则方法和机器学习方法两大类，机器学习方法又分为概率统计方法和深度学习方法，深度学习方法又分为任务神经网络方法、预训练语言模型 + 精调和预训练语言模型（大语言模型）+ 提示三个范式。

（3）基础理论层。不同的处理方法其支撑理论不同，其中，规则方法的基础理论为形式语言与自动机，概率统计方法的基础理论为概率论与信息论，深度学习方法的基础理论为神经网络。

（4）数据资源层。语料数据是机器学习方法的基本要素，也是主要知识来源，模型训练离不开语料数据，由于概率统计方法和深度学习方法采用的机器学习模型不同，所以需要的语料的表示和标注形式也有所不同。概率统计方法语料主要是服务概率模型的自然语言数据以及语言知识库，如布朗语料库、宾州树库、布拉格依存树库、知网、知识图谱等。深度学习方法语料主要有按神经网络模型学习的任务标注数据集，以及训练预训练语言模型的大量未标注的自然语言文本和相应服务于大语言模型微调和测试等作用的数据语料，以及一些平台工具，如网页数据集、维基百科等。

基础技术/基本概念层：对于规则方法和概率统计方法，这两种方法均是以词为最小意义单元，这两种方法的基础技术主要包括词法分析、句法分析、语义分析、语用分析以及篇章分析。其中，词法分析用于将输入的文字串划分为一个个单词，以便后续处理。句法分析用于解析句子和短语的结构，主要包括短语结构分析（主要采用宾州树库）和依存句法分析（图的分析算法与基于转换的分析算法）。语义分析旨在解释自然语言中各部分（词、词组、句子、段落、篇章）的意义，主要任务包括：词义排歧（词层次），即在特定上下文中确定多义词的具体含义；语义角色标注（句子层次），即为句子中的每个动词标注相关名词及其语义角色，属于浅层语义分析技术。语用分析研究语言的外部环境对语言使用的影响，即根据语境确定单词或语言成分的适当释义或含义。篇章分析涉及句子之间、段落之间的关系及其类型的划分，分析跨越单个句子的词与词之间的关系，以及话题的继承与变化，篇章分析主要包括篇章连贯性分析与篇章衔接性分析。深度学习方法，区别于规则方法和概率统计方法，其不需要进行分词和句法分析等基础技术工作，其基本概念主要是神经网络语言模型、词向量、注意力机制和预训练语言模型。其中，第二范式以语言模型、词向量和注意力机制为基本概念，第三范式～第五范式在语言模型、词向量和注意力机制的基础上加入了预训练语言模型的基本概念。

纵向分为规则方法、概率统计方法（第一范式）和深度学习方法。其中，深度学习方法又分任务神经网络方法（第二范式）、预训练语言模型+精调（第三范式）、预训练语言模型+提示（第四范式）和预训练语言模型（大语言模型）+提示（第五范式）。

1.5 本书知识体系

本书重点讨论当今主流的基于深度学习的自然语言处理方法。全书章节按技术发展的先后顺序进行编排，基于深度学习的自然语言处理的知识体系整体组织架构如图 1.4 所示。

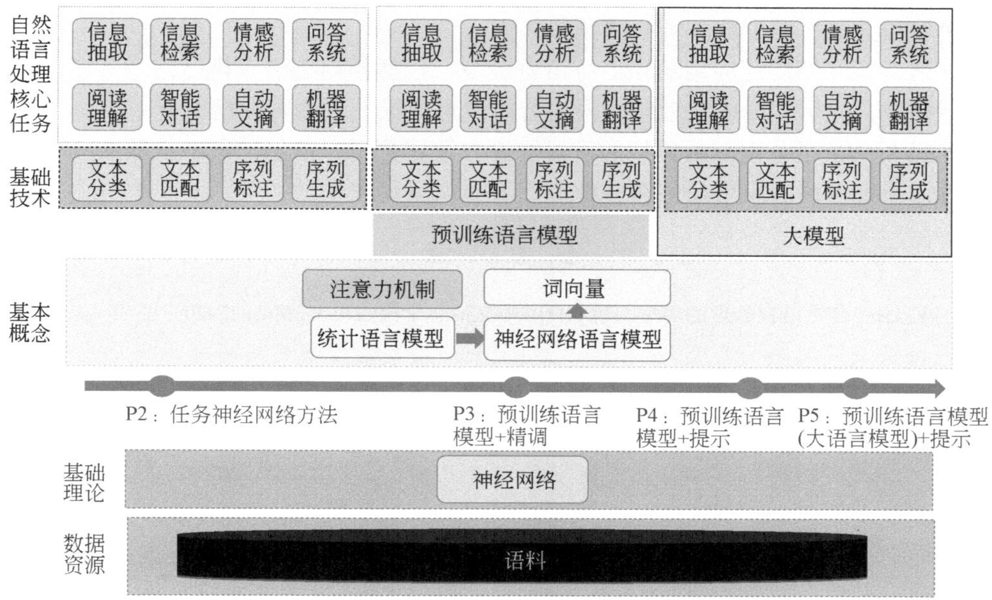

图 1.4　基于深度学习的自然语言处理的知识体系整体组织架构

第 1 章介绍自然语言处理的基本概念、自然语言处理的核心任务、自然语言处理的发展历程，以及技术范式的变迁和各技术范式的特点，构建了自然语言处理随技术变迁的知识体系整体架构，使读者对复杂庞大的自然语言处理体系有了整体的认识；构建了基于深度学习的自然语言处理知识体系架构，并按知识先后关联脉络编排了本书的整体组织架构。

第 2 章介绍基于深度学习时代的自然语言处理方法中常用的数据资源和支撑平台。

第 3 章介绍当前自然语言处理主流方法中深度学习的相关知识和在自然语言处理中常用的前馈神经网络、卷积神经网络、循环神经网络以及基本的模型训练算法。

第 4 章介绍语言模型的概念以及统计语言模型和神经网络语言模型各自的学习方法及特点，介绍词向量的概念和传统的浅层词向量训练方法。

第 5 章介绍自然语言处理中的注意力机制概念，以及传统注意力机制模块的应用和编码机制模块的应用。

第 6 章在前 5 章的基础上，按技术发展脉络首先介绍第二范式下的自然语言处理的四类基本任务：文本分类、文本匹配、序列标注和序列生成，以及各类任务的建模方法和基本模型。其中序列生成中的 Transformer 模型为第 7 章预训练语言模型和大语言模型准备了必要预修知识。

第 7 章介绍广泛应用的预训练语言模型，包括预训练语言模型的基本概念、典型模型、提示学习以及近年来人工智能热点成果的大语言模型。

第 8～12 章分别介绍典型的机器翻译、情感分析、信息抽取、机器阅读理解和对话系统等核心应用任务在各种范式下的模型及应用。

参 考 文 献

[1] 冯志伟. 自然语言处理的历史与现状[J]. 中文信息学报, 2016, 30(4): 12-20.

第 2 章　深度学习自然语言处理数据资源

深度学习作为一种机器学习方法，数据资源是其必需的支撑要素。随着技术的发展，基于深度学习的自然语言处理领域的数据资源演变出了不同的自然语言处理范式，不同的范式有不同的技术特点，使得各范式对数据资源的需求也不相同。

在任务神经网络方法（第二范式）时期，各种语言处理任务主要以建立任务神经网络模型并通过有监督的学习方法训练任务模型来完成各种任务。在此期间，所需数据资源主要用来训练任务神经网络模型，所以该时期所用数据资源一般针对各类任务标注数据集。由于此时的模型只有任务参数，而任务参数知识有限，所以模型在需要世界知识的任务上往往表现不佳，因此在第二范式时期常常会引入知识图谱、常识图谱等外部资源。

在预训练语言模型+精调（第三范式）时期，任务的处理模型变为预训练语言模型参数+下游任务模型参数的形式。在此期间，训练工作有两部分：一部分是对预训练语言模型的训练，这部分工作需要大量无标注文本数据；另一部分是用下游任务标注数据集对模型进行精调（精调下游任务模型参数或同时精调下游任务参数和预训练语言模型参数），这部分工作需要由任务标注数据集来完成，这个任务标注数据集可复用第二范式的任务标注数据集。

在预训练语言模型+提示（第四/五范式）时期，由于完成任务不再需要下游任务参数，训练工作主要针对预训练语言模型（大语言模型），在此期间，对大语言模型训练有两项工作：一项是对大语言模型进行基本的预训练工作，这项工作需要大量的无标注数据集；另一项工作是在大语言模型预训练好以后，对语言模型进行微调。该项工作是希望语言模型在某一方面具有更强的特定能力，同时具有与人类价值观对齐的特质。微调分两步：①用标注好的指令微调数据，对语言模型进行有监督的指令微调，这步需要用标注好的指令微调数据集完成工作；②用预训练对齐数据集对语言模型进行对齐微调，这步需要用标注好的预训练数据集对齐微调数据集，为后续的对齐强化训练工作提供训练收益评判模型。总之在此范式中，大语言模型的训练需要无标注预训练数据和预训练微调数据，其中预训练微调数据包括预训练指令微调数据和预训练对齐微调数据。

综上所述，深度学习模型训练所需数据集可分为：①任务标注数据集；②预训练数据集；③预训练语言模型微调数据集。第二范式主要采用任务标注数据集，第三范式采用预训练数据集和任务标注数据集，第四/五范式采用预训练数据集和预训练语言模型微调数据集。

2.1 任务数据资源

2.1.1 文本分类

文本分类任务是自然语言处理中的基本核心任务之一，旨在对给定的文本进行自动归类。该任务广泛应用于各类场景，如垃圾邮件检测、新闻分类、情感分析和主题识别等。

20 Newsgroups 数据集[1]是一个经典的文本分类数据集，包含约 18 000 篇来自 20 个不同新闻组的新闻文章，每个新闻组代表一个特定的主题类型，如体育、计算机技术、医学、政治等。

AG News 数据集[2]是 AG 新闻文章语料库的子数据集，由 AG 语料库中四个最大类型（世界、体育、商业、科技）的文章标题和描述字段构建而成，每个类包含 30 000 个训练样本和 1900 个测试样本，训练样本总数为 12 万个。

SMS Spam Collection 数据集[3]是一个被广泛使用的短信分类数据集，包含多种类型的短信内容，如促销信息、诈骗内容和正常通信，其中有约 5000 条短信消息给出了标注（垃圾短信和非垃圾短信）。该数据集旨在为垃圾短信检测算法的开发与评估提供一个标准化的基准。

2.1.2 情感分析

情感分析指识别和分析文本中表达的情感倾向。该任务广泛应用于社交媒体监控、市场分析、客户反馈处理等领域，旨在帮助机器理解人类的情感。

IMDb 数据集[4]是一个广泛使用的情感分析数据集，包含大约 50 000 条电影评论及其对应的情感标签，其中 25 000 条用于训练，另外 25 000 条用于测试。评论文本内容主要来源于 IMDb 网站上的用户评价，涵盖了多种类型的电影，具有较高的多样性和代表性，评论标签分为积极和消极两类。

斯坦福情绪树库（Stanford Sentiment Treebank，SST）[5]是一个用于情感分析的高质量文本数据集，由电影评论中提取的 11 855 个单句组成。用斯坦福解析器将所有单句解析成 215 154 个独特短语，将每个短语标注为负面、略微负面、中性、略微正面或正面。其中 SST-5 是包含五种标签的细粒度分类数据集。SST-2 是只包含正负两种标签的二分类数据集。该数据集的独特之处在于不仅针对整篇评论进行情感标注，还针对评论中的每个子句进行标注，允许模型捕捉更复杂的情感表达。

亚马逊评论数据集[2]是一个大规模的评论数据集，包含来自亚马逊平台的用户商品评价及其对应的情感评分，广泛应用于情感分析和推荐系统的研究。该数据集包括数百万条商品评论，评论对象涵盖了从电子产品到日用商品的各类产品，评分系统通常采用 1～5 星的评分方式，代表不同的情感倾向。

推特情感分析数据集[6]是一个针对推特推文进行实体级情感分析的数据集。在该任务中，给定一条推文和其中的实体，目标是判断该推文中关于该实体的情感倾向（正面、负面或中性）。这些推文源自用户对各种话题、事件或产品的即时反应，具有明显的非正式语言风格，且可能包含大量的缩写、俚语和表情符号。

2.1.3　机器翻译

机器翻译是将文本从一种语言（源语言）自动翻译为另一种语言（目标语言）的任务，所用语料主要是平行语料。

统计机器翻译研讨会数据集涵盖多种语言对，包括对英语与法语、德语、中文等语言的翻译，该数据集提供了大规模的平行语料，涉及多个领域如新闻、技术和社会科学，并且每年进行更新以支持新的语言对和翻译任务。

开放字幕数据集[7]收录了来自电影和电视节目的视频字幕，涵盖丰富的日常对话和口语表达，共包含 1689 个双语文本，覆盖 60 种语言，总计 26 亿个句子。由于其丰富的上下文信息和对话内容，开放字幕数据集成为研究口语翻译、情感分析以及对话系统的重要资源。

TED 演讲数据集[8]是一个由 TED 演讲视频及其翻译字幕组成的大规模多语言数据集，广泛应用于机器翻译、语音识别和多语言理解的研究。其包括全球各地 TED 演讲的口语内容，涵盖多个领域如科技、教育、文化等，并提供了多个语言对的平行字幕，支持英语、法语、德语、西班牙语等多种语言。

联合国平行语料库[9]是一个由联合国提供的大规模多语言平行语料库，该语料库包含了联合国会议的官方文件及其多语言翻译，覆盖了包括英语、法语、西班牙语、中文、俄语和阿拉伯语在内的多种语言。其来源于正式的国际机构，提供的文本数据具有高质量、结构化的特点，涵盖了政治、法律、国际事务等领域的专有术语和复杂表达，为训练高精度的机器翻译系统，尤其是在处理政府和法律语言方面的系统，提供了宝贵的资源。

2.1.4　文本摘要

文本摘要任务是利用计算机自动地从原始文献中提取全面准确的、反映文献中心内容的、简单连贯的短文。

CNN 每日邮报数据集[10]是自然语言处理领域中广泛使用的新闻摘要数据集，包含来自 CNN 和每日邮报新闻网站的文章及其对应的摘要。该数据集有 286 817 个训练对、13 368 个验证对和 11 487 个测试对。其训练集中的源文档平均有 766 个单词和 29.74 个句子，摘要平均有 53 个单词和 3.72 个句子。

Gigaword 数据集[11]是一个大规模的新闻文本语料库，广泛应用于自然语言处理中的文本生成和文本摘要任务。该数据集由多个新闻来源的文章组成，包括数百万篇新闻内容，提供了标题和正文的配对信息，使其适用于抽取式和生成式的摘要任务。

Reddit TIFU 数据集[12]是一个源自社交媒体的文本摘要数据集，该数据集基于 Reddit 论坛的 TIFU 子板块，包含用户发布的内容以及对应的简短总结，提供了较为真实的非正式语体文本，反映了用户在社交媒体上的表达方式。该数据集聚焦于个性化、开放式的对话内容，为文本摘要、社交媒体分析、对话系统等自然语言处理任务提供了具有挑战性的研究资源，尤其适用于短文本和噪声较高的社交数据环境。

2.1.5 机器阅读理解

阅读理解任务是自然语言处理中的一项重要任务，旨在使计算机能够理解并回答基于给定文本的具体问题。

斯坦福问答数据集（SQuAD）[13]由斯坦福大学发布，包含来自维基百科的文章及其对应的自然语言问题，每个问题的答案都是文章中的一段文字。斯坦福问答数据集的独特之处在于，其要求模型不仅能够理解文章中的信息，还能够精确提取出与问题相关的答案片段。该数据集包含数十万对问题和答案，涵盖了广泛的主题领域，为训练和评估基于深度学习的问答系统提供了重要的基准。

DuReader[14]是百度在 2017 年发布的大规模中文阅读理解数据集，所有问题和原文均来自百度搜索引擎和百度知道的真实数据，答案由人工提供。该数据集包含大量以往较少研究的是非和观点类问题，每个问题对应多个答案，共计包含 20 万问题、100 万原文和 42 万答案，是当时规模最大的中文机器阅读理解数据集。

考试阅读理解数据集（RACE）[15]是一个专为评估模型阅读理解能力设计的大规模数据集，收集自中国中高年级学生的英文考试文本。每篇文章后附带若干个多项选择问题，要求模型根据文章内容推理和选择正确的答案。数据集的设计旨在测试模型对复杂文本的理解能力，尤其是对长篇文章的推理与推断能力。

2.1.6 问答系统

自然语言处理的问答系统任务旨在使计算机能够理解并自动回答用户提出的

自然语言问题。

自然问题数据集[16]是一个开放领域问答数据集，由谷歌发布，包含了从谷歌搜索引擎收集的真实用户问题及其对应的答案，答案通常来源于维基百科。该数据集的独特之处在于其包含了复杂且多样的问题类型，既有直接的事实性问题，也有需要跨文档推理和信息整合的复杂问题。

维基问答语料库（WikiQA）[17]是一个公开可用的问答配对数据集，专为开放领域问答研究收集的数据集并进行标注。该数据集的问题源自必应查询日志，以反映用户的真实信息需求。每个问题关联到一个可能包含答案的维基百科页面，页面的摘要部分通常提供基础且最重要的信息，数据集以该部分的句子作为候选答案。

Hotpot 问答数据集（HotpotQA）[18]是一个针对复杂问答任务设计的阅读理解数据集，包括多跳推理和跨文档问答等。该数据集包含大量由维基百科文章构成的长文本，并要求模型通过综合多个信息源来回答问题。

2.2　预训练数据资源

2.2.1　网页数据

网页数据是预训练语料中最常见和使用最广泛的数据资源，包含大量的互联网网页文本信息。这些随着时间不断更新变化的海量多元数据涵盖了不同领域、不同语种的各类信息，为大语言模型学习真实场景的语言规律提供了重要的数据资源。

Common Crawl 是一个从 2008 年至今一直在定期更新的庞大的非结构化的多语言网页数据集，包含原始网页数据、元数据和提取的文本数据等，总数据量达到 PB 级别。该数据集内部充斥着大量噪声和低质量数据，如广告、色情暴力内容以及垃圾邮件等，在使用前必须进行有效的数据清洗，以确保数据的质量和准确性。许多后续的预训练数据集都是通过重新筛选和清理 Common Crawl 的数据获得的。

RefinedWeb[19]是在 Common Crawl 数据集的基础上通过筛选和去重得到的数据集，使用的源数据是从 2008 年到 2023 年 6 月的所有 Common Crawl 网页记录，共约 5×10^{12} 个词元的高质量英文文本。其中，开源部分有 6×10^{11} 个词元，数据量约 500GB。

C4 数据集[20]基于 2019 年 4 月的 Common Crawl 数据集，经过多重过滤处理，去除了无用、有害以及非英文文本。该数据集源自超过 3.65×10^{8} 个互联网域，包

含超过 1.56×10^{11} 个词元，数据量约 800GB。使用该数据集的典型模型有 UL2 和 LLaMA。

CC 故事[21]是一个专为常识推理和语言建模构建的故事风格数据集，数据来源是 Common Crawl 中与常识推理任务问题有关的文档，总共包含约 5.3×10^{9} 个词元，数据量约 31GB，符合 Winograd 语法的常识推理和语言建模要求。

RealNews[22]从专注于新闻的网页中提取了大量新闻数据，覆盖了谷歌新闻索引的 5000 个新闻领域，数据量约 120GB，可从 OpenDataLab 上进行下载。该数据集按照时间顺序对训练集和测试集进行划分，以 2019 年 3 月为结点划分训练数据和测试数据。

CC 新闻是一个新闻文章数据集，数据量约 76GB，包含了 2016 年 9 月～2019 年 2 月期间的 6.3×10^{7} 篇英文新闻文章，并以网页存档文件形式提供。

中文网页文本数据集[23]是基于 Common Crawl 精心筛选的中文数据集。该数据集汇集了 2021～2023 年间的网页快照，总计 1.42TB 数据量。每篇文本都附有定量的质量评分，ChineseWebText 还发布了一个 600GB 的中文数据子集及名为 EvalWeb 的数据清洗工具。

MNBVC 是一个超大规模的中文语料库，对标 ChatGPT 训练的 40TB 数据。该数据集不但涵盖主流文化，而且包含各个小众文化甚至火星文的数据。该数据集的数据来源广泛，包括新闻、作文、小说、杂志、论文、台词、帖子、维基、古诗、歌词、商品介绍、笑话、糗事、聊天记录等一切形式的纯文本中文数据。通过一系列的中文文本清洗处理，该数据集总数据量达 39TB。

悟道数据集[24]由北京智源人工智能研究院构建，包括文本数据集、多模态图文数据集和中文对话数据集。文本数据集从 100TB 的原始网页数据中依据 20 多条规则进行清理，覆盖教育、科技等 50 多个行业的数据标签。经清洗和去隐私后，剩余数据量为 5TB，其中包含 200GB 的开源数据集。

书生·万卷 1.0 多模态预训练语料[25]由上海人工智能实验室发布，由多种不同来源的数据组成，包括网页、书籍等，包含约 5×10^{8} 个文档，已经过数据格式统一和细粒度的清洗，总数据量超过 1TB。完整数据集可在 OpenDataLab 上进行下载。

SkyPile-150B[26]是大规模综合性中文数据集，数据来源于约 2.33×10^{8} 个中文网页，共包含约 1.5×10^{11} 个词元、620GB 的纯文本内容。该数据集进行了严格的过滤、去重以及隐私脱敏并筛除了低质量数据。

2.2.2　书籍

书籍数据也是预训练语料库中常见的数据类型之一。与网页相比，书籍具有更长的文本，蕴含更多的语言篇章信息，且书籍写作风格规范、文体正规，具有更高的数据质量，能够帮助语言模型学习语言的长程依赖关系，并深入理解语言的内在逻辑与表达习惯。一般书籍包括小说、传记、教科书等。

BookCorpusOpen[27]是由多伦多大学创建的免费书籍数据集，包含了共计 17 868 本图书，涵盖了 16 种不同的主题，常用于训练小规模的模型，可在 Hugging Face 上进行下载，本地存储该数据集大概需要 9GB。

Project Gutenberg[28]是最早的数字图书馆，目前还在持续更新中，主要收录西方文学作品，包括小说、诗歌、戏剧等。收录的作品以英语为主，但也涵盖法语、德语等多种语言，用户可以在其官方网站上进行免费下载。

Anna’s Archive 是全球最大的开源和开放数据图书馆。该图书馆的创建者从 Libgen、SciHub 等图书馆中抓取书籍信息，截至 2024 年 2 月，该图书馆规模已达 641.2TB，并持续增长。该图书馆内书籍涵盖的领域极为广泛，因此可以根据不同领域对书籍进行细粒度分类。

2.2.3 学术资料

学术资料数据指与学术领域相关的文本数据，包括但不限于学术论文、期刊文章、会议论文、研究报告、专利等。这些数据由学术界的专家和学者撰写并发布，具有高度的专业性和学术严谨性。学术资料数据本身质量卓越，可以提供更准确的专业知识信息，帮助模型理解学术领域中的术语和专业知识。

arXiv 数据集[29]是一个收录了物理学、数学、计算机科学、生物学和经济学等众多领域预印本论文的集合。arXiv 官方网站发布了机器可读的 arXiv 论文数据集，共包含约 1.7×10^6 篇文章，每篇文章都包含文本、图表、作者、引文、分类以及其他元数据等信息，总数据量约 1.1TB。

S2ORC 数据集[30]是通过将语义学术上的学术论文经过清洗、过滤并转换成适合预训练处理的文本格式来构建的，包含 1.36×10^8 篇论文。

2.2.4 维基百科

维基百科是用多种语言编写而成的网络百科全书，涵盖了历史、科学、文化艺术等多个领域。其特点是自由内容、自由编辑，其支持的语言种类繁多，有中文、英语、法语、德语等 300 多种语言。维基百科各个版本的条目之和已经超过 5300 万条，其中中文维基百科超过 113 万个条目。维基百科目前还在不断更新，并定期发布其数据库副本。可在维基百科的官方网站下载数据集，Hugging Face 上也有相应的维基百科数据集。

2.2.5 代码

代码数据指的是用编程语言编写的程序代码，具有高度结构化与专业性的特点。对于预训练语言模型，引入包含代码的数据进行训练不仅有助于提高模型的编程能力，还可以增强模型的结构化推理能力，提升模型理解和生成编程语言的能力。

BigQuery 是谷歌发布的企业数据仓库，是包含社交、经济、医疗、代码等众多领域的公共数据集，其中代码类数据重点收录了六种精选编程语言数据，可为预训练语言模型提供高质量的代码语料。

The Stack[31] 收集了 30 种来源于 GH Archive 项目的编程语言代码，有超过 6TB 的源代码文件，并且所有文件都带有开源许可证，可以在 Hugging Face 上进行下载。

2.3 预训练微调数据资源

大语言模型微调一般分为两步，即指令微调（有监督微调）和基于人类反馈的强化学习的对齐微调。指令微调可以增强或激活大语言模型的特定能力，需要用标注好的指令微调数据集进行微调；对齐微调希望大语言模型与人类价值观和偏好对齐，需要用对齐数据集进行微调。微调数据集一般包括人工标注和模型合成两种方法。

2.3.1 指令微调数据集

1. 人工标注

Dolly 是由 Databricks 公司发布的英语指令数据集，包含 15 000 个人工标注的数据实例，主题涉及 InstructGPT 论文中提到的 7 个领域，包括头脑风暴、分类、封闭式质量保证、生成、信息抽取、开放式质量保证和总结等。

OpenAssistant 数据集[32] 是一个人工创建的多语言对话语料库，共有 91 829 条用户提示、69 614 条助手回复。OpenAssistant 共包含 35 种语言的语料，每条语料基本都附有人工标注的质量评级（如回复的有用性、无害性等），所有数据都由用户真实提供。

OL-CC 是第一个通过众包和人工生成的开源中文指令数据集。在开放平台上，有 276 名志愿者扮演人类用户和 AI 助手的角色，创建了全面的指令-回答对。

Aya 数据集[33] 作为目前最大规模的人工注释多语言指令数据集，由来自 119 个国家的 2997 名贡献者共同注释。

2. 模型合成

基于模型合成构建的方法是采用各种方法引导大语言模型生成指令数据，机器合成会导致数据存在质量参差不齐的问题，需要后续处理来保证质量。

Self-Instruct-52K[34]是使用指令方法生成的英语指令数据集，共包含 5.2×10^4 条指令以及 8.2×10^4 个实例输入和输出，该数据集是在人工收集创建 175 个种子任务的基础上，利用 GPT-3 生成 5.2×10^4 条指令和 8.2×10^4 个实例数据，指令任务中的每一条指令可能用于生成多个输入和输出的实例。

Alpaca-52K 数据集同样是基于指令方法构建的，它是在 Self-Instruct-52K 的 175 个种子任务的基础上，利用 OpenAI 的 text-davinci-003 模型生成 5.2×10^4 个不重复的指令，并根据指令和输入生成输出，进而构成完整的实例数据。

RefGPT 数据集[35]使用预训练大语言模型生成多轮对话。通过微调预训练的基础模型生成 RefGPT 模型用于进一步指令的生成，通过迭代方式获得大量高质量数据。

2.3.2　人类价值观对齐数据集

为了将大语言模型与人类价值观对齐，OpenAI 在 InstructGPT 中引入了基于人类反馈的强化学习（reinforcement learning from human feedback，RLHF），将大语言模型与人类价值观对齐。在后续的大语言模型开发中，几乎所有模型都采用了强化学习方式。对齐数据集被用于训练奖励模型，或者直接用于训练大语言模型，将大语言模型与人类价值观对齐。现有的对齐目标一般聚焦三个方面：有用性、诚实性和无害性。同时，为了评估大语言模型与人类价值观在各个领域对齐的程度，也会选择对齐数据集用于评估大语言模型与人类价值观对齐的情况。

1. 用于训练的对齐数据集

HH-RLHF[36]包含两类标注数据，即大语言模型的有用性和无害性，整个数据集共包含约 1.69×10^5 个开放式对话，每个对话信息助手将会为每个用户查询提供两个回答，若一个回答被选择则另一个回答被拒绝。在与有用性相关的数据中，被认为更有用的回答将被选择；而在与有害性相关的数据中，被认为更有害的回答将被选择。

PKU-SafeRLHF-QA[37]对模型回答的无害性和有用性进行标注，包含 8.34×10^4 个偏好条目，每个条目包括同一个问题和两个回答，不仅对回答标注了安全标签，而且就这两个回答在有用性和无害性方面进行细致的比较和偏好注释。

Orpo-DPO-mix-40K 整合了多个来源的数据集，包含 4×10^4 条记录，每条记录都反映了人类的偏好，适用于强化学习训练。

Math-Step-DPO-10K[38]专注于数学领域，通过收集错误推理结果并定位错误步骤以生成正确的步骤，最终形成 10 000 对高质量偏好数据集，以支持数学领域的大语言模型偏好优化。

M-RewardBench[39]是一个涵盖 23 种语言的多语言奖励模型基准测试数据集，包含提示-选择-拒绝偏好三元组，旨在评估和改进多语言环境下的奖励模型性能。

RewardBench[40]专注于评估和优化英语环境中奖励模型的性能，包含了聊天、安全和推理等多个任务类型的实例。每个数据实例包含一个具体的提示、一个被选择的答案和一个被拒绝的答案，所有实例均通过人类反馈进行标注，以提高模型的有用性和安全性。

Skywork-Reward-Preference-80K[41]是一个包含 80 000 个偏好对的数据集，用于训练奖励模型，包含高质量的偏好对，并针对特定能力和知识领域。数据来源包括 HelpSteer2、OffsetBias、WildGuard（对抗性数据集）和 Magpie 系列。

2. 用于评估的对齐数据集

Chatbot Arena[42]是一个采用基于人类偏好的评估方式的开放平台，用于评估大语言模型。该平台通过众包技术收集用户对不同模型对话的成对比较反馈，使用类似国际象棋的 Elo 评分系统动态调整模型分数，确保评价的客观性和公平性。

Arena-Hard[43]是一个通过 BenchBuilder 自动化流程从众包数据集（如 Chatbot Arena 和 WildChat-1M）中精选出的高难度评估基准。该基准包含 500 个具有挑战性的开放性问题，旨在测试大语言模型在处理复杂任务时的能力。

AlignBench[44]作为一个多维度基准，专门用于评估大语言模型在中文环境下的对齐情况，包含 8 个主要类型、683 个基于真实场景的查询及其相应的人工验证参考答案。每个知识密集型查询都配有从可靠网络来源收集的证据，确保参考答案的正确性。

MT-Bench[45]作为一个多轮对话和指令跟随能力评估基准，包含 80 个高质量的多轮对话问题。该基准旨在测试模型在常见使用场景下的表现，特别是通过具有挑战性的问题来区分不同模型的能力。MT-Bench 识别了 8 个常见的用户提示类型，以指导其构建写作、角色扮演、信息抽取、推理、数学、编程、知识 I（科学/技术/工程）和知识 II（人文/社会科学）等领域的问题。

2.4 其他资源

Hugging Face 提供了一系列预训练语言模型和数据集，尤其是基于 Transformer

架构的模型。用户可以通过其 Transformers 库加载和微调各种自然语言处理模型，支持多种任务如文本分类、问答、翻译等。此外，Hugging Face 还拥有一个丰富的社区，用户可以分享自己的模型和数据集，从而促进协作和知识共享。

Kaggle 提供了大量的数据集、代码示例和学习资源。用户可以在 Kaggle 上参加各种竞赛，并且 Kaggle 允许用户在线编写和运行代码，方便进行实验和数据分析。Kaggle 还提供丰富的教程和学习材料，帮助新手快速上手。

UCL 机器学习库提供了多种机器学习任务所需的数据集，涵盖了分类、回归、聚类等多个领域，还有一些机器学习模型评估和比较的基准。

2.5 本章小结

深度学习数据集及其处理工具是自然语言处理的重要数据支撑，构成了其他各类语言应用的基础，并为自然语言处理技术的发展提供了强大推动力。本章介绍了深度学习时代不同范式下常用的数据资源和模型处理的框架、平台工具等。

参考文献

[1] Lang K. NewsWeeder: Learning to filter netnews[C]//Proceedings of the 12th International Conference on Machine Learning. San Francisco, 1995: 331-339.

[2] Zhang X, Zhao J B, LeCun Y, et al. Character-level convolutional networks for text classification[C]//Proceedings of the 28th International Conference on Neural Information Processing Systems, Montreal, 2015: 649-657.

[3] Almeida T A, Hidalgo J M G, Yamakami A. Contributions to the study of SMS spam filtering: New collection and results[C]//Proceedings of the 11th ACM Symposium on Document Engineering, Mountain View, 2011: 259-262.

[4] Maas A L, Daly R E, Pham P T, et al. Learning word vectors for sentiment analysis[C]//Proceedings of the 49th Annual Meeting of the Association for Computational Linguistics: Human Language Technologies, Portland, 2011: 142-150.

[5] Socher R, Perelygin A, Wu J, et al. Recursive deep models for semantic compositionality over a sentiment treebank[C]//Proceedings of the 2013 Conference on Empirical Methods in Natural Language Processing, Seattle, 2013: 1631-1642.

[6] Go A, Bhayani R, Huang L. Twitter sentiment classification using distant supervision[J]. Journal of Machine Learning Research, 2009, 1(12): 1-12.

[7] Lison P, Tiedemann J. Opensubtitles2016: Extracting large parallel corpora from movie and TV subtitles[C]//Proceedings of the 10th International Conference on Language Resources and

Evaluation, Portorož, 2016: 923-929.

[8] Siarohin A, Woodford O J, Ren J, et al. Motion representations for articulated animation[C]//Proceedings of the IEEE/CVF Conference on Computer Vision and Pattern Recognition, Nashville, 2021: 13653-13662.

[9] Ziemski M, Junczys-Dowmunt M, Pouliquen B. The United Nations Parallel Corpus v1.0[C]// Proceedings of the 10th International Conference on Language Resources and Evaluation, Portorož, 2016: 3530-3534.

[10] Nallapati R, Zhou B W, Santos C N D, et al. Abstractive text summarization using sequence-to-sequence RNNs and beyond[C]//Proceedings of the 20th SIGNLL Conference on Computational Natural Language Learning, Berlin, 2016: 280-290.

[11] Graff D, Kong J, Chen K, et al. English Gigaword Second Edition[M]. Philadelphia: Linguistic Data Consortium, 2005.

[12] Kim B, Kim H, Kim G. Abstractive summarization of Reddit posts with multi-level memory networks[C]//Proceedings of the 2019 Conference of the North American Chapter of the Association for Computational Linguistics: Human Language Technologies, Minneapolis, 2019: 2519-2531.

[13] Rajpurkar P, Zhang J, Lopyrev K, et al. SQuAD: 100,000 + questions for machine comprehension of text[C]//Proceedings of the 2016 Conference on Empirical Methods in Natural Language Processing, Austin, 2016: 2383-2392.

[14] He W, Liu K, Liu J, et al. DuReader: A Chinese machine reading comprehension dataset from real-world applications[C]//Proceedings of the Workshop on Machine Reading for Question Answering, Melbourne, 2018: 37-46.

[15] Lai G K, Xie Q Z, Liu H X, et al. RACE: Large-scale reading comprehension dataset from examinations[C]//Proceedings of the 2017 Conference on Empirical Methods in Natural Language Processing, Copenhagen, 2017: 785-794.

[16] Kwiatkowski T, Palomaki J, Redfield O, et al. Natural questions: A benchmark for question answering research[J]. Transactions of the Association for Computational Linguistics, 2019, 7: 452-466.

[17] Yang Y, Yih W T, Meek C. WikiQA: A challenge dataset for open-domain question answering[C]//Proceedings of the 2015 Conference on Empirical Methods in Natural Language Processing, Lisbon, 2015: 2013-2018.

[18] Yang Z L, Qi P, Zhang S Z, et al. HotpotQA: A dataset for diverse, explainable multi-hop question answering[C]//Proceedings of the 2018 Conference on Empirical Methods in Natural Language Processing, Brussels, 2018: 2369-2380.

[19] Penedo G, Malartic Q, Hesslow D, et al. The RefinedWeb dataset for Falcon LLM: Outperforming curated corpora with web data, and web data only[J]. arXiv preprint arXiv: 2306.01116, 2023.

[20] Raffel C, Shazeer N, Roberts A, et al. Exploring the limits of transfer learning with a unified text-to-text transformer[J]. arXiv preprint arXiv: 1910.10683, 2019.

[21] Trinh T H, Le Q V. A simple method for commonsense reasoning[J]. arXiv preprint arXiv:1806.02847, 2018.

[22] Zellers R, Holtzman A, Rashkin H, et al. Defending against neural fake news[C]//Advances in Neural Information Processing Systems, Vancouver, 2019: 9054-9065.

[23] Chen J H, Jian P, Xi T X, et al. ChineseWebText: Large-scale high-quality Chinese web text extracted with effective evaluation model[J]. arXiv preprint arXiv:2311.01149, 2023.

[24] Yuan S, Zhao H Y, Du Z X, et al. WuDaoCorpora: A super large-scale Chinese corpora for pre-training language models[J]. AI Open, 2021, 2: 65-68.

[25] He C H, Jin Z J, Xu C, et al. WanJuan: A comprehensive multimodal dataset for advancing English and Chinese large models[J]. arXiv preprint arXiv:2308.10755, 2023.

[26] Wei T W, Zhao L, Zhang L C, et al. Skywork: A more open bilingual foundation model[J]. arXiv preprint arXiv:2310.19341, 2023.

[27] Zhu Y K, Kiros R, Zemel R, et al. Aligning books and movies: Towards story-like visual explanations by watching movies and reading books[J]. arXiv preprint arXiv:1506.06724, 2015.

[28] Rae J W, Potapenko A, Jayakumar S M, et al. Compressive transformers for long-range sequence modeling[J]. arXiv preprint arXiv:1911.05507, 2019.

[29] Clement C B, Bierbaum M, O'Keeffe K P, et al. On the use of arXiv as a dataset[J]. arXiv preprint arXiv:1905.00075, 2019.

[30] Lo K, Wang L L, Neumann M, et al. S2ORC: The semantic scholar open research corpus[J]. arXiv preprint arXiv:1911.02782, 2019.

[31] Kocetkov D, Li R, Allal L B, et al. The Stack: 3 TB of permissively licensed source code[J]. arXiv preprint arXiv:2211.15533, 2022.

[32] Köpf A, Kilcher Y, von Rütte D, et al. OpenAssistant conversations-democratizing large language model alignment[C]//Advances in Neural Information Processing Systems, Vancouver, 2024: 47669-47681.

[33] Singh S, Vargus F, D'souza D, et al. Aya dataset: An open-access collection for multilingual instruction tuning[J]. arXiv preprint arXiv:2402.06619, 2024.

[34] Wang Y, Kordi Y, Mishra S, et al. Self-Instruct: Aligning language models with self-generated

instructions[J]. arXiv preprint arXiv:2212.10560, 2022.

[35] Yang D J, Yuan R F, Fan Y T, et al. RefGPT: Dialogue generation of GPT, by GPT, and for GPT[C]//Conference on Empirical Methods in Natural Language Processing, Singapore, 2023: 2511-2535.

[36] Bai Y T, Jones A, Ndousse K, et al. Training a helpful and harmless assistant with reinforcement learning from human feedback[J]. arXiv preprint arXiv:2204.05862, 2022.

[37] Ji J M, Hong D H, Zhang B R, et al. PKU-SafeRLHF: Towards multi-level safety alignment for LLMs with human preference[J]. arXiv preprint arXiv:2406.15513, 2024.

[38] Lai X, Tian Z T, Chen Y K, et al. Step-DPO: Step-wise preference optimization for long-chain reasoning of LLMs[J]. arXiv preprint arXiv:2406.18629, 2024.

[39] Gureja S, Miranda L J V, Islam S B, et al. M-RewardBench: Evaluating reward models in multilingual settings[J]. arXiv preprint arXiv:2410.15522, 2024.

[40] Lambert N, Pyatkin V, Morrison J, et al. RewardBench: Evaluating reward models for language modeling[J]. arXiv preprint arXiv:2403.13787, 2024.

[41] Liu C Y, Zeng L, Liu J, et al. Skywork-Reward: Bag of tricks for reward modeling in LLMs[J]. arXiv preprint arXiv:2410.18451, 2024.

[42] Chiang W L, Zheng L M, Sheng Y, et al. Chatbot Arena: An open platform for evaluating LLMs by human preference[J]. arXiv preprint arXiv:2403.04132, 2024.

[43] Li T L, Chiang W L, Frick E, et al. From crowdsourced data to high-quality benchmarks: Arena-Hard and BenchBuilder pipeline[J]. arXiv preprint arXiv:2406.11939, 2024.

[44] Liu X, Lei X Y, Wang S Y, et al. AlignBench: Benchmarking Chinese alignment of large language models[J]. arXiv preprint arXiv:2311.18743, 2023.

[45] Zheng L M, Chiang W L, Sheng Y, et al. Judging LLM-as-a-Judge with MT-Bench and Chatbot Arena[C]//Advances in Neural Information Processing Systems, New Orleans, 2023: 46595-46623.

第 3 章　深度学习基础知识

深度学习是机器学习的分支，是用多层神经网络模型方法学习样本数据的内在规律和表示层次的一种机器学习方法，其重要技术特点是具有自动提取特征的能力，相比传统的学习方法，深度学习具有更强的学习能力，还能够减少人为设计的不完备性；目前深度学习在各个领域都有广泛应用，并且具有良好的适应性。深度学习方法在自然语言处理领域也成为主流方法。本章主要介绍自然语言处理中常用的典型模型，如前馈神经网络、卷积神经网络和循环神经网络。

3.1　神经网络基本概念

3.1.1　人工神经网络

人工神经网络（artificial neural network，ANN）是受生物学和神经科学启发而构建的数学模型，自 20 世纪 80 年代以来一直是人工智能领域的研究热点。该模型从信息处理的角度对人脑中的神经元进行抽象来建立神经元模型，并根据不同的连接方式组成各类网络，以模拟生物神经网络。

在过去的十余年间，人工神经网络的研究取得了显著突破，成功解决了许多传统计算机难以处理的实际问题，广泛应用于模式识别、智能机器人、自动控制、预测估计、生物医学、经济等多个领域，展现出卓越的智能特性。

3.1.2　神经网络基本特征

人工神经网络是由大量神经单元互联组成的非线性、自适应信息处理系统。该系统是在现代神经科学研究成果的基础上提出的，旨在通过模拟大脑神经网络处理和记忆信息的方式来进行信息处理。人工神经网络具有以下基本特征。

（1）非线性。非线性关系是自然界的普遍特性，大脑的智慧蕴含着非线性现象。人工神经元通过激活函数引入非线性变换，使网络能够拟合复杂的非线性关系。

（2）非局限性。一个神经网络通常由多个神经元广泛连接而成。一个系统的整体行为不仅取决于单个神经元的特征，而且由单元之间的相互作用、相互连接所决定。通过单元之间的大量连接模拟大脑的非局限性，联想记忆是非局限性的典型例子。

（3）非常定性。人工神经网络具有自适应、自组织、自学习能力。神经网络不仅能够处理各种变化的信息，而且在处理信息的同时，非线性动力系统的神经网络本身也在不断变化。经常采用迭代过程描写动力系统的演化过程。

（4）非凸性。一个系统的演化方向在一定条件下将取决于某个特定的状态函数，如能量函数，其极值对应系统比较稳定的状态。非凸性是指状态函数具有多个极值，故系统具有多个比较稳定的平衡态，这将导致系统演化的多样性。

3.2 前馈神经网络

3.2.1 人工神经元模型

人工神经元（简称神经元）是构成神经网络的基本单元，其主要模拟生物神经元的结构和特性，负责接收一组输入信号并产生输出信号。

如图 3.1 所示，给出了一个典型的神经元结构示例图。给定一组输入 $x_1,x_2,\cdots,x_N$，可用向量 $x=[x_1,x_2,\cdots,x_N]$ 表示这组输入，并用净活性值 z 表示神经元接收到的输入信号 x 的加权和，具体公式为

$$z=\sum_{n=1}^{N}w_n x_n+b \tag{3.1}$$

其中，w_n 为输入对应权重；b 为神经元偏置。

净活性值 z 再经过非线性函数 $f(\cdot)$ 后，得到神经元的输出

$$Y=f(z) \tag{3.2}$$

其中，非线性函数 $f(\cdot)$ 称为激活函数。激活函数在神经元中具有非常重要的作用，负责引入非线性变换。

3.2.2 激活函数

激活函数应具备以下几个性质：①激活函数是连续且可导的非线性函数，可导的激活函数能够通过数值优化方法直接用于学习网络参数；②激活函数及其导函数应尽可能简单，以提高网络计算效率；③激活函数导函数的值域应控制在适当区间，既不能过大也不能过小，否则会影响训练的效率与稳定性。下面介绍几种神经网络中常用的激活函数。

1. Sigmoid 函数

Sigmoid 函数是指一类 S 型曲线函数，属于两端饱和函数。常用的 Sigmoid 函数包括 Logistic 函数和 Tanh 函数。图 3.2 展示了典型 Sigmoid 函数的图象。

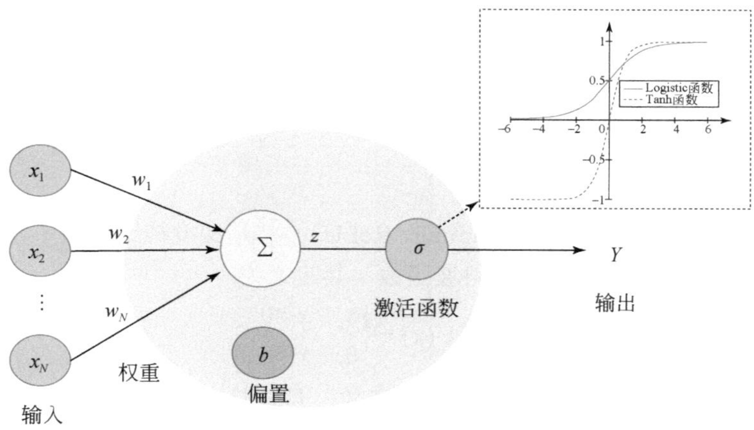

图 3.1　典型的神经元结构示例图

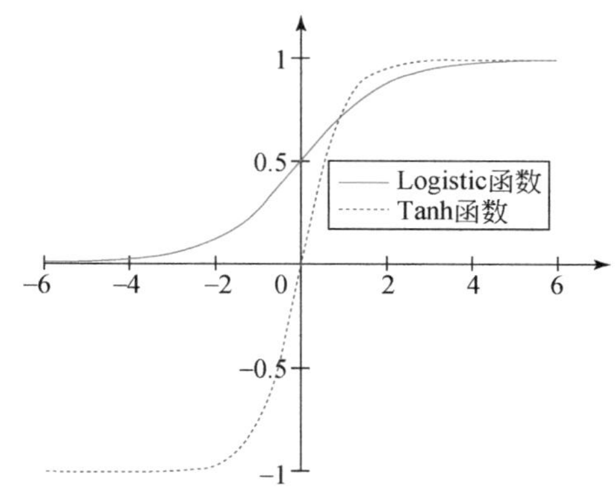

图 3.2　典型 Sigmoid 函数的图象

Logistic 函数定义为

$$\sigma(x)=\frac{1}{1+\exp(-x)} \tag{3.3}$$

可以将 Logistic 函数视为一种挤压函数，将实数域的输入压缩到（0,1）区间。当输入接近 0 时，Logistic 函数近似为线性函数。当输入靠近两端时，Logistic 函数对输入进行抑制。输入越小，输出越接近 0；输入越大，输出越接近 1。这种特性与生物神经元的行为相似，即对某些输入产生兴奋（输出为 1），对另一些输入产生抑制（输出为 0）。Logistic 函数是连续且可导的，具有良好的数学性质。

Tanh 函数定义为

$$\mathrm{Tanh}(x)=\frac{\exp(x)-\exp(-x)}{\exp(x)+\exp(-x)} \tag{3.4}$$

Tanh 函数是零中心化的，而 Logistic 函数的输出恒大于 0，非零中心化的输出会导致其后一层神经元的输入出现偏置偏移，从而进一步减慢梯度下降的收敛速度。

2. ReLU 函数

修正线性单元（rectified linear unit，ReLU）[1-2] 是深度神经网络中常用的激活函数之一。ReLU 实际上是一个斜坡函数，其定义为

$$\mathrm{ReLU}(x)=\begin{cases}x, & x\geqslant 0\\ 0, & x<0\end{cases} \tag{3.5}$$

采用 ReLU 类激活函数使计算更加高效，且其具有生物学上的合理性，能够实现单侧抑制，同时具有宽兴奋边界，并在一定程度上缓解梯度消失问题。

3. Leaky ReLU 函数

带泄漏的修正线性单元（leaky rectified linear unit，Leaky ReLU）[3] 在输入 $x<0$ 时，保持一个很小的梯度γ，使得当神经元处于非激活状态时，仍然有一个非零的梯度可以用于更新参数，从而避免神经元永远无法被激活，其定义为

$$\text{Leaky ReLU}(x)=\begin{cases}x, & x>0\\ \gamma x, & x\leqslant 0\end{cases} \tag{3.6}$$

其中，γ是一个很小的常数，通常取值范围为 0.01～0.05。图 3.3 展示了 ReLU 函数变体的图象。

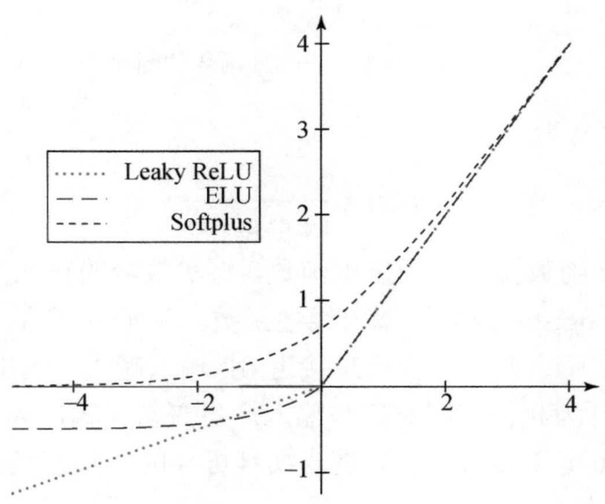

图 3.3　ReLU 函数变体的图象

3.2.3　前馈神经网络模型结构

在前馈神经网络中，各神经元分别隶属于不同的层，整个网络中不存在反馈，信号从输入层向输出层单向传播。前馈神经网络可以用一个有向无环图表示。该网络可以看作通过简单非线性函数的多次复合形成的一个函数，实现从输入空间到输出空间的复杂映射（图 3.4）。这种网络结构相对简单，易于实现。前馈神经网络的符号含义如表 3.1 所示。

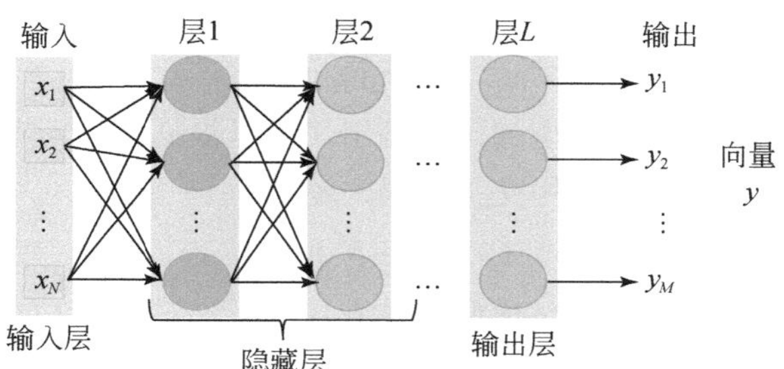

图 3.4　前馈神经网络示意图

表 3.1　前馈神经网络的符号含义

符号	含义
L	神经网络的层数
l	第 l 层神经元的个数
$f_l(\cdot)$	第 l 层神经元的激活函数
$W^l \in \mathbb{R}^{M_l \times M_{l-1}}$	第 l–1 层到第 l 层的权重矩阵
$b^l \in \mathbb{R}^{M_l}$	第 l–1 层到第 l 层的偏置
$z^l \in \mathbb{R}^{M_l}$	第 l 层神经元的净输入（净活性值）
$a^l \in \mathbb{R}^{M_l}$	第 l 层神经元的输出（活性值）

前馈神经网络通过不断迭代式（3.7）和式（3.8）进行信息传播。

$$z^l = w^l a^{l-1} + b^l \tag{3.7}$$

$$a^l = f_l(z^l) \tag{3.8}$$

首先，根据第 l–1 层神经元的活性值 a^{l-1} 计算出第 l 层神经元的净活性值 z^l，然后经过一个激活函数得到第 l 层神经元的活性值。因此，每个神经层可以看作一个仿射变换与一个非线性变换的组合。

通过逐层的信息传递，前馈神经网络最终得到第 L 层的输出 a^L 。整个网络可以视为一个复合函数 $\phi(x;W,b)$，其中 x 是第 1 层的输入 a^0，而第 L 层的输出 a^L 则作为整个网络的最终输出 Y。

$$x = a^0 \to z^1 \to a^1 \to \cdots \to a^{L-1} \to z^L \to a^L = Y = \phi(x;W,b) \tag{3.9}$$

3.2.4 神经网络的梯度下降法

在神经网络学习过程中，通常采用梯度下降法进行参数更新。

梯度下降法的具体过程如下。

（1）构建样本标签与模型输出之间的损失函数。给定样本集 $D=(x^n, y^n)$，模型损失函数为：

$$L(y, \tilde{y}) \tag{3.10}$$

其中，y 是真实标签；$\tilde{y}$ 是模型的预测输出。可以根据不同问题定义不同的损失函数，在自然语言处理中常采用交叉熵损失函数：

$$L(y, \tilde{y}) = -y^{\mathrm{T}} \log \tilde{y} \tag{3.11}$$

（2）利用损失函数的导数对模型参数进行更新。对于第 l 层的参数 W^l 和 b^l，其更新方式为

$$W^{l(i+1)} = W^{l(i)} - \alpha \frac{1}{N} \sum_{n=1}^{N} \frac{\partial L(y^n, \tilde{y}^n)}{\partial W^{l(i)}} \tag{3.12}$$

$$b^{l(i+1)} = b^{l(i)} - \alpha \frac{1}{N} \sum_{n=1}^{N} \frac{\partial L(y^n, \tilde{y}^n)}{\partial b^{l(i)}} \tag{3.13}$$

其中，α为学习率；N 是样本数量；W 和 b 分别是网络参数的权重和偏置。

3.2.5 前馈神经网络的反向传播算法

1974 年，Werbos[4] 的博士论文中首次提出了反向传播算法，但未引起广泛关注。如今广泛使用的反向传播算法诞生于 1986 年，主要用于全连接层的链式求导和梯度反向传播。假设采用随机梯度下降法进行神经网络参数的学习，给定一个样本（x, y），将其输入到神经网络模型中，得到网络输出为 $\tilde{y}$，假设损失函数为 $L(y, \tilde{y})$，为了进行参数学习，需要计算损失函数关于每个参数的导数。假设对参数矩阵中的权重和偏置求偏导数，公式为

$$\frac{\partial L\left(y, \tilde{y}\right)}{\partial w_{ij}^l} = \frac{\partial z^l}{\partial w_{ij}^l} \cdot \frac{\partial L\left(y, \tilde{y}\right)}{\partial z^l} \tag{3.14}$$

$$\frac{\partial L(y, \tilde{y})}{\partial b^l} = \frac{\partial z^l}{\partial b^l} \cdot \frac{\partial L(y, \tilde{y})}{\partial z^l} \tag{3.15}$$

首先，计算偏导数 $\frac{\partial z^l}{\partial w_{ij}^l}$，因为 $z^l = W^l a^{l-1} + b^l$，所以偏导数为

$$\frac{\partial z^l}{\partial w_{ij}^l}=a^{l-1} \tag{3.16}$$

其次，计算偏导数$\frac{\partial z^l}{\partial b^l}$，根据$z^l=W^l a^{l-1}+b^l$可得$\frac{\partial z^l}{\partial b^l}=I$，$I$是单位矩阵。

最后，计算第l层的误差项δ^l。假设$\delta^l=\frac{\partial L(y,\tilde{y})}{\partial z^l}$，则根据链式法则，通过$z^{l+1}=W^{l+1}a^l+b^{l+1}$，可得

$$\frac{\partial z^{l+1}}{\partial a^l}=W^{l+1} \tag{3.17}$$

由$a^l=f_l(z^l)$，可得

$$\frac{\partial a^l}{\partial z^l}=\frac{\partial f_l(z^l)}{\partial z^l}=\mathrm{diag}\left(f_l'(z^l)\right) \tag{3.18}$$

因此，根据链式法则，第l层的误差项为

$$\delta^l=\frac{\partial L(y,\tilde{y})}{\partial z^l}=\mathrm{diag}\left(f_l'(z^l)\right)W^{l+1}\delta^{l+1} \tag{3.19}$$

前馈神经网络训练过程可以分为以下三步：①正向传播计算每一层的净输入z^l和激活值a^l，直到最后一层；②反向传播计算每一层的误差项δ^l；③计算每一层参数的梯度，并更新参数。图 3.5 展示了随机梯度下降法训练过程的算法示意图。

反向传播算法

输入：训练集为(x^i, y^i) $(i=1,2,\cdots,N)$，最大迭代次数为T

输出：W, b

初始化W, b;

for $t=1,2,\cdots,T$ do

　for $i=1,2,\cdots,N$ do

　　(1) 前向传播计算每一层的净输入和激活值，直到最后一层;

　　(2) 用式(3.19)反向传播计算每一层的误差δ^l;

　　(3) 用式①和式②计算每一层参数的梯度;

$$\frac{\partial C(W,b;x,y)}{\partial W^l}=\delta^l(a^{l-1})^{\mathrm{T}} \quad ①$$

$$\frac{\partial C(W,b;x,y)}{\partial b^l}=\delta^l \quad ②$$

　　(4) 更新参数;

$$W^l=W^l-\alpha\sum_{i=1}^{N}\left(\frac{\partial C(W,b;x^i,y^i)}{\partial W^l}\right)$$

$$b^l=b^l-\alpha\sum_{i=1}^{N}\left(\frac{\partial C(W,b;x^i,y^i)}{\partial b^l}\right)$$

　end

end

图 3.5　随机梯度下降法训练过程的算法示意图

3.3 卷积神经网络

3.3.1 概述

卷积神经网络（convolutional neural network，CNN）是一类包含卷积计算且具有深度结构的前馈神经网络，是深度学习的代表性模型之一[2,5,6]。卷积神经网络具有表征学习能力，能够按其阶层结构对输入信息进行平移不变分类，因此卷积神经网络也被称为平移不变人工神经网络[7]。卷积神经网络早期主要用于图像和视频分析中的各类任务（如图像分割、人脸识别、视频检索等）。近年来，卷积神经网络也广泛应用于自然语言处理、搜索推荐等任务。

3.3.2 卷积神经网络结构

如图 3.6 所示，卷积神经网络由卷积层、池化层和全连接层交替堆叠组成。

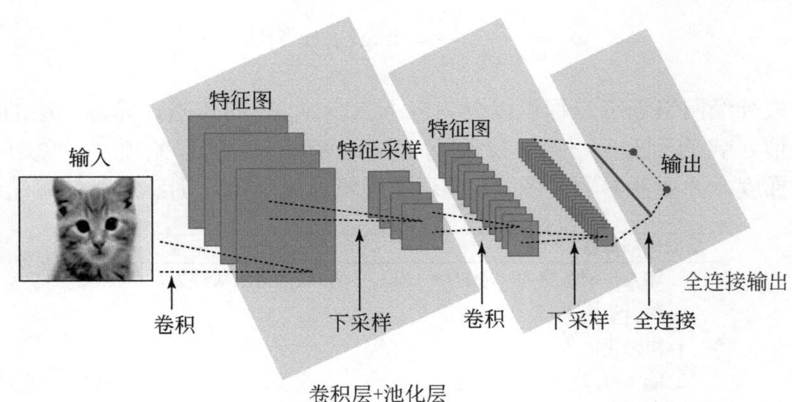

图3.6　卷积神经网络模型结构示意图

1. 卷积层

卷积层的作用是提取局部区域的特征，不同的卷积核相当于不同的特征提取器。如图 3.7 所示，对于一个 10×10 的图像，与全连接网络相比（第一隐藏层每个神经元连接 100 个点，共有 100 个参数；若有 N 个神经元，则共有 $N\times100$ 个参数），在卷积层中使用 3×3 的卷积核，第一隐藏层每个神经元仅连接 9 个点，共有 9 个参数。此外，卷积层中的神经元共享一组参数（即一个卷积核对应一组参数，共 9 个参数），该卷积核遍历整个图像后，可得到输出的特征图谱，如图 3.7 中的最右侧部分所示。

全连接：

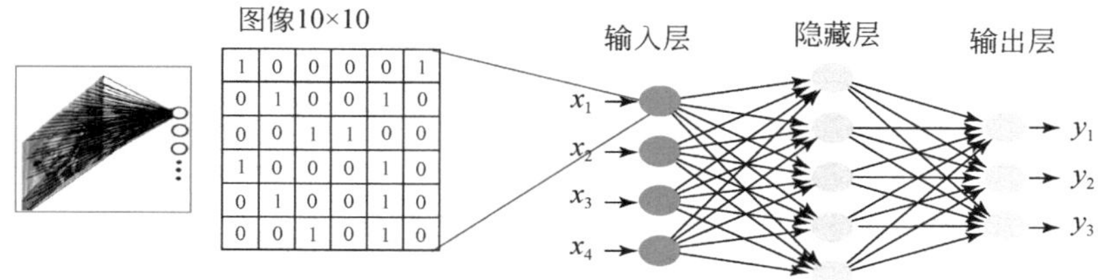

卷积连接：

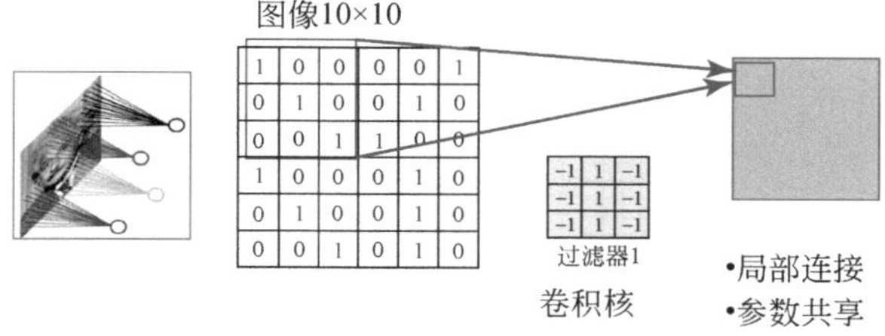

图 3.7　卷积过程示意图

当存在多个卷积核时，如图 3.7 所示，每个卷积核有 9 个参数，若有 M 个卷积核，则共有 M 组参数，共计 $M\times9$ 个参数。输出可以得到 M 个特征图谱。相比于全连接网络中的 $N\times100$ 个参数，卷积操作可以将参数数量减少为 $M\times9$ 个。

2. 池化层

虽然卷积连接减少了参数数量，但并未减小网络规模，而池化层可以缓解这一问题。池化的动机之一来源于图像采样不会改变图像的分类结果。池化层通过采样缩小网络规模，其优势在于网络规模缩小后参数量进一步减少。下面介绍两种常见的池化操作。

第一种是最大池化，如图 3.8 所示，定义一个 2×2 的最大池化层，选取原始输入特征中 2×2 窗口内的最大特征值作为输出；第二种是平均池化，对原始输入特征中 2×2 窗口内的元素进行求和平均，并将结果作为输出。

在获取卷积层的输出之后，可以通过池化的方法进一步减小网络的规模，从而提取图像或文本中的特征。卷积和池化过程示意图如图 3.9 所示，卷积过程使用一个可训练的滤波器 f_x 对输入图像进行卷积操作，并加上偏置 b^x，得到卷积层 C_x。池化过程包括将每个邻域的四个像素通过池化操作缩减为一个像素，再通过标量 w_{x+1} 进行加权，随后增加偏置 b^{x+1}，最后通过一个激活函数，生成一个约缩小至 1/4 的特征映射图 S_{x+1}。

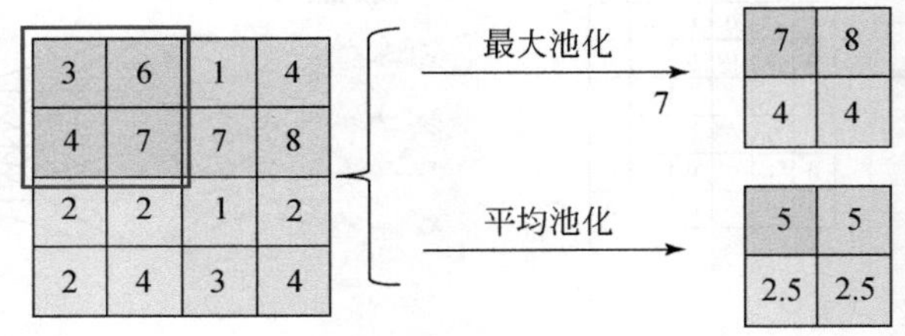

图 3.8　池化操作示意图

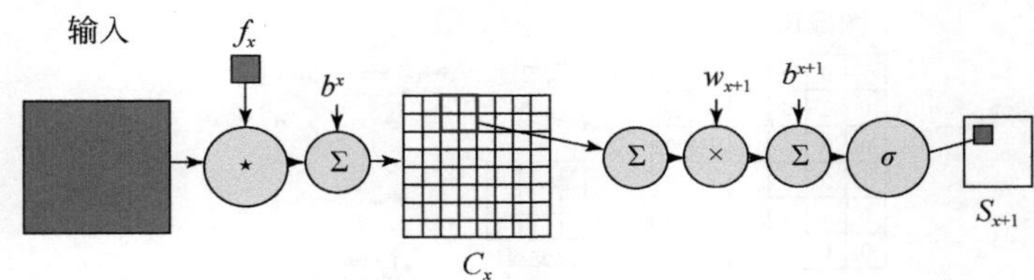

图 3.9　卷积和池化过程示意图

将最后池化层的单元平化，即将多维特征映射展平成一维向量，并输入给全连接层。

3.3.3　卷积神经网络学习

在网络训练过程中，将卷积层和池化层作为一个整体进行处理。其超参数包括迭代轮数、学习率、批大小、卷积核大小、卷积步长、特征图个数、池化大小。权重变量包括卷积核的权重、卷积核的偏置、全连接层的权重。状态变量包括输入的图像数据及对应的图像类型。

3.3.4　卷积神经网络应用

卷积神经网络可以用于各种分类任务，如文本分析、情感分析、实体关系抽取等，并可作为其他任务中的特征提取工具。在情感分类任务中，通过卷积操作可以获取文本的局部输入表示，并用于情感分类。对于图像，可以通过卷积神经网络提取其特征，进而将这些特征用于后续的文本生成任务。

3.4 循环神经网络

3.4.1 概述

前馈神经网络和卷积神经网络的输入和输出为定长，无法解决输入、输出变长的时序相关问题。而在自然语言处理任务中，语句的长度通常是不固定的。因此，循环神经网络（recurrent neural network，RNN）应运而生，循环神经网络将时序问题分解为一系列相同的单元，这些单元的神经网络可以在时序上展开，并将上一时刻的结果传递给下一时刻，使得整个网络沿时间轴展开，从而能够处理变长序列。

循环神经网络是一类以序列数据为输入，在序列的演进方向上进行递归的神经网络[4]。该网络的研究始于 20 世纪 80～90 年代，是深度学习经典模型之一[8]，其中，双向循环神经网络和长短期记忆网络是常见的循环神经网络类型[9]。循环神经网络在自然语言处理领域以及各类时间序列预测中有广泛应用。结合卷积神经网络构建的循环神经网络能够处理包含序列输入的计算机视觉问题。

3.4.2 循环神经网络结构

循环神经网络的核心部分是一个有向图。在有向图的展开过程中，链式相连的元素被称为循环单元。通常情况下，由循环单元构成的链式连接可以类比于前馈神经网络中的隐藏层。

给定一组输入 $x_1, x_2, \cdots, x_N$，令向量 $x = [x_1, x_2, \cdots, x_N]$ 表示这组输入，该神经网络中的单元计算公式为

$$h_t = \sigma\left(W_i x + W_h h_{t-1} + b\right) \tag{3.20}$$

$$y = \text{Softmax}\left(W_o h(t)\right) \tag{3.21}$$

其中，W_i 是当前时刻输入的权重，W_h 是当前时刻与下一时刻的权重参数，W_o 是输出权重，b 是隐层偏置，y 是当前时刻输出。

图 3.10 展示了循环神经网络沿时序展开的模型结构图。每一时刻循环神经网络的隐层向量将作为下一时刻神经元的输入将前一时刻的信息传给下一时刻神经元节点。

根据不同任务，循环神经网络的输入序列和输出序列可以等长或不等长。在循环神经网络训练时，经常出现梯度消失问题，导致训练过程较为困难。同时，距离某节点较远的节点对该节点的影响逐渐减弱，难以建立长时间的依赖关系。

针对上述两个问题，研究者提出了两种改进的循环神经网络：长短期记忆（long short-term memory，LSTM）网络和门控循环单元（gated recurrent unit，GRU）。

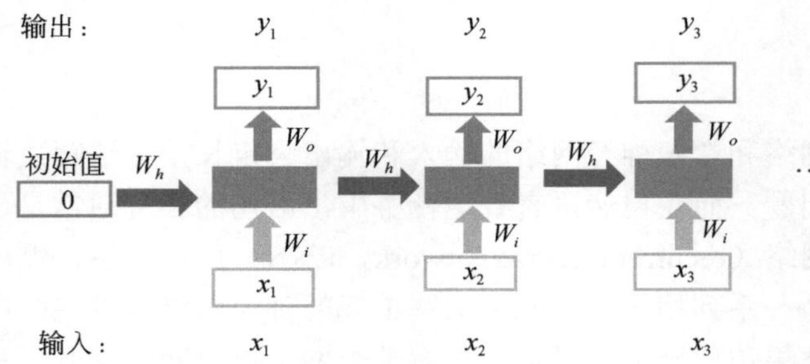

图 3.10　循环神经网络沿时序展开的模型结构图

3.4.3　循环神经网络训练

循环神经网络的训练采用有监督的方式，可以通过梯度下降法进行学习。给定一个训练样本(x, y)，其中$x=[x_1,x_2,\cdots,x_N]$，$y=[y_1,y_2,\cdots,y_M]$。在每个时刻t，都有一个对应的监督信息y_t，定义时刻t的损失函数为

$$L_t = L\left(y_t, g(h_t)\right) \tag{3.22}$$

其中，y_t为t时刻的样本标签；$g(h_t)$为t时刻的输出；L为可微分损失函数如交叉熵。整个序列的损失函数为

$$L = \sum_t L_t \tag{3.23}$$

循环神经网络随时间反向传播算法的主要思想是通过类似前馈神经网络中的误差反向传播算法来计算梯度。反向传播算法可将循环神经网络视为一个展开的多层前馈神经网络，其中每一层对应循环神经网络中的每个时刻。这样循环神经网络中的参数梯度可以按照前馈神经网络的反向传播算法进行计算。在展开的前馈神经网络中，所有层的参数是共享的，因此参数的真实梯度是所有展开层参数梯度的总和。计算偏导数为

$$\frac{\partial L_t}{\partial w_{ij}} = \sum_{k=1}^{t} \frac{\partial z_k}{\partial w_{ij}} \frac{\partial L_t}{\partial z_k} \tag{3.24}$$

其中，$z_k = \sigma\left(W_i x + W_h h_{k-1} + b\right)$，故

$$\frac{\partial z_k}{\partial w_{ij}} = h_{k-1} \tag{3.25}$$

定义 $\delta_{t,k}=\dfrac{\partial L_t}{\partial z_k}$ 为 t 时刻损失对 k 时刻隐藏层的净输入 z_k 的导数，$1\leqslant k<t$ 时为

$$\begin{aligned}\delta_{t,k}&=\frac{\partial L_t}{\partial z_k}=\frac{\partial h_k}{\partial z_k}\frac{\partial z_{k+1}}{\partial h_k}\frac{\partial L_t}{\partial z_{k+1}}\\&=\operatorname{diag}\left(f'(z_k)\right)W\delta_{t,k+1}\end{aligned}\tag{3.26}$$

$$\frac{\partial L_t}{\partial W}=\sum_{k=1}^{t}\delta_{t,k}\,h_{k-1}\tag{3.27}$$

同理可得 L 关于偏置 b 的梯度为

$$\frac{\partial L_t}{\partial b}=\sum_{k=1}^{t}\delta_{t,k}\tag{3.28}$$

在此算法中，参数的梯度需要在完成一个完整的正向计算和反向计算后才能获得，随后才能进行参数更新。

3.4.4　梯度消失和爆炸

循环神经网络在学习过程中面临的主要问题是梯度消失或梯度爆炸现象，这使得难以建立长时间间隔状态之间的依赖关系。在反向传播算法中，式（3.26）展开为

$$\delta_{t,k}=\prod_{\tau=k}^{t-1}\left(\operatorname{diag}\left(f'(z_\tau)\right)W\right)\delta_{t,t}.\tag{3.29}$$

此时记 $\gamma\cong\left\|\operatorname{diag}\left(f'(z_\tau)\right)W\right\|$，有

$$\delta_{t,k}\cong\gamma^{t-k}\delta_{t,t}.\tag{3.30}$$

若 $\gamma>1$，则当 $t-k\to\infty$ 时，$\gamma^{t-k}\to\infty$，当间隔 $t-k$ 比较大时，梯度也变得很大，会造成系统不稳定，称为梯度爆炸问题。相反，若 $\gamma<1$，则当 $t-k\to\infty$ 时，$\gamma^{t-k}\to 0$，当间隔 $t-k$ 比较大时，梯度也变得很小，会出现和深层前馈神经网络类似的梯度消失问题。

由于循环神经网络通常使用 Logistic 函数或 Tanh 函数作为非线性激活函数，而这些函数的导数值均小于 1，且权重矩阵的值通常不会太大，因此当间隔 $t-k$ 过大时，$\delta_{t,k}$ 会趋于 0，从而经常出现梯度消失问题。尽管理论上简单循环神经网络可以建立长时间间隔的状态依赖关系，但由于梯度爆炸或梯度消失问题，实际上只能学习到短期的依赖关系，这一现象称为长程依赖问题。为了解决梯度爆炸和梯度消失问题，可以通过引入门控机制进一步改进模型。下面介绍两种常见的循环神经网络变体结构。

3.4.5 循环神经网络变体

1. 长短期记忆网络

LSTM 网络单元不仅接收输入 x_t 和上一个时刻的隐层状态 $h(t-1)$，还引入了一种机制，即维持一个细胞状态 C_t，用于在长距离传播中保留前面远处节点的信息，避免信息丢失。LSTM 网络通过设计门结构来实现信息的保留功能和选择功能（图 3.11）。

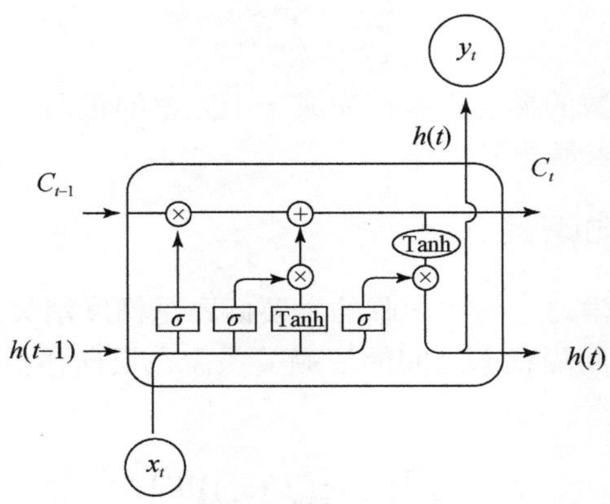

图 3.11　LSTM 网络单元计算示意图

给定输入 x_t、C_{t-1} 和 $h(t-1)$，该单元通过构造输入门、输出门和遗忘门来控制信息的交流。三个门分别为输入门 i_t、遗忘门 f_t 和输出门 o_t。输入门 i_t 控制 t 时刻有多少新信息 $\widetilde{C_t}$ 要输入。遗忘门 f_t 控制上一个时刻的内部状态 C_{t-1} 需要遗忘多少信息。输出门 o_t 控制 t 时刻的内部信息有多少需要输出。

在计算完循环神经网络中相应的门之后，对细胞状态以及状态的输出进行更新。

$$C_t = f_t C_{t-1} + i_t \widetilde{C_t} \tag{3.31}$$

$$h(t) = o_t \mathrm{Tanh}(C_t) \tag{3.32}$$

在简单循环神经网络中，隐层状态在每个时刻都会被重写，因此可以将其视为一种短期记忆。在神经网络中，长期记忆可以视为网络参数，隐含了从训练数据中学习到的经验，其更新周期远慢于短期记忆。而在 LSTM 网络中，记忆单元 C_t 可以在某个时刻捕捉到某些关键信息，并能够在一定时间间隔内保存这些信息。

2. 门控循环单元

门控循环神经网络的提出旨在更好地捕捉时间序列中时间步长距离较大的依赖关系。该网络通过可学习的门机制来控制信息的流动。其中，门控循环单元是一种常用的门控循环神经网络。与 LSTM 网络不同，门控循环单元不引入额外的记忆单元。门控循环单元网络基于 LSTM 网络引入了一个更新门，用于控制状态从历史状态中保留多少信息（不经过非线性变换），以及需要从候选状态中接收多少新信息，其公式为

$$h(t)=z_t\tilde{h}(t)+(1-z_t)h(t-1) \tag{3.33}$$

$$y_t=\sigma(W_h h(t)) \tag{3.34}$$

在门控循环单元中，仅存在更新门和重置门，LSTM 网络中的输入门和遗忘门被合并为更新门（更新门决定隐层状态中保留和放弃的部分）。因此，相较于 LSTM 网络，门控循环单元的效率更高，门控循环单元模型结构示意图如图 3.12 所示。

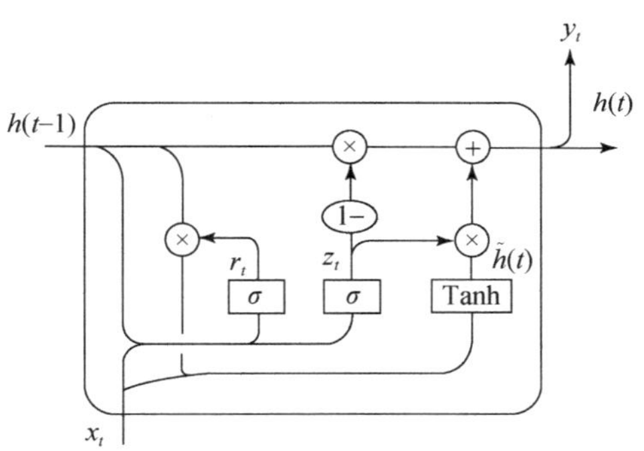

图 3.12　门控循环单元模型结构示意图

3.4.6　循环神经网络应用

循环神经网络的应用常见任务包括图文标注、情感分类、机器翻译和序列标注等。在序列标注任务中，输入文本序列，通过循环神经网络可以得到每个词对应的标签。在图文标注任务中，将图片作为输入，通过循环神经网络可以输出对应的文本序列信息。在情感分类任务中，输入一个文本序列，通过循环神经网络可以使用最后时刻的隐层向量进行情感分类。对于机器翻译任务，输入源文本序列，通过循环神经网络可以输出相应的翻译文本序列。

3.5　本 章 小 结

本章介绍了神经网络的基本概念和在自然语言处理领域中的典型深度学习模型前馈神经网络、卷积神经网络以及循环神经网络，为读者后续的学习奠定基础。

参 考 文 献

［1］Nair V, Hinton G E. Rectified linear units improve restricted Boltzmann machines[C]//Proceedings of the 27th International Conference on Machine Learning, Haifa, 2010: 807-814.

［2］邱锡鹏. 神经网络与深度学习[M]. 北京：机械工业出版社, 2020.

［3］Maas A L, Hannun A Y, Ng A Y. Rectifier nonlinearities improve neural network acoustic models [C]//Proceedings of the 30th International Conference on Machine Learning, Atlanta, 2013: 3.

［4］Werbos P. Beyond Regression: New Tools for Prediction and Analysis in the Behavioral Sciences[M]. Cambridge: Harvard University, 1974.

［5］Goodfellow I, Bengio Y, Courville A. Deep Learning[M]. Cambridge: MIT Press, 2016.

［6］Gu J X, Wang Z H, Kuen J,et al. Recent advances in convolutional neural networks[J]. Pattern Recognition: The Journal of the Pattern Recognition Society, 2018, 77: 354-377.

［7］Zhang W. Shift-invariant pattern recognition neural network and its optical architecture[C]//Proceedings of Annual Conference of the Japan Society of Applied Physics, Tokyo, 1988: 734.

［8］Elman J L. Finding structure in time[J]. Cognitive Science, 1990, 14(2): 179-211.

［9］Schmidhuber J. Deep learning in neural networks: An overview[J]. Neural Networks, 2015, 61: 85-117.

第 4 章　语言模型与词向量

语言模型是自然语言处理领域的核心概念之一。本章从早期的概率统计方法引入语言模型的概念，介绍概率处理方法及其存在的问题，然后介绍目前主流的深度学习神经网络语言模型的处理方法及其特点。

4.1　统计语言模型

4.1.1　语言模型基本概念

在语音识别问题中会遇到以下问题：给出拼音串如何转换成合理的文字串。由于同一拼音串可以对应多种文字串（表 4.1），如何从多个候选句中选出合理的句子是语音转换要解决的重要问题。传统的解决方法是从语言学角度进行分析，通过判断语句是否符合语法规则和语义正确性来进行挑选。然而，这类方法过程烦琐且耗时长，不能满足需求。因此，有学者提出了相对简单且高效的判断语句合理性的方法。

表 4.1　语句合理性判断示意

拼音串（无声调）	ni　xian　zai　zai　gan　shen　mo
候选字串	你　线　在　再　干　什　么 你　现　在　在　干　什　么 尼　先　在　在　感　什　么
候选词串	你　现在　在　感什么 你　现在　在　干什么 你　先在　再　干什么
正确文字串	你现在在干什么

美国工程院院士弗莱德里克・贾里尼克提出利用数学方法来衡量句子的合理性，即以句子在真实情况下出现的概率来评判其合理性，这便是语言模型的基本思想。那么如何计算一个句子的概率呢？如果以句子构成单元的独立概率来计算句子的联合概率，即 $p(s) = p(w_1)p(w_2),\cdots,p(w_n)$，则会丧失语句本身的连贯性。

因此，以基于构成单元的条件概率来计算句子的概率更符合语句中上下文之间信息传递的特性。计算句子概率的方式为

$$p(s)=p(w_1)p(w_2\mid w_1)\cdots p(w_n\mid w_1,w_2,\cdots,w_{i-1})=\prod_{i=1}^{n}p(w_i\mid w_1,w_2,\cdots,w_{i-1}) \quad (4.1)$$

其中，当$i=1$时，$p(w_1\mid w_0)=p(w_1)$。

式（4.1）即语言模型的公式化定义。从模型的角度，语言模型的输入是一个语句s，输出则是该输入句子的概率$p(s)$，模型的参数是语句构成单元的条件概率$p(w_i\mid w_1,w_2,\cdots,w_{i-1})$。

在上述介绍中，w_i不仅可以表示字，还可以表示词、短语、词类等，所有这些均可作为统计单元，通常使用词作为代表。如词w_i的概率由$(w_1,w_2,\cdots,w_{i-1})$决定，则$(w_1,w_2,\cdots,w_{i-1})$构成的序列，称为w_i的历史。

原始语言模型通过数学概率计算来衡量语句的合理性，但随着语句中统计词元数量的增加，统计词元的历史呈指数级增长。对于第i个统计词元，其历史个数为$i-1$，假设一个词表中共有L个不同的词元，那么理论上每一个词元都有可能出现在1～$i-1$的每一个位置上。因此，第i个词元就有L^{i-1}种不同的历史情况，按照原始语言模型的定义，需要考虑L^{i-1}种不同历史情况下产生第i个词元的概率。原始语言模型参数量计算示意图如图4.1所示。

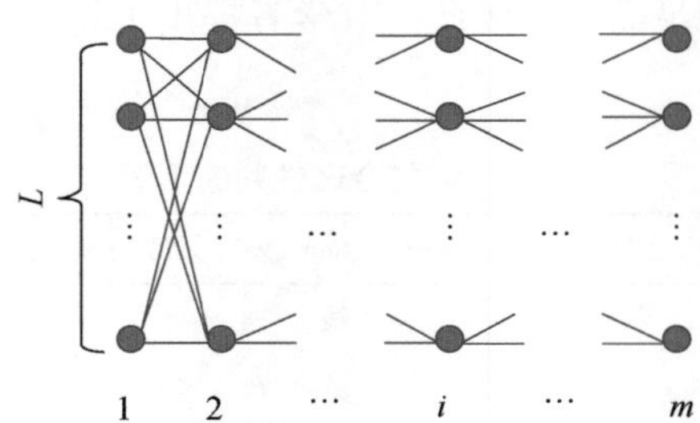

图 4.1　原始语言模型参数量计算示意图

按照此定义，语言模型的参数量巨大，且非常稀疏。一种简化的改进方案是基于马尔可夫的思想，假设任意一个词的出现概率仅与其前一个词有关，这使得语言模型参数简化为$p(w_i\mid w_1,w_2,\cdots,w_{i-1})\approx p(w_i\mid w_{i-1})$，语言模型的计算公式为

$$p(s)=p(w_1)p(w_2\mid w_1)p(w_3\mid w_2)\cdots p(w_i\mid w_{i-1}) \quad (4.2)$$

类似地，假设任意一个词的出现概率仅与其前面$n-1$个历史词元有关，其余的词则不予考虑，基于这一思想的语言模型称为n元文法语言模型。

$$p(s)=\prod_{i=1}^{m+1}p(w_i\mid w_{i-n+1}^{i-1}) \quad (4.3)$$

其中，n 元文法定义为：①1 元文法：当 $n=1$ 时，$p(w_1,w_2,\cdots,w_m)=\prod_{i=1}^{m}p(w_i)$，词元 w_i 独立于其历史；②2 元文法：当 $n=2$ 时，$p(w_1,w_2,\cdots,w_m)=\prod_{i=1}^{m}p(w_i\mid w_{i-1})$，词元 w_i 仅与前一个历史词元有关，也称为一阶马尔可夫链；③3 元文法：当 $n=3$ 时，$p(w_1,w_2,\cdots,w_m)=\prod_{i=1}^{m}p(w_i\mid w_{i-2},w_{i-1})$，词元 w_i 仅与前两个历史词元有关。

以下通过一个具体例子（John read a book）来介绍 n 元语言模型的计算过程。为保证条件概率在 $i=1$ 时有意义，句首和句尾分别添加两个标志：<BOS>（句子开头）和<EOS>（句子结尾），则样例句子为<BOS> John read a book <EOS>。

基于 1 元文法的句子概率为

$$p(s)=p(\text{John})p(\text{read})p(\text{a})p(\text{book})$$

基于 2 元文法的句子概率为

$$p(s)=p(\text{John}\mid<\text{BOS}>)\times p(\text{read}\mid\text{John})\times p(\text{a}\mid\text{read})\times p(\text{book}\mid\text{a})\times p(<\text{EOS}>\mid\text{book})$$

如果要求得句子的具体概率，需要对语言模型中的参数 $p(w_i\mid w_{i-1})$ 进行学习。

4.1.2　语言模型参数学习

语言模型的参数学习需要训练语料和学习方法。训练语料用于建立模型并确定模型参数的已知语料。在实际选择过程中，由于语言模型对训练文本的类型、主题和风格十分敏感，因此在选择语料时通常需要注意以下几点：①训练语料的领域应尽可能与应用领域保持一致；②训练语料应尽量足够大；③在训练前，语料需要经过预处理（如去除噪声等操作）。统计语言模型参数学习通常采用最大似然估计进行训练，这是一种通过相对频率计算概率的方法。

对于 n 元文法模型，参数 $p(w_i\mid w_{i-n+1},\cdots,w_{i-1})$ 的估计可以通过最大似然估计求得。

$$p\left(w_i\mid w_{i-n+1}^{i-1}\right)=f\left(w_i\mid w_{i-n+1}^{i-1}\right)=\frac{c\left(w_{i-n+1}^{i}\right)}{\sum_{w_i}c\left(w_{i-n+1}^{j}\right)}\tag{4.4}$$

其中，分母是历史词元串在给定训练语料中出现的次数，分子则是词与历史串在语料中共同出现的次数。以下通过具体示例来加深理解。

给定训练语料：John read Moby Dick，Mary read a different book，She read a book by Cher，以 2 元语言模型为例计算句子的概率。

例 4.1　计算句子 John read Moby Dick 的概率[1]。

首先为语料中每个句子添加起始符号<BOS>和结束符号<EOS>。使用最大似然估计来计算 2 元文法每个词的参数。

$$p(\text{John}\mid\text{<BOS>})=\frac{c(\text{<BOS> John})}{\sum_w c(\text{<BOS>}w)}=\frac{1}{3}\quad p(\text{read}\mid\text{John})=\frac{c(\text{John read})}{\sum_w c(\text{John }w)}=\frac{1}{1}$$

$$p(\text{a}\mid\text{read})=\frac{c(\text{read a})}{\sum_w c(\text{read }w)}=\frac{2}{3}\quad p(\text{book}\mid\text{a})=\frac{c(\text{a book})}{\sum_w c(\text{a }w)}=\frac{1}{2}$$

$$p(\text{<EOS>}\mid\text{book})=\frac{c(\text{book <EOS>})}{\sum_w c(\text{book }w)}=\frac{1}{2}$$

然后计算句子的概率为

$$\begin{aligned}&p(\text{John read a book})\\&=p(\text{John}\mid\text{< BOS >})\times p(\text{read}\mid\text{John})\times p(\text{a}\mid\text{read})\times p(\text{book}\mid\text{a})\times p(\text{< EOS >}\mid\text{book})\\&=(1/3)\times(1)\times(2/3)\times(1/2)\times(1/2)=0.06\end{aligned}$$

然而，在上述的参数学习方法中存在以下问题，如例 4.2 所示。

例 4.2 计算句子 Cher read a book 的句子概率[1]。

用最大似然估计来估计每一个词的参数为

$$p(\text{Cher}\mid\text{<BOS>})=\frac{c(\text{<BOS> Cher})}{\sum_w c(\text{<BOS>}w)}=\frac{0}{3}$$

$$p(\text{read}\mid\text{Cher})=\frac{c(\text{Cher read})}{\sum_w c(\text{Cher }w)}=\frac{0}{1}$$

计算句子的概率为 $p(\text{Cher read a book})=0$，这显然缺乏合理性。实际上该句子在句法和语义上并没有问题。问题出在参数估计阶段由于数据匮乏导致的零概率问题。为了解决零概率问题，统计方法需要进行数据平滑处理。

4.1.3 参数的数据平滑

数据平滑的基本思想是通过调整最大似然估计的概率值来解决零概率问题。具体做法是增大零概率，同时适当下调非零概率，类似劫富济贫的策略，从而消除零概率，最终改进模型的整体正确率。

在传统的概率统计方法中，数据平滑有诸多方法，如加 1 法、减值法、低阶代替高阶等方法。本节以简单的加性平滑法说明其工作原理。

加性平滑法基本思想是在语言参数的计算过程中，对最大似然估计算式分子和分母均加上一些值，从而保证不会出现 0 概率的情况。

对于 2 元语言模型，采用加 1 法进行数据平滑，其模型参数的计算为

$$p\left(w_i \mid w_{i-1}\right)=\frac{1+c(w_{i-1}w_i)}{\sum_{w_i}[1+c(w_{i-1})]}=\frac{1+c(w_{i-1}w_i)}{|V|+\sum_{w_i}c(w_{i-1})} \tag{4.5}$$

其中，$|V|$为语料词汇总数；$c(w_{i\text{-}1}w_i)$为 $w_{i\text{-}1}$ 与 w_i 共现次数；$c(w_{i\text{-}1})$为语料中 $w_{i\text{-}1}$ 出现次数。

结合例 4.2 的案例 Cher read a book，采用加 1 法进行数据平滑处理，原本每个参数的估计为

$$p\left(\text{Cher} \mid \text{<BOS>}\right)=\frac{0}{3}$$

$$p\left(\text{read} \mid \text{Cher}\right)=\frac{0}{1}$$

$$p(\text{a} \mid \text{read})=2/3$$

$$p(\text{book} \mid \text{a})=1/2$$

$$p\left(\text{< EOS >} \mid \text{book}\right)=1/2$$

通过加 1 法进行数据平滑处理后，结果变为

$$p\left(\text{Cher} \mid \text{<BOS>}\right)=\frac{0+1}{11+3}=\frac{1}{14}$$

$$p\left(\text{read} \mid \text{Cher}\right)=\frac{0+1}{11+1}=\frac{1}{12}$$

$$p\left(\text{a} \mid \text{read}\right)=\frac{1+2}{11+3}=\frac{3}{14}$$

$$p\left(\text{book} \mid \text{a}\right)=\frac{1+1}{11+2}=\frac{2}{13}$$

$$p\left(\text{< EOS >} \mid \text{book}\right)=\frac{1+1}{11+2}=\frac{2}{13}$$

通过加 1 法，原本为 0 的概率如 $p\left(\text{Cher} \mid \text{< BOS >}\right)=\frac{0}{3}$ 和 $p(\text{read} \mid \text{Cher})=\frac{0}{1}$ 变为 $p\left(\text{Cher} \mid \text{< BOS >}\right)=(0+1)/(11+3)=\frac{1}{14}$ 和 $p(\text{read} \mid \text{Cher})=(0+1)/(11+1)=\frac{1}{12}$。因此，整个句子的概率从原来的 0 变为

$$\begin{aligned}p\left(\text{Cher read a book}\right)&=p\left(\text{Cher} \mid \text{<BOS>}\right)\times p\left(\text{read} \mid \text{Cher}\right)\times p\left(\text{a} \mid \text{read}\right)\times p\left(\text{book} \mid \text{a}\right)\\&\quad\times p\left(\text{< EOS >} \mid \text{book}\right)\\&=(1/14)\times(1/12)\times(3/14)\times(2/13)\times(2/13)=0.00003\end{aligned}$$

4.1.4　语言模型性能评估

了解了语言模型的基本概念和计算方法后，如何评估一个语言模型的优劣也

是重要的部分。主流的评估方法可以分为两类：实用方法，通过查看该模型在实际应用中的表现（如拼写检查、机器翻译）来进行评估，其优点是直观、实用，但缺点在于缺乏针对性和不够客观；理论方法，用模型的困惑度来衡量，其基本思想是能为测试集赋予较高概率值（即低困惑度）的语言模型较好。

使用困惑度作为语言模型的评估指标较为经典，下面将着重介绍困惑度的相关概念。对于一个平滑操作后的 n 元语言模型，句子概率的计算公式为

$$p(s)=\prod_{i=1}^{m+1} p\left(w_i \mid w_{i-n+1}^{i-1}\right) \tag{4.6}$$

假定测试语料 T 由 l_T 个句子 $(t_1,t_2,\cdots,t_{l_T})$ 构成，则整个测试集的概率为

$$p(T)=\prod_{i=1}^{l_T} p(t_i) \tag{4.7}$$

而模型中参数 $p(w_i \mid w_{i-n+1}^{i-1})$ 对于测试语料的交叉熵为

$$H_p(T)=-\frac{1}{W_T}\log_2 p(T) \tag{4.8}$$

其中，W_T 是测试文本 T 的词数。模型的困惑度为

$$\mathrm{PPL}_P(T)=2^{H_p(T)} \tag{4.9}$$

4.1.5 语言模型应用

语言模型主要可以计算句子出现的概率，和当给定一个词时可以预测下一个词出现的概率。利用计算句子概率的功能，可以解决语音识别系统中如何快速选择合理句子的问题。

例 4.3 给定拼音串（ta shi yan jiu sheng wu de）确定对应的汉字串 [1]。

根据给定的拼音串列出所有可能的候选字串，如表 4.2 所示。

表 4.2 生成候选字串

拼音串（无声调）	ta	shi	yan	jiu	sheng	wu	de
候选字串	踏	实	研	究	生	物	的
	他	实	验	救	生	物	的
	他	是	研	究	生	物	的
	他	使	烟	酒	生	雾	的
				……			

根据语言模型从候选字串中选择正确的字串，利用 n 元（n=2）计算每个候选字

串的句子概率为

$$p(\text{CString1}) = p(\text{踏实} \mid \text{<BOS>})\, p(\text{研究} \mid \text{踏实})\, p(\text{生物} \mid \text{研究})\, p(\text{的} \mid \text{生物})$$

$$p(\text{CString2}) = p(\text{他} \mid \text{<BOS>})\, p(\text{实验} \mid \text{他})\, p(\text{救} \mid \text{实验})\, p(\text{生物} \mid \text{救})\, p(\text{的} \mid \text{生物})\, p(\text{<EOS>} \mid \text{的})$$

其中，选择概率最大的候选字串作为结果。

语言模型可以预测下一个词概率的性质，可以用在智能联想输入法中，当用户从键盘输入一个词时，可以利用语言模型预测其后面出现任何词的概率，选择概率大的几个词进行排序后作为联想输入的下个可能输入词。

4.1.6　语言模型变体扩展

n 元语言模型是最为主流的语言模型，其面临两个主要挑战：①训练语言模型时所使用的语料通常来自多个不同领域，这些综合性语料难以充分反映各领域语言使用规律的差异，而语言模型对训练文本的类型、主题和风格高度敏感；② n 元语言模型基于独立性假设，即词的出现概率仅与前面相邻的 $n-1$ 个词相关，但这种假设在许多情况下并不成立。针对这两个问题，学者提出了多种语言模型的变体。

1. 正向-反向的语言模型

传统 n 元语言模型是通过正向计算，即从前往后依赖上文历史进行条件概率计算，在自然语言处理中，句子中的每个词不仅与上文相关，还与后续的词存在紧密联系。因此，也可以定义反向语言模型。

对于一个句子，其正向语言模型为

$$p(t_1, t_2, \cdots, t_N) = \prod_{k=1}^{N} p(t_k \mid t_1, t_2, \cdots, t_{k-1}) \tag{4.10}$$

反向语言模型为

$$p(t_1, t_2, \cdots, t_N) = \prod_{N} p(t_k \mid t_{k+1}, t_{k+2}, \cdots, t_N) \tag{4.11}$$

2. k 跳 n 元语言模型

前面描述的语言模型在刻画句子中每个词的概率时，无论是原始语言模型还是 n 元模型，都假定每个位置的词只与其相邻的前 $n-1$ 个词相关。然而，在自然语言处理中，信息的传递有时具有跳跃性，即第 i 个词可能与第 $i-(k-1)-n$ ～第 $i-(k-1)$ 个词相关。为了刻画这种语言现象，k 跳 n 元语言模型应运而生。该模型定义一个词的出现概率只与其前后距离为 k 的词相关，其核心思想在于刻画远距离词汇之间的依赖关系，从而更好地捕捉远程约束的语言模式。

3. 基于缓存的语言模型

该模型针对的问题是文本中某些词在后续句子中再次出现的概率通常比标准 n 元模型预测的要大。其核心思想是利用缓存保存前一时刻的信息，以便在计算词的出现概率时使用，从而实现语言模型的动态自适应。该方法的基本思路是通过 n 元模型与缓存模型的线性插值来计算词的出现概率，其公式为

$$\hat{p}\left(w_i \mid w_1^{i-1}\right)=\lambda \hat{p}_{\text{Cache}}\left(w_i \mid w_1^{i-1}\right)+(1-\lambda)\hat{p}_{n-\text{gram}}\left(w_i \mid w_{i-n+1}^{i-1}\right) \tag{4.12}$$

其中，插值系数 λ 可以通过最大期望算法求得。通常的处理方法是在缓存中保留前面的 K 个单词，每个词的概率（缓存概率）根据其在缓存中出现的相对频率计算为

$$p_{\text{Cache}}\left(w_i \mid w_1^{i-1}\right)=\frac{1}{K}\sum_{j=i-K}^{i-1} I_{w_j=w_i} \tag{4.13}$$

其中，I 是指示函数。

该方法的缺点是缓存中每个词的重要性与词间距无关。克拉克森等的研究表明，缓存中词对词的影响随着词与词之间距离的增加呈指数衰减。基于此，将式（4.12）改进为

$$p_{\text{Cache}}\left(w_i \mid w_1^{i-1}\right)=\beta\sum_{j=1}^{i-1} I_{w_j=w_i} e^{-\alpha(i-j)} \tag{4.14}$$

其中，α是衰减率；β是归一化常数，满足

$$\sum_{w_i \in V}\hat{p}_{\text{Cache}}\left(w_i \mid w_1^{i-1}\right)=1 \tag{4.15}$$

4. 基于词类的 n 元语言模型

前面描述的语言模型在训练和学习时，通常只考虑将语料中的词频作为语言模型的建模因素。然而，在语言学中，除了词频，还有许多其他语言学知识可以用来衡量句子的合理性。例如，基于词类的 n 元语言模型，该模型通过基于词类来建立语言模型，从而缓解数据稀疏问题。

5. 基于混合方法的语言模型

大规模训练语料通常是异源的，即来自不同领域的语料在主题、风格或两者方面存在差异，而测试语料通常是同源的。因此，为了获得最佳性能，语言模型需要能够适应不同类型语料对其性能的影响。将语言模型划分成 n 个子模型 $M_1, M_2, \cdots, M_n$，整个语言模型的概率通过线性插值计算为

$$\hat{p}(w_i \mid w_1^{i-1}) = \sum_{j=1}^{n} \lambda_j \hat{p}_{M_j}\left(w_i \mid w_1^{i-1}\right) \tag{4.16}$$

其中，$0 \leqslant \lambda_j \leqslant 1$，$\sum_{j=1}^{n} \lambda_j = 1$，$\lambda_j$ 可以通过期望最大算法计算出来。

语言模型按语料来源、主题或类型等标准对训练语料进行聚类，在模型运行时识别测试语料的主题或相关主题集合。确定适当的训练语料子集，并利用这些子集建立特定的语言模型。通过针对各个语料子集的特定语言模型和线性插值公式(4.16)计算整个语言模型的概率。在使用期望最大算法迭代计算插值系数 λ 时，对于 n 个类，随机初始化插值系数 λ。根据式（4.16）计算新的概率和期望；在第 r 次迭代中，第 j 个语言模型在第 i 类上的系数 λ_{ij}^{r} 的计算公式为

$$\lambda_{ij}^{r} = \frac{\lambda_{ij}^{r-1} p_{ij}(w \mid h)}{\sum_{i=1}^{n} \lambda_{ij}^{r-1} p_{ij}(w \mid h)} \tag{4.17}$$

根据训练集的分类方法，可以参考多种指标，如基于主题的语言模型，也可以基于风格等因素构建混合语言模型。

4.2　神经网络语言模型

随着深度学习在自然语言处理领域的迅速发展，基于神经网络的语言模型逐渐成为主流方法。本节介绍两种神经网络语言模型：前馈神经网络语言模型和循环神经网络语言模型。

4.2.1　神经网络语言模型概述

基于统计学习的语言模型使用最大似然估计对语言模型的条件概率参数进行预估，依赖词频统计来学习模型参数。神经网络语言模型通过神经网络直接学习语言模型参数。根据使用的神经网络类型，语言模型可以分为不同的类型，其中典型的模型包括前馈神经网络语言模型、循环神经网络语言模型。

第一个神经网络语言模型由 Bengio 等[2]于 2000 年提出（图 4.2），该模型采用前馈神经网络，在学习语言模型的同时生成了词向量。

该神经网络语言模型是自然语言处理领域的里程碑式成果，对整个领域研究具有深远影响。

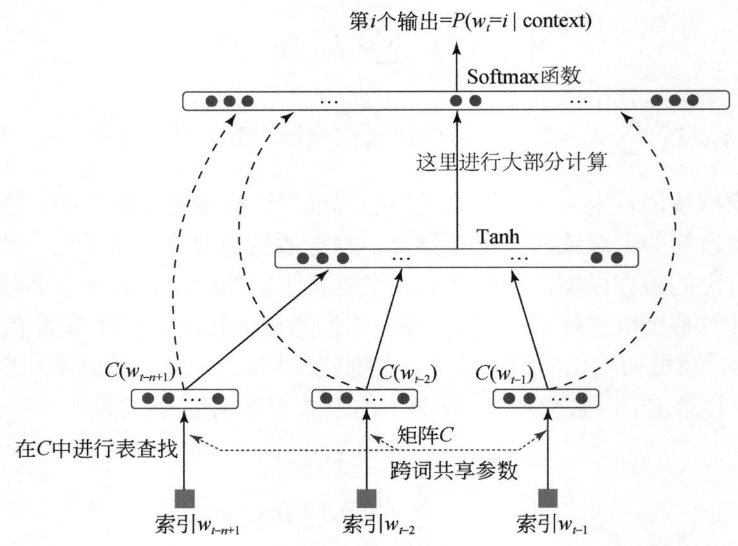

图 4.2　第一个神经网络语言模型示意图

4.2.2　前馈神经网络语言模型

接下来，将以 n 元语言模型为例，介绍前馈神经网络语言模型的模型设计、训练目标、参数学习方法以及模型应用。

1. 模型设计

在 n 元语言模型中，要学习的是在给定 $w_{i-(n-1)},\cdots,w_{i-1}$ 条件下 w_i 的概率 $p(w_i \mid w_{i-(n-1)},\cdots,w_{i-1})$。

前馈神经网络语言模型设计如图 4.3 所示。前馈神经网络语言模型包括三层（输入层、输出层、隐藏层），其中，输入为 n−1 个词 $w_{i-(n-1)},\cdots,w_{i-1}$，输出是词表的概率分布（从中可得到任意词 w_i 概率）。模型层次关系如下。

输入层：$X= w_{i-(n-1)},\cdots,w_{i-1}$。

隐藏层：$h = \text{Tanh}(XH + b^1)$。

输出层：$\text{Softmax}\left(U(\text{Tanh}(XH + b^1)) + b^2\right) = p(w_i \mid w_{i-(n-1)},\cdots,w_{i-1})$。

神经网络的参数为 $\theta = (H,U,b^1,b^2)$，其中 H 是隐藏层的权重矩阵，U 是输出层的权重矩阵，b^1 和 b^2 分别是隐藏层和输出层的偏置。需要注意的是，神经网络的参数 θ 与语言模型的条件概率参数 $p(w_i \mid w_{i-(n-1)},\cdots,w_{i-1})$ 的区别，神经网络参数 θ 是要训练的参数，该参数确定后，神经网络模型可计算条件概率参数

$p(w_i \mid w_{i-(n-1)},\cdots,w_{i-1})$。

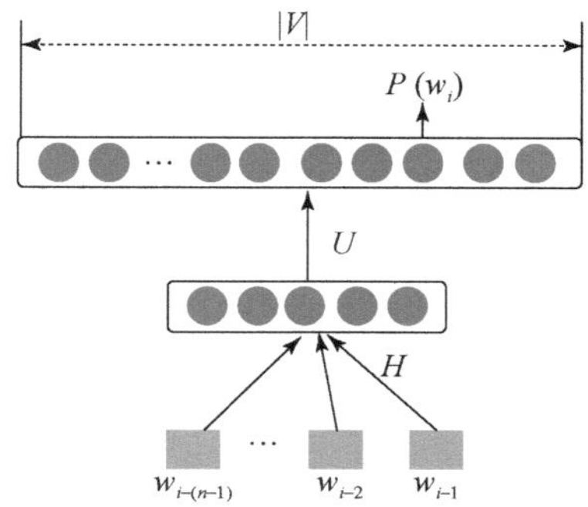

图 4.3　前馈神经网络语言模型设计示意图

2. 训练目标

神经网络的训练目标是最小化负对数似然损失函数，定义为

$$L\left(Y,P(Y\mid X)\right)=-\log P(Y\mid X) \tag{4.18}$$

对于整个语料的训练，模型的训练目标是最大化以下目标：

$$\sum_{w_{i-1},i\in D}\log P(w_i\mid w_{i-1}) \tag{4.19}$$

3. 参数学习方法

确定了训练集和损失函数之后，接下来就是确定如何训练神经网络。神经网络的优化采用反向传播算法。在每次迭代中，随机从语料中选取一段文本 $w_{i-(n-1)},\cdots,w_i$ 作为训练样本进行一次梯度迭代。参数更新的公式为

$$\theta\leftarrow\theta+\alpha\frac{\partial\log_2 P(w_i\mid w_{i-1})}{\partial\theta} \tag{4.20}$$

其中，α是学习率；模型的参数 $\theta=(H,U,b^1,b^2)$。这部分的内容在神经网络语言模型章节已有介绍，这里不再赘述。

4. 模型应用

举例展示 n 元语言模型的计算过程。

例 4.4　计算例子（wreck a very nice beach）的 n 元（$n=4$）语言模型的句子概率。

$$P(\text{wreck a very nice beach})$$
$$= P(\text{very} \mid \text{START wreck a})P(\text{nice} \mid \text{wreck a very})P(\text{beach} \mid \text{a very nice})$$

在计算 $P(\text{very} \mid \text{START wreck a})$ 时，输入层接收三个词：START、wreck 和 a，然后通过神经网络的各层处理，输出词 very 的概率，以此类推，利用语言模型计算出句子每个词的概率，然后将所有词的概率连乘即可求得句子的概率。

由上述介绍可知，在神经网络语言模型中，每个词的概率是通过神经网络计算而得出的，不会存在零概率问题，所有神经网络语言模型不需要进行数据平滑。然而，对于前馈神经网络语言模型，只能对有限窗口的历史信息进行建模，无法保留所有历史信息。

4.2.3 循环神经网络语言模型

针对前馈神经网络很难对所有历史信息进行建模的问题，提出利用循环神经网络进行语言模型的参数计算，循环神经网络本身具备长序列建模的特性，在理论上可实现对所有历史信息的建模。接下来，将介绍循环神经网络语言模型的模型设计、训练集、训练目标和参数学习方法。

1. 模型设计

在循环网络语言模型中，要学习的是在 w_{i-1} 条件下 w_i 的概率 $p(w_i \mid w_{i-1})$。循环神经网络语言模型设计如图 4.4 所示。循环神经网络语言模型包括三层（输入层、输出层、隐藏层），其中，输入为词 w_{i-1}，输出是词表的概率分布（从中可得到任意词 w_i 概率）。模型层次关系如下。

输入层：$X = w_{i-1}$。

隐藏层：$h(t) = \text{Tanh}(XH + Mh(t-1)b^1)$。

输出层：$\text{Softmax}(U(\text{Tanh}(XH + Mh(t-1)b^1) + b^2) = p(w_i \mid w_{i-1})$。

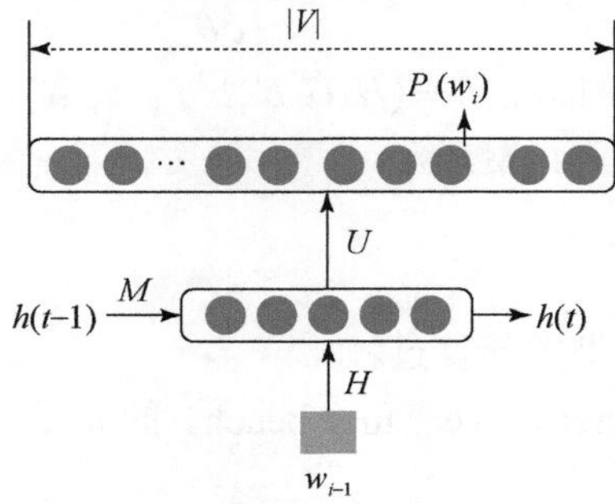

图 4.4 循环神经网络语言模型设计示意图

由于每个时刻 t 的隐藏层 $h(t)$ 均由当前时刻输入 W_i 和前一时刻的隐藏层 $h(t-1)$ 共同形成，所以 t 的隐藏层 $h(t)$ 实际上是包含了 t 时刻之前的所有输入信息，即保留了所有历史信息。循环神经网络 4 元语言模型预测流程如图 4.5 所示。

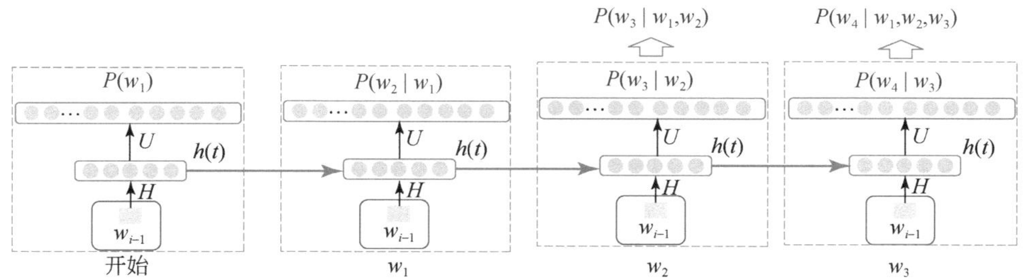

图 4.5　循环神经网络 4 元语言模型预测流程图

循环神经网络的参数 $\theta=(H,U,M,b^1,b^2)$，其中，H 和 U 分别对应输入词向量和输出层的权重矩阵，b^1 和 b^2 分别是隐藏层和输出层的偏置。与前馈神经网络相比，循环神经网络多了一个参数 M，这是 $t-1$ 时刻的 $h(t-1)$ 与 t 时刻 $h(t)$ 之间的权重矩阵。需要注意的是，θ 是循环神经网络的网络参数，该参数确定后，可计算 $P(w_i \mid w_{i-1})$。

2. 训练集

神经网络语言模型可以利用未标注的自然语言文本句进行自监督训练，对于训练样本句 $S=w_1,w_2,\cdots,w_n$，其输入序列 X 是 $(w_1,w_2,\cdots,w_{n-1})$，输出标签序列 Y 则是 $(w_2,w_3,\cdots,w_n)$。即在每个具体时刻，输入为 w_{i-1}，输出为 w_i。

3. 训练目标

对于循环神经网络的每个时刻采用交叉熵损失，整体损失函数为各个时刻损失之和，即 $\sum\limits_{w_{i-1},i\in D}\log P(w_i \mid w_{i-1})$。模型的训练目标是在整个语料库上最大化这一损失函数。

4. 参数学习方法

循环神经网络的训练方法通常采用通过时间的反向传播算法进行参数学习。

相比于概率语言模型需要采用 n 元文法进行近似，循环神经网络语言模型能够保留每个词的所有历史信息，而不需要简化为 n 元形式，因此通常在语言模型任务中优先采用循环神经网络语言模型。

4.2.4 循环神经网络语言模型变体

在基于循环神经网络的语言模型研究中，根据处理问题需要发展出许多变体的神经网络语言模型。

1. 双向语言模型

结合正向循环神经网络和反向循环神经网络的语言模型，自然发展出双向循环神经网络语言模型结构示意图（图 4.6）。在基于双向循环神经网络的模型结构中，对于第 i 时刻的词预测，模型不仅结合了其正向序列（上文）的信息，还利用了其反向序列（下文）的信息，从而将两者作为词的历史，用于计算词的条件概率：

$$P(w_n \mid w_1, \cdots, w_{n-1}, w_{n+1}, \cdots, w_L) \tag{4.21}$$

其中，w_L 是文本句中最后一个词。

简单回顾双向循环神经网络的计算流程，对于每个时刻的输入，有两个不同方向的循环神经网络神经单元，分别用于计算输入序列的正向（前向→）隐层状

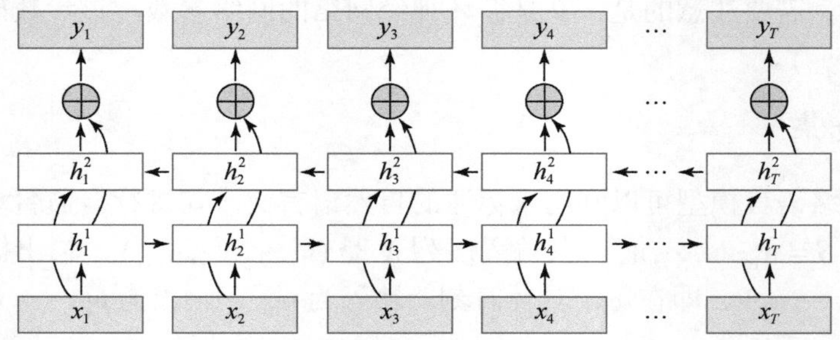

图 4.6　双向循环神经网络语言模型结构示意图

态和反向（后向←）隐层状态。随后，模型结合这两个不同方向的隐层状态共同预测时刻词的概率。每个时刻都有一个正向输入的隐层向量和一个反向输入的隐层向量，其中正向输入的隐层向量表示一个词的上文信息，反向输入的隐层向量表示该词的下文信息。

$$\overrightarrow{h_t} = f\left(\overrightarrow{W} x_t + \overrightarrow{V} \overrightarrow{h_{t-1}} + \overrightarrow{b}\right) \tag{4.22}$$

$$\overleftarrow{h_t} = f\left(\overleftarrow{W} x_t + \overleftarrow{V} \overleftarrow{h_{t-1}} + \overleftarrow{b}\right) \tag{4.23}$$

$$y_t = g\left(U[\overrightarrow{h_t}, \overleftarrow{h_t}]\right) + c \tag{4.24}$$

双向循环神经网络语言模型相比单向循环神经网络语言模型能够捕捉更多的上下文信息，因而在信息表示上更加丰富。在语言模型的表达和词条件概率的预

测方面，双向循环神经网络语言模型具有显著优势，因为它能够同时利用正向和反向的全局信息，更全面地建模语言结构和上下文依赖关系。

2. 单向多层循环神经网络语言模型

上述介绍的正向、反向以及双向循环神经网络语言模型均依赖于单层循环神经网络，其对文本中词的表达能力相对有限。为增强神经网络模型对输入序列中词的特征捕获能力，提出了多层循环神经网络用于语言模型的建模。多层循环神经网络通过增加隐藏层的深度，使得模型可以更好地捕捉输入序列中的复杂特征。单向多层循环神经网络语言的模型结构示意如图 4.7 所示。

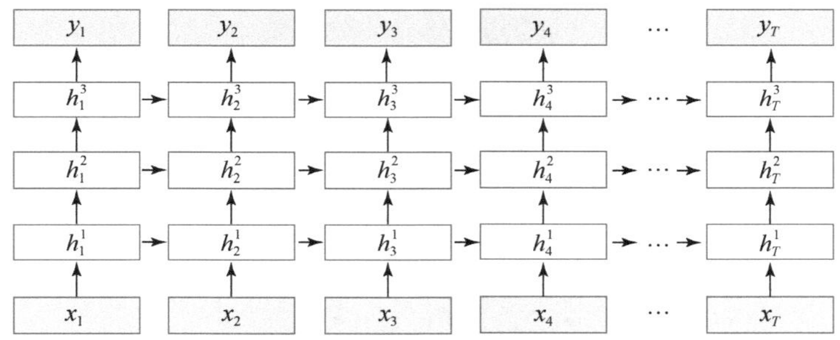

图 4.7　单向多层循环神经网络语言的模型结构示意图

与单层循环神经网络相比，多层循环神经网络在输入和输出上没有发生变化，但在神经网络的隐层状态计算过程中有所不同。具体而言，第 i 层网络的隐层状态计算公式为

$$h^i(t) = \sigma\left(W^i i h^{i-1}(t) + W_h^i h^i(t-1) + b^i\right) \tag{4.25}$$

其中，$h^{i-1}(t)$ 表示第 $i-1$ 层的第 t 时刻的隐层状态；而 $h^i(t-1)$ 表示第 i 层的第 $t-1$ 时刻的隐层状态，即对于第 i 层（i>1）的循环神经网络，输入是上一层时刻的隐层状态和该层上一时刻的隐层状态。

在输出层，基于最后一层的隐层状态向量，通过 Softmax 函数在词表空间上进行词概率的预测。

$$Y = \text{Softmax}\left(W_o h^L(t)\right) \tag{4.26}$$

单向多层循环神经网络语言模型通过多个隐藏层，使每个隐藏层逐层向下一层传递序列信息，能够捕捉输入序列中更多、更深层次的特征信息。相比单层网络，多层网络能够更有效地提取复杂的上下文关系，有助于提升语言模型对输入文本的理解和表达能力。在语言模型任务中，多层循环神经网络语言模型能够更充分地利用输入序列中的长程依赖关系，从而提高语言模型的预测准确性。

3. 双向多层循环神经网络语言模型

在单向多层循环神经网络语言模型的基础上，还可以进一步构建双向多层循环神经网络语言模型，进一步增强神经网络对输入文本特征的捕获能力，更好地对语言模型的参数进行建模。双向多层循环神经网络语言模型的整体架构如图 4.8 所示。

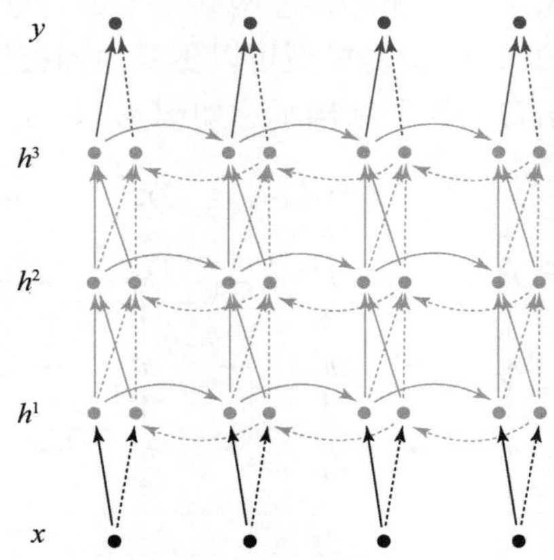

图 4.8　双向多层循环神经网络语言模型的整体架构

双向多层循环神经网络语言模型具备双向语言模型的特点，即在每一层的每一个时刻，都存在一个正向输入隐藏层 $\overrightarrow{h_t}$ 和一个反向输入隐藏层 $\overleftarrow{h_t}$，用于同时捕获输入文本序列的上下文信息。此外，双向多层循环神经网络语言模型还具备多层循环神经网络的特点，即每一层的隐层状态向后一层传递序列信息，增强模型对文本输入的特征挖掘能力。这种模型结构能够更加全面地捕捉文本的复杂的上下文关系，提升语言模型的表达能力。

4.3　浅层词向量

词嵌入是自然语言处理中的一项基础技术，也是自然语言处理领域的重要研究成果，该技术可将自然语言中的词表示为稠密的实数向量（词向量），用来作为神经网络模型的输入；同时向量具有语义相近的词，其词向量空间距离也相近，相似关系词对的词向量之差也存在相似的特点，利用这些特点可以完成同义词检测、单词类比和知识推理等任务。

4.3.1　词表示概述

自然语言通常以符号化的形式存在于现实生活中。人类通过大脑对语言的处理实现沟通和交流，但如何让计算机理解和处理语言文本是自然语言处理领域最根本的问题。为了让计算机能够理解自然语言，必须找到一种方法将这些符号化的语言数字化，使其转化为计算机能够处理的形式化表示。接下来展示词表示的研究分类概览示意图（图 4.9），并进一步探讨不同的词表示方法。

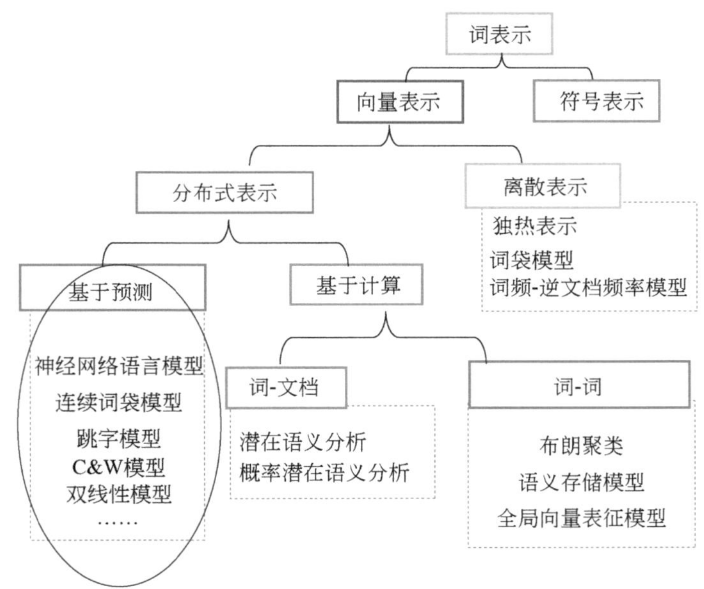

图 4.9　词表示的研究分类概览示意图

词表示可以首先根据是否向量化分为向量表示和符号表示。在神经网络方法出现之前，在大多数基于规则和统计的方法的自然语言处理任务中，词被视为原子符号。例如，减肥和瘦身这类词被看作单独的、彼此独立的符号，而基于向量的词表示则可以进一步细分为离散表示和分布式表示。

离散表示的词向量是以独立、非重叠的方式表示每一个词的。主要包括以下三种方式。

1）独热表示

独热表示是自然语言处理中最直观、最常用的一种词表示方法。对于语料中的每个词，创建一个词表大小为$|V|$的向量。对于词表中的第i个词，其向量表示中第i维度的数值为 1，其他维度均为 0。例如，词减肥和瘦身的独热表示为以下

形式。

减肥：[0 0 0 1 0 0 0 0 0 0 0 0 0 0 0]。

瘦身：[1 0 0 0 0 0 0 0 0 0 0 0 0 0 0]。

独热表示使用稀疏方式进行存储，简单且直观，能够快速实现词的数字化表示，但会导致词汇语义鸿沟和维数灾难。独热表示将每个词视为独立的符号，无法捕捉词与词之间的相似性或语义关联。随着词表的扩展，独热向量维度会迅速增加，造成计算资源的浪费。

2）词袋模型

词袋模型是在独热表示的基础上增加语料中词频的信息。词袋模型不考虑词的顺序或句法结构，只关心每个词在文本中出现的次数。假设语料库中有两个句子：小红想去深圳和小明想去上海，词表包含［小红，想，去，深圳，小明，上海］，则使用词袋模型可以分别将这两个句子表示为以下形式。

小红想去深圳：[1,1,2,1,1,0]。

小明想去上海：[0,1,2,1,0,1]。

其中，每个向量的下标与词表的下标相匹配，向量中的值代表该词在句子中的出现次数。词袋模型引入了词频信息，能够体现某些词的重要性。然而，词袋模型忽略了词的顺序，因此无法处理句法或语义结构。

3）词频-逆文档频率模型

词频-逆文档频率（term frequency-inverse document frequency，TF-IDF）是一种常用的文本表示方法。TF-IDF 实际上是词频与逆文档频率的乘积，旨在平衡词频和词在整个数据集中的重要性。

词频是指某个词在一篇文章中出现的次数。一般来说，词在文章中出现的频率越高，该词的重要性越大。但是，由于不同样本的长度不一，词频需要进行标准化处理，其计算公式为

$$\mathrm{TF}=\frac{\text{某个词在文章中出现的次数}}{\text{该样本的总词数}}$$

逆文档频率则用于衡量一个词在整个语料库中的普遍性，其计算公式为

$$\mathrm{IDF}=\frac{\text{总样本数}}{\text{包含该词的样本数}+1}$$

这里的+1 是为了避免出现分母为 0 的情况，即所有文档都不包含该词的情况。IDF 越大，说明该词在整个语料库中越少见，反之则越常见。取对数的目的是进行平滑处理，避免频繁出现的词对模型产生过大的影响。

将词频 TF 与逆文档频率 IDF 相乘，就得到了该词的 TF-IDF 权重值。

$$\mathrm{TF\text{-}IDF}=\mathrm{TF}\times\mathrm{IDF}$$

计算每个词在语料库中对应的 TF-IDF 值后，将这些值组合成一个矩阵，表示词在文档中的权重分布。

TF-IDF 既考虑了词在单个文档中的重要性，也平衡了词在整个数据集中的普遍性，能够有效过滤掉常见但无关紧要的词（如“的”“是”等）。但 TF-IDF 无法捕捉词与词之间的关系，其仍然是一种离散表示，缺少上下文信息。

离散分布的词表示仅考虑每个词的独立性，忽略了词与其他词的关联性。因此，引入分布式表示的概念。分布式表示的核心思想是通过词的上下文来表示该词，基于这样一个假设：在相同上下文中出现的词倾向于具有相同的含义。基于这一假设，提出分布式语义学的概念，即通过量化词在大规模文本语料中的分布特性，来计算词语及词语语义的相似性。

经典的分布式词表示模型又可以分为基于计算的分布式词表示和基于预测的分布式词表示两类。首先对于基于计算的分布式词表示模型，表 4.3 列出了几个典型的词表示模型。

表 4.3　基于计算的分布式词表示的典型模型

名称	上下文	上下文与目标词之间的建模（技术手段）
LSA/LSI	文档	矩阵
HAL	词	
GloVe	词	
Jones & Mewhort	n 元	
布朗聚类	词	聚类

基于计算的分布式词表示模型通过捕获词语在上下文中的共现关系，来反映词语的语法和语义信息。这类典型模型会利用整个上下文或一定窗口内的上下文词来构建词向量。以 GloVe 模型为例进行简单介绍。首先，根据语料库构建一个共现矩阵，矩阵中的每一个元素代表单词和上下文单词在特定大小的上下文窗口内共同出现的次数。GloVe 模型试图构建词向量和共现矩阵之间的近似关系，其目标是使词向量的内积能够近似表示共现频率 X_{ij}，其目标函数为

$$J=\sum_{i,j=1}^{V} f(X_{ij})\left(w_i^{\mathrm{T}}\tilde{w}_j+b_i+b_j-\log X_{ij}\right)^2 \tag{4.27}$$

$$f(x)=\begin{cases}(x/x_{\max})^{\alpha}, & x<x_{\max}\\ 1, & \text{其他}\end{cases} \tag{4.28}$$

实验表明，当 $x_{\max}=100$ 和 $\alpha=3/4$ 时效果最佳。

GloVe 模型[3]的训练本质仍然是监督学习，虽然不需要进行人工标注，但

$\log X_{ij}$ 作为标签存在。因此，GloVe 模型使用梯度下降法对共现矩阵中的所有非零元素进行随机采样。学习率设置为 0.05，当词向量大小小于 300 时迭代 50 次，其他情况下迭代 100 次，直到收敛。由于共现矩阵 X 是对称的，所以词向量 $\tilde{w}$ 和 w 是也是对称的，虽然这两者的初始化不同，但最终的结果是等价的。为了增强模型的鲁棒性，最终结果是两者的和，即 $w+\tilde{w}$，以减少随机初始化带来的影响。

总结来说，基于计算的分布式词表示模型通过上下文共现信息构建词向量，但在应对大型数据集和高维稀疏矩阵时，仍然面临着诸如计算复杂性和空间占用等问题。

表 4.4 介绍几种典型的基于预测的分布式词表示模型。

表 4.4 几种典型的基于预测的分布式词表示模型

名称模型	上下文	上下文与目标词之间的建模（技术手段）
跳字模型	词	神经网络
CBOW 模型	n 元（加权）	
神经网络语言模型	n 元（非线性组合）	
C&W 模型	n 元（非线性组合）	

与基于计算的分布式词表示模型不同，基于预测的分布式词表示模型不直接计算词与词之间的共现频度，而是通过基于词的上下文词来预测词或基于词预测上下文词的方法生成词向量。

在介绍基于预测的分布式词表示模型之前，首先需要理解词嵌入的概念。词嵌入是指将高维空间中的词嵌入到一个维数较低的连续向量空间中，每个单词或词组表示为一个实数向量。2001 年，在 Bengio 训练神经网络语言模型时为解决输入问题首次提出词嵌入，但当时并未引起重视，直到 2013 年，Mikolov 等[4]通过简化模型结构和近似目标提出了专门训练词向量的高效算法：连续词袋（continuous bag-of-words，CBOW）模型和跳字（skip-gram，SG）模型，使大规模训练词嵌入成为可能，谷歌开源了高效词向量工具 Word2vec，词向量才得以大规模使用。图 4.10 展示了从神经网络语言模型到浅层词表示，再从预训练语言模型到大语言模型的演进过程。

4.3.2 经典词向量表示模型

1. 神经网络语言模型词向量

在 4.2.2 节所述的神经网络语言模型中，神经网络的输入层由词 w_i 的前 $n-1$ 个词作为历史输入通过隐藏层，输出层则通过 Softmax 函数在词表大小的空间上输

出对每一个词的预测概率 $p(w_i)$。输入层（如词的表示）使用简洁的独热表示，若表示维度过高，则模型训练困难。因此，模型尝试将输入的独热表示的 $|V|$ 维稀疏向量降维为 $|D|$ 维的稠密向量。

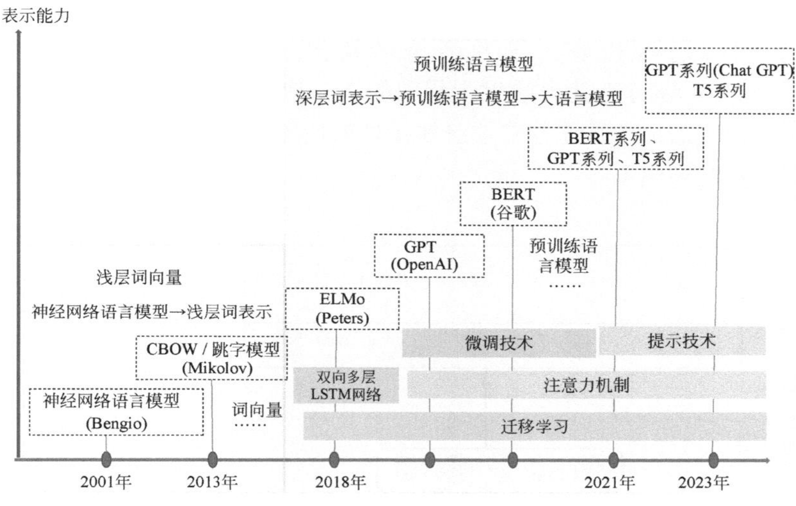

图 4.10　词表示模型演进脉络

注：ELMo 的全称是 embeddings from language mowdels，是一种上下文感知的词嵌入模型。

具体地，建立一个 $|D|\times|V|$ 的稠密向量查找表（look-up table），$|V|$ 表示词表的大小，$|D|$ 表示词向量 e 的维度（通常在 50 维以上）。将每个词的词向量存储在这个表中（表中的稠密向量开始时给的是随机初值，当语言模型训练好后表中的向量即训练好的词向量）；对于一个给定的词 w，其对应的词向量 $e(w)$ 可以通过从该矩阵中取出相应的列来获得。如图 4.11 所示，以词 w_2 为例，该词的独热向量中

查找表：

$$c=\begin{pmatrix} (w_1)_1 & (w_2)_1 & \cdots & (w_V)_1 \\ (w_1)_2 & (w_2)_2 & \cdots & (w_V)_2 \\ \vdots & \vdots & & \vdots \\ (w_1)_D & (w_2)_D & \cdots & (w_V)_D \end{pmatrix}$$

$$w_2=[\,0 \quad 1 \quad 0 \cdots 0\,]$$

$$e(w_2)=(w_2)_1(w_2)_2\cdots(w_2)_D$$

图 4.11　查找表样例图

第 2 维是 1，其他维度为 0。通过将该独热向量与查找表矩阵相乘，得到查找表中第 2 列向量，即词 w_2 的稠密向量表示。

通过查找表的方式，独热向量可以映射为一个 $|D|$ 维的稠密向量（词向量）。

此后，在 4.2.2 节的语言模型训练时用词向量作为神经网络的输入，如图 4.12 所示，在训练前查找表内容并随机赋初值。这时模型中的每个历史词（$w_{i-(n-1)},\cdots,w_{i-1}$）通过查找表映射为相应的词向量 $\left(e(w_{i-(n-1)}),\cdots,e(w_{i-1})\right)$，在模型训练时将查找表的词向量作为参数参加模型的训练，当训练好语言模型时，同时也获得训练好的词向量。

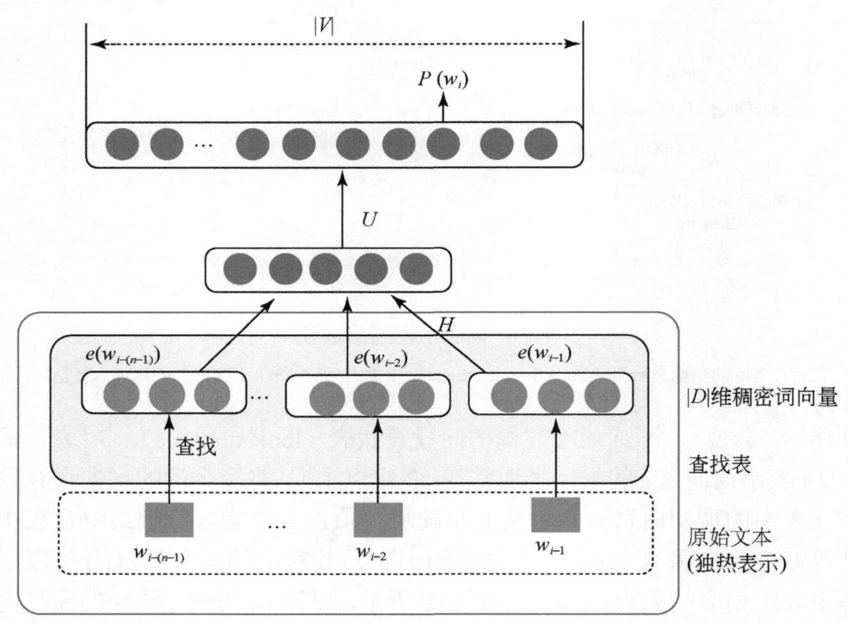

图 4.12　加入查找表后的模型示意图

2. C&W 模型词向量

与基于语言模型的词向量生成方法不同，C&W[5] 模型是第一个直接以生成词向量为目标的模型。采用直接对 n 元短语打分的方式替代语言模型中求解条件概率的方法。C&W 模型的目标是为语料中出现的 n 元短语打高分，而为语料中不存在的随机生成短语打低分。通过这种方式，C&W 模型能够学习到符合分布假设的词向量。具体而言，分布假设指的是在相似上下文中出现的词往往具有相似的含义。C&W 模型通过直接优化这种评分目标来生成词向量，而不是像传统语言模型那样基于上下文预测目标词的概率。

与其他基于语言模型的方法不同，C&W 模型的目标函数并不是基于上下文 c 预测目标词 w 的条件概率。相反，C&W 模型通过上下文 c 和目标词 w 的联合评分来优化词向量。也就是说，C&W 模型直接优化目标词与其上下文的匹配程度，而不依赖于概率计算。具体来说，模型的目标函数对目标词 w 与其上下文 c 进行联合打分，评分高表示目标词与上下文匹配度高，评分低表示目标词与上下文不匹配。C&W 模型通过最大化真实短语的得分，并最小化随机生成短语的得分，从而优化词向量的学习。C&W 词向量神经网络图如图 4.13 所示。

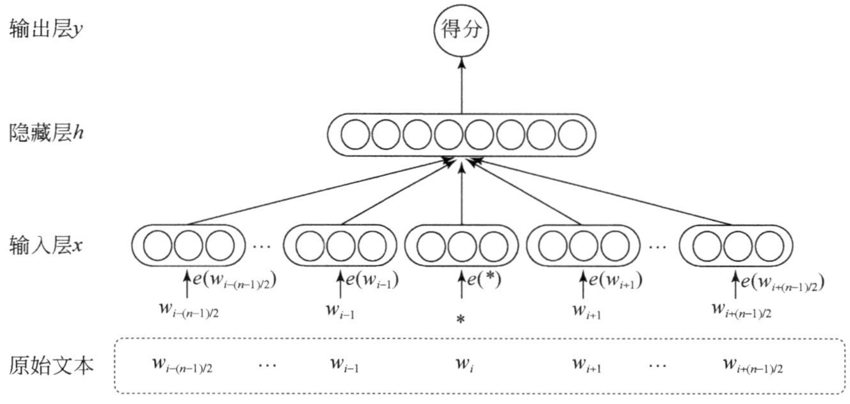

图 4.13　C&W 词向量神经网络图

首先在输入层，C&W 模型的输入有别于之前的语言模型，之前的语言模型是输入目标词 w_i 的历史 $w_{i-(n-1)},\cdots,w_{i-1}$，而 C&W 模型输入的则是目标词 w_i 及其上下文 $X=(e(w_{i-(n-1)}),\cdots,e(w_i),\cdots,e(w_{i+(n-1)}))$，并共同作为模型的输入。对于从语料中构造的训练样本，则是从语料中选出一个 n 元短语 $(w_{i-(n-1)/2},\cdots,w_i,\cdots,w_{i+(n-1)/2})$，一般情况下 n 为奇数，以保证上文和下文的词数一致，w_i 为目标词（序列中间的词）上下文 $X=(e(w_{i-(n-1)}),\cdots,e(w_i),\cdots,e(w_{i+(n-1)}))$。同样地，神经网络的输出层也和之前的语言模型有所不同，之前的语言模型的输出层是在词表空间大小中输出对词表中每一个词的预测概率，输出空间是词表维度，所有神经网络中隐藏层到输出层的矩阵运算是最耗时的部分。因此，在前面的各个词向量模型中，几乎都有对这一部分进行优化的步骤，如层级 Softmax、分组 Softmax 和噪声对比估算等方法。而 C&W 模型的目标是更快速地生成词向量，因此 C&W 模型并没有采取语言模型的方式求解上述条件概率，转而采用另一种更高效的方法：直接对输入

的 n 元短语打分。对于语料中出现过的 n 元短语，模型会对其打高分；而对于语料中没有出现的随机短语，模型会对其打低分。通过这种方式，C&W 模型可以更直接地得到符合分布假说的词向量。

在模型的优化阶段，首先需要确定模型的损失函数为

$$\sum_{(w,c)\in D}\sum_{w'\in V}\max\left(0,1-\text{score}(w,c)+\text{score}(w',c)\right) \tag{4.29}$$

其中，c 表示目标词 w 的上下文；正样本 (w,c) 来自语料；而负样本 (w',c) 则是将正样本序列中的中间词替换成其他词。

C&W 模型的优化目标是对整个语料最小化损失函数，其核心思想是希望正样本的得分至少比负样本高 1，否则会产生损失。

C&W 模型与神经网络语言模型的主要区别在于，C&W 模型将目标词放置于输入层，并将输出层由语言模型的 $|V|$ 个节点简化为一个节点，该节点的值表示对这一 n 元短语的评分。该评分仅反映高低差异，没有概率特性，因此不需要复杂的归一化操作。通过这种设计，C&W 模型将模型在输出层的 $|V|\times|h|$ 次运算降为 $|h|$ 次运算，显著降低了时间复杂度，同时避免了 Softmax 运算。

3. 连续词袋模型词向量

随着词向量研究的不断发展，Mikolov 等[4]于 2013 年提出了 CBOW 模型和跳字模型。Mikolov 等[4]在借鉴神经网络语言模型和 C&W 模型经验的基础上简化了现有模型，并保留其核心部分，以提升词向量生成的效率。相比之前的模型，CBOW 模型和跳字模型的改进主要体现在两个方面：①去除了神经网络中的隐藏层，模型结构从神经网络转化为对数线性结构，与逻辑回归相似，显著提高了模型的训练速度；②去除了上下文中各个词的词序信息。

CBOW 模型词向量结构图如图 4.14 所示。

其中，输入层为词 w_i 的上下文词向量的平均值。

$$x=\frac{1}{n}\sum_{w_j\in c}e(w_j) \tag{4.30}$$

上下文对词的预测为

$$p(w_i \mid C)=\frac{\exp\left(e'(w')^{\mathrm{T}}x\right)}{\sum_{w'\in V}\exp\left(e'(w')^{\mathrm{T}}x\right)} \tag{4.31}$$

输入是目标词 w_i 的 n 个上下文词，但不包括 w_i，输出是词表空间中词的概率分布，将目标词 w_i 作为预测的标签词。CBOW 模型的优化目标是最大化损失函数。

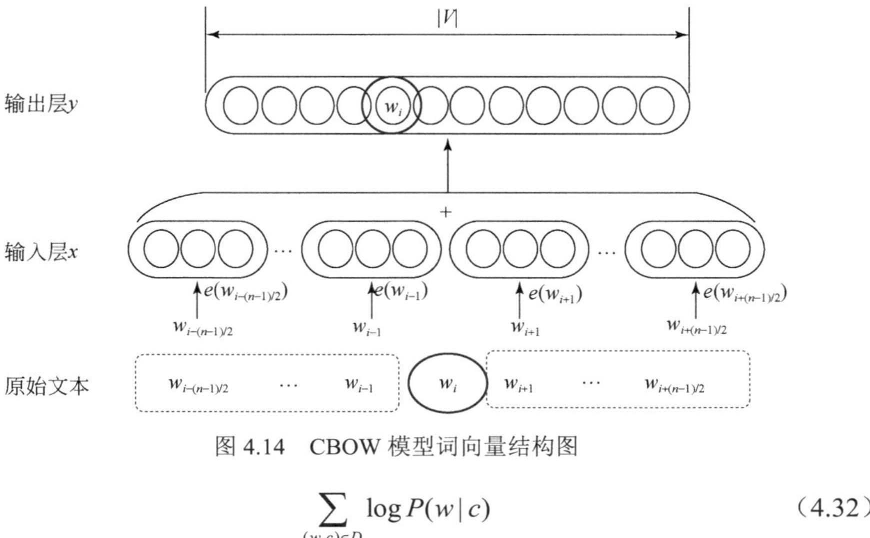

图 4.14　CBOW 模型词向量结构图

$$\sum_{(w,c)\in D} \log P(w \mid c) \tag{4.32}$$

CBOW 模型的核心在于通过利用上下文来预测目标词，从而训练得到上下文的词向量。

4. 跳字模型词向量

与 CBOW 模型类似但有所不同的是，跳字模型将目标词 w_i 的词向量作为输入，将其上下文作为预测标签词。目标词 w_i 及其上下文的定义与 CBOW 模型相同。跳字模型词向量结构图如图 4.15 所示。

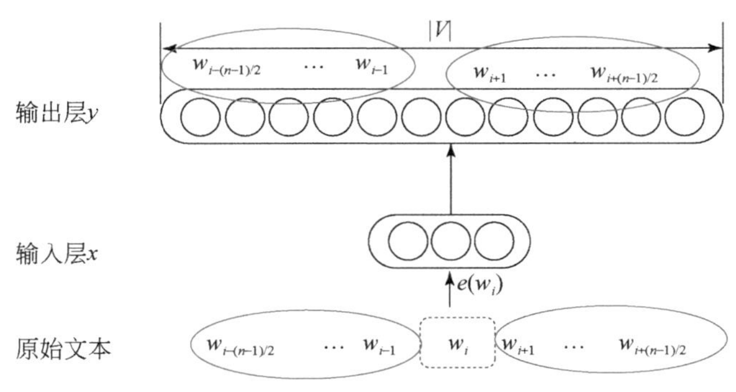

图 4.15　跳字模型词向量结构图

输入是 w_i 的词向量，输出是词表空间词的概率分布，目标词 w_i 的上下文作为预测标签词。

$$p(w_j \mid w_i)=\frac{\exp\left(e'(w_j)^{\mathrm{T}} x\right)}{\sum_{w' \in V} \exp\left(e'(w_j)^{\mathrm{T}} x\right)} \tag{4.33}$$

跳字模型的优化目标是最大化以下公式：

$$\sum_{(w,c)\in D} \sum_{w' \in c} \log p(w_j \mid w) \tag{4.34}$$

跳字模型的核心在于通过利用目标词来预测上下文，从而训练得到目标词的词向量。

由于在 CBOW 模型和跳字模型中，输出层的维度与词表大小一致，且采用 Softmax 函数进行回归。然而，Softmax 回归需要对语料库中的每一个词语（类型）计算输出概率并进行归一化，这在处理几十万词汇量的语料时非常耗时。为了解决这一问题，提出利用哈夫曼树结构来设计层级 Softmax。

首先构造哈夫曼树，对所有在$|V|$词表中的词，根据词频来构建哈夫曼树，词频越大，路径越短，编码信息越少。哈夫曼树中所有的叶子节点构成了词表V，中间节点共有$V-1$个，上面的每个叶子节点存在唯一的从根到该节点的路径，如图 4.16 所示，词w_2的路径为$\left(n(w_2,1), n(w_2,2), n(w_2,3)\right)$，其中$n(w,j)$表示词$w$路径的第$j$个节点。

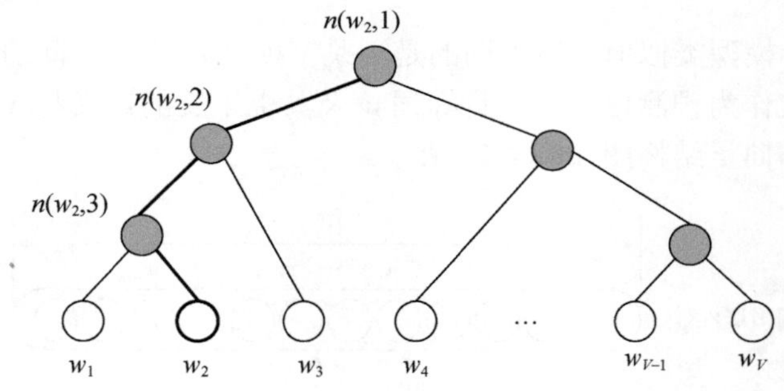

图 4.16　面向词表构建的哈夫曼树示意图

进而对于叶子节点词的概率表示，从根节点开始，每次经过中间节点时，完成一个二分类任务，定义中间节点n的左边概率为

$$p(n,\text{left})=\sigma\left(v_n'^{\mathrm{T}} h\right) \tag{4.35}$$

其中，v_n'是中间节点的向量，对应的右边概率为

$$p(n,\text{right})=1-\sigma\left(v_n'^{\mathrm{T}} h\right)=\sigma\left(-v_n'^{\mathrm{T}} h\right) \tag{4.36}$$

因此从根节点到 w_2，可以计算概率为

$$p(w_2 = w_0) = p\big(n(w_2,1),\text{left}\big)\, p\big(n(w_2,2),\text{left}\big)\, p\big(n(w_2,3),\text{right}\big) \tag{4.37}$$

同样可以推导出

$$\sum_{i=1}^{V} p(w_i = w_0) = 1 \tag{4.38}$$

对上述四种词向量模型进行横向对比（表 4.5）。

表 4.5　各类词向量模型特点对比

模型	目标词与上下文位置	模型输入	模型输出	目标词与上下文词之间的关系
神经网络语言模型	(上文)(目标词)	上文词向量拼接	目标词概率	上文在输入层，目标词在输出层，优化预测关系
C&W 模型	(上文)(目标词)(下文)	上下文及目标词词向量拼接	上下文及目标词联合打分	上下文和目标词都在输入层，优化组合关系
CBOW 模型	(上文)(目标词)(下文)	上下文各词词向量平均值	目标词概率	上下文在输入层，目标词在输出层，优化预测关系
跳字模型	(上文)(目标词)(下文)	目标词词向量	上下文词概率	目标词在输入层，上下文在输出层，优化预测关系

4.3.3　词向量特征及应用

由于词向量采用分布式预测方法进行学习，这就使得其具有语义相似性和相似关系的词，其词向量之差也呈现出相似的特点。首先，关于词向量的特性，由于词向量采用分布式预测方法进行学习，使得词向量具备一定的语言学特征，即对于语义相似的词，其词向量在向量空间中的距离更接近（分布假设）。这表明词向量能够消除词汇的语义鸿沟，从而更好地表示文本的语义信息。利用此特征可以进行同义词检测、单词类型等语义相关性任务。

此外，如果两对词向量具备相似的关系，则每对词向量的差也大致相同，即 $V(\text{king}) - V(\text{queen}) \approx V(\text{uncle}) - V(\text{aunt})$；$V(\text{hotter}) - V(\text{hot}) \approx V(\text{bigger}) - V(\text{big})$ 利用此特征，可以直接使用词向量的加减法进行推理。

词向量作为神经网络输入时有动态和静态两种方法，其中，动态词向量在模型训练过程中只调整模型任务参数，而不调整输入的词向量。动态词向量在模型训练过程中，不仅会调整任务参数，也会调整词向量，从而提高神经网络模型的优化效果。

4.4　本 章 小 结

本章从最初的统计语言模型引入相关概念，介绍了统计语言模型的处理方法和存在问题，以及当前主流的神经网络语言模型及其特点，同时介绍了词向量的概念和经典词向量的训练方法及其特点。

参 考 文 献

［1］宋成庆. 统计自然语言处理[M]. 2 版. 北京: 清华大学出版社, 2013.

［2］Bengio Y, Ducharme R, Vincent P, et al. A neural probabilistic language model[J]. Journal of Machine Learning Research, 2000, 13: 1662-1669.

［3］Pennington J, Socher R, Manning C. GloVe: Global vectors for word representation[C]// Proceedings of the 2014 Conference on Empirical Methods in Natural Language Processing, Doha, 2014: 1532-1543.

［4］Mikolov T, Chen K, Corrado G, et al. Efficient estimation of word representations in vector space[J]. arXiv preprint arXiv: 1301.3781, 2013.

［5］Collobert R, Weston J. A unified architecture for natural language processing: Deep neural networks with multitask learning[C]//Proceedings of the 25th International Conference on Machine Learning, Helsinki, 2008: 160-167.

第 5 章　自然语言处理中的注意力机制

注意力机制已成为自然语言处理中不可缺少的基本概念。本章主要介绍注意力模块，及其作为传统求和模块和编码机制模块的应用。

5.1　注意力机制概述

注意力机制本质上是一个加权求和模块。在日常生活中，人类通过感官接收大量的信息输入，但大脑能够有条不紊地处理这些信息，这是因为大脑可以有意或无意地从大量输入中选择一小部分有用的信息进行重点处理，并忽略其他信息。这种能力称为注意力[1]。自然语言处理中的注意力机制是模仿人脑注意力的一种加权求和模块，该模块在神经网络中帮助计算机对输入的信息以不同的重视程度进行运算处理，从而提高神经网络的整体性能。

注意力机制的发展历史如图 5.1 所示，2014 年谷歌首次尝试将人脑的注意力特性应用于计算机视觉领域，标志着计算机注意力机制的诞生。在 2014～2015 年，Bahdanau 将计算机视觉中的注意力机制迁移至自然语言处理领域的机器翻译任务中，并在 2015～2016 年广泛应用于自然语言处理领域的各类传统模型中。此时，注意力机制作为一种加权求和模块嵌入其他网络中。随后，2017 年谷歌提

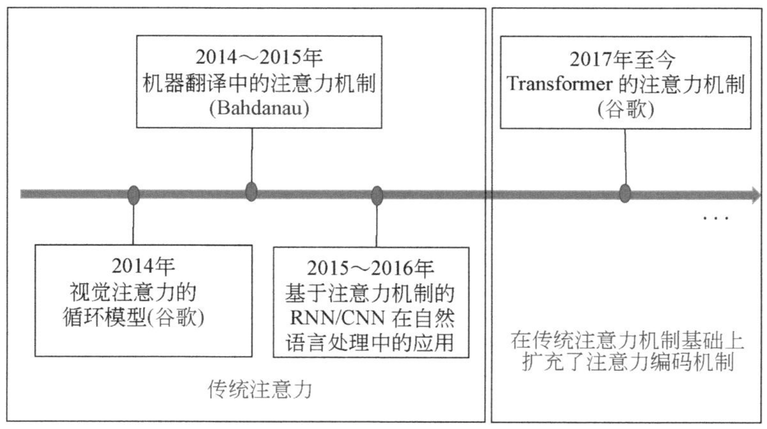

图 5.1　注意力机制的发展历史

出了基于自注意力机制的机器翻译模型（Transformer）[2]，在该模型中，注意力机制进一步扩展为可以用来编码的一种编码机制。至此，注意力机制的作用不仅包括传统的加权求和机制，还包括注意力编码机制，其逐渐成为自然语言处理中的关键技术。

5.2 注意力模块

本节将围绕注意力机制这一加权求和模块，分别从模块结构（输入、输出、参数、函数关系）、模块训练与评估介绍注意力模块，在 5.3 节和 5.4 节分别介绍该模块作为传统功能的加权求和模块和编码机制模块的应用。

5.2.1 注意力模块结构

注意力模块的输入是信息集合 K 和查询信息 Q 。其中信息集合 $K=[K_1, K_2,\cdots,K_n]$ 表示 K 包含 n 个元素，模型的输出是注意力值，记 Att-V，表示集合 K 对询问 Q 的加权求和结果。

注意力模块的函数运算关系分为以下三步。

（1）计算 Q 与 K_i 的相关度打分。首先设计一个打分函数 $S=f(Q, K_i)$来计算 Q 和 K 之间的相关性。打分函数 $S=f(Q, K_i)$，包括点积模型、缩放点积模型、连接模型、双线性模型、加性模型等，公式分别为

$$f(Q,K_i)=Q^{\mathrm{T}}K_i \tag{5.1}$$

$$f(Q,K_i)=\frac{Q^{\mathrm{T}}K_i}{\sqrt{d}} \tag{5.2}$$

$$f(Q,K_i)=W_a[Q,K_i] \tag{5.3}$$

$$f(Q,K_i)=Q^{\mathrm{T}}W_aK_i \tag{5.4}$$

$$f(Q,K_i)=V_a^{\mathrm{T}}\mathrm{Tanh}(W_aQ+U_aK_i) \tag{5.5}$$

然后用打分函数计算 Q 与每个 K_i 的打分值 S_i，如图 5.2 所示。

（2）计算每个 K_i 对 Q 的权重。利用（1）中求得的相关打分序列 S 求 K_i 对 Q 的权重 a_i，具体公式如下：

$$a_i=\mathrm{Softmax}\left(f(Q,K_i)\right)=\frac{\exp\left(f(Q,K_i)\right)}{\sum_j \exp\left(f(Q,K_j)\right)} \tag{5.6}$$

其中，a_i 为 k_i 对查询 Q 的权重（图 5.2）。

a_1 a_2 a_3 a_4 a_5
Softmax
S_1 S_2 S_3 S_4 S_5
$f(Q,K_i)$
Q
K_1 K_2 K_3 K_4 K_5

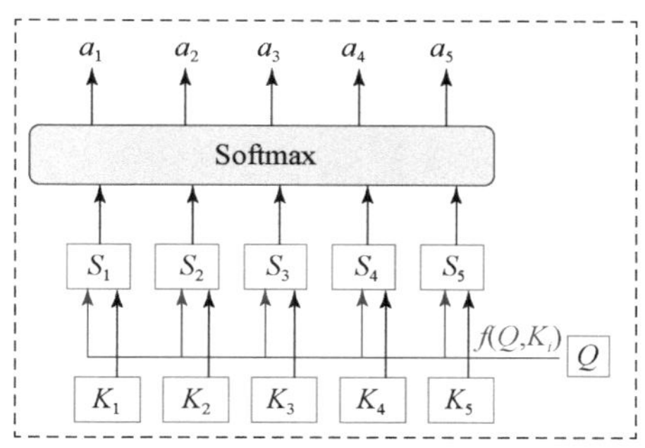

图 5.2　根据相关性计算权重

（3）根据权重进行加权求和。在第（2）步得到权重序列 $A=[a_1,a_2,\cdots,a_n]$ 后，利用式（5.7）进行加权求和，得到注意力值 Att-V。

$$\text{Attention}(Q,K,V)=\sum_i a_i v_i (i=1,2,\cdots,n) \tag{5.7}$$

其中，V 是被加权的运算值。V 的选择有普通模式和键值对模式，如图 5.3 所示，在普通模式下 V 等于 K，而在键值对模式下 V 等于与 K 对应的其他值。

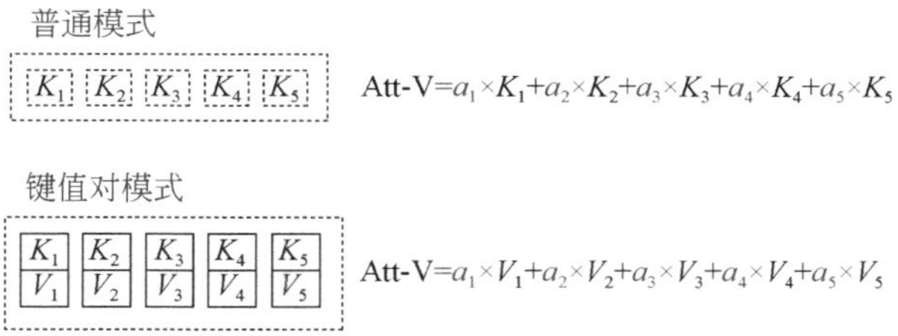

普通模式
K_1 K_2 K_3 K_4 K_5
Att-V=$a_1\times K_1+a_2\times K_2+a_3\times K_3+a_4\times K_4+a_5\times K_5$
键值对模式
K_1 K_2 K_3 K_4 K_5
V_1 V_2 V_3 V_4 V_5
Att-V=$a_1\times V_1+a_2\times V_2+a_3\times V_3+a_4\times V_4+a_5\times V_5$

图 5.3　注意力模块求和的两种模式

5.2.2　模块训练与评估

传统注意力模块作为神经网络的一个组成部分，其参数嵌入在整个神经网络中。因此，注意力模块的参数不需要单独进行数据训练，而是在整个神经网络针对特定任务标注数据集进行训练时与其他参数一起联调。类似地，注意力模块性能评估也是加入神经网络后通过任务性能的提升情况来验证注意力模块的有效性。

5.2.3　注意力模块相关术语

软注意力机制是在计算注意力权重概率分布时，为每一个元素都赋予一个概率。

硬注意力机制在注意力权重概率中只有 1 个元素的权重概率为 1，其他元素权重均为 0。

全局注意力机制在要处理的元素集合中选择全部元素作为注意力模块的输入 K 集合。

局部注意力机制在要处理的各元素集合中只选择部分元素作为注意力模块输入的 K 集合。

5.3　传统注意力模块应用

注意力模块作为一个加权求和模块，适用于所有涉及求和的场景，通过引入注意力模块，模型能够建立任意网络节点之间的连接关系，帮助神经网络动态选择关注对象，从而提高任务性能。由于注意力模块可以直接建立网络节点之间的关联关系，所以注意力模块的使用可以有效缓解神经网络中的长程依赖问题，同时还可以捕获网络中节点间隐蔽的依赖关系。

例如，在机器翻译模型（图 5.4）中输入源语言序列 X，输出目标语言序列 Y。假定源语言序列 $X=(x_1,x_2,\cdots,x_n)$，目标语言序列 $Y=(y_1,y_2,\cdots,y_m)$。在未加入注意力模块之前，对于不同的目标语言输出 y_j，模型所依赖输入的中间语义表示是相同的，然而实际上在翻译每个目标词时，源语言中的各个词对目标词的影响程度是不同的。例如，在这种相同中间语义表示的模型中，模型无法根据目标词动态调整关注源语言词的不同权重，因此系统翻译性能将会下降。

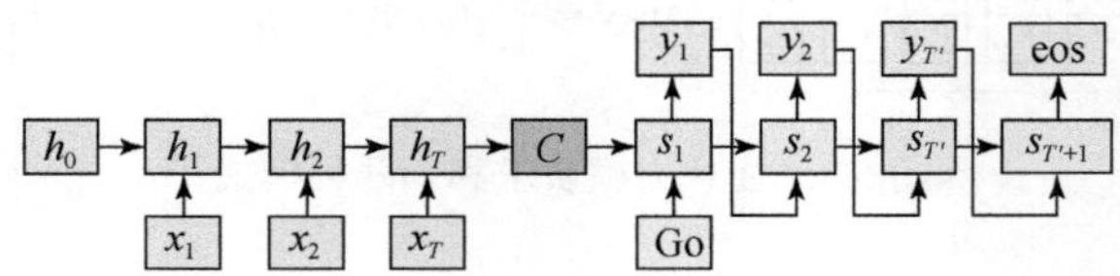

图 5.4　机器翻译模型

因此，为了让不同的目标词在生成时按不同的权重关注源语言，可以在机器翻译模型中加入注意力模块，建立各目标词和源语言词之间的关联关系（图 5.5）[3]。具体地，令 K 等于输入的源语言序列 X，Q 等于前一个输出的目标语言词 y_i。模型可以根据前一个目标词 y_i 动态选择下一个要输出的目标词 y_{i+1} 应关注的源语言词 x_i，使得 y_{i+1} 的输出结果基于不同的中间语义表示 C_{i+1}。这一改进相当于增强了输出目标词所需的源语言信息，解决了传统等权重机器翻译模型无法根据目标词动态关注不同源语言词的问题。同时注意力模块还可以学到目标词与源语言词之间的对齐关系。

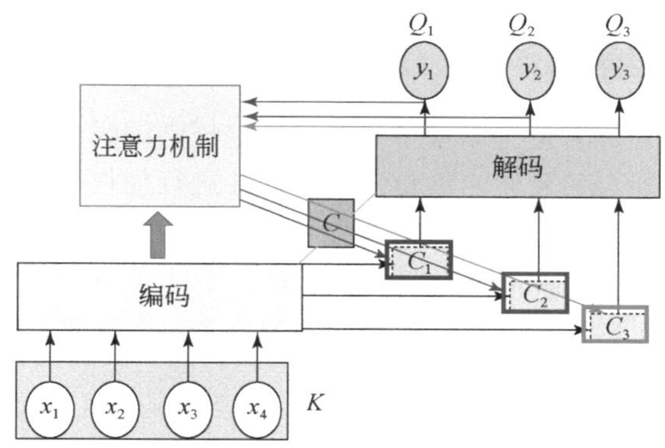

图 5.5　加入注意力模块的机器翻译模型

图 5.6 展示了注意力机制在双语对齐中的相关性矩阵效果。可以看出，注意力机制能够帮助模型根据不同的目标词动态关联不同的源语言词，使得不同语言中相同含义的词汇具有较强的相关性。

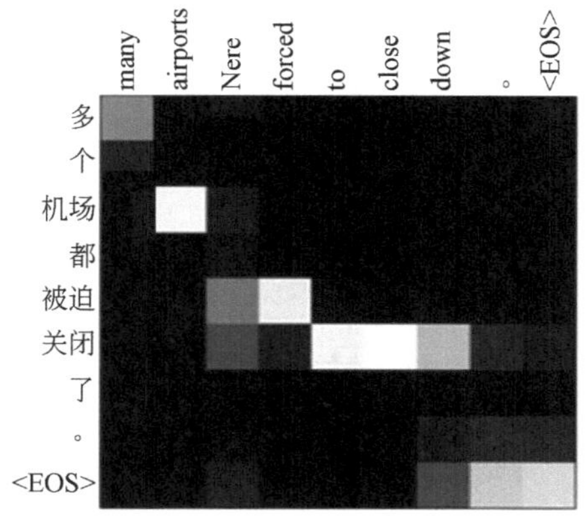

图 5.6　注意力模块的双语对齐效果

5.4　注意力编码机制模块应用

在深度学习中，信息（如文本、图像等）通常以向量形式参与运算，注意力机制同样可以用于编码信息。使用注意力编码机制获得的词向量和句向量可以用于阅读理解、文本匹配等任务。

5.4.1 单一向量编码

单一向量编码的目的是将输入序列按照一定规则编码成单一的向量表示，通过计算句子中各个词与其余词的重要性权重，并进行加权求和。单一向量编码可以生成句子表示、篇章表示或某个词的上下文表示，为任务模型提供恰当的句或词表示。具体而言，单一向量编码通过建立输入序列 K 各个元素与询问 Q 之间的关联关系形成单一向量表示（即根据元素间的关系对序列进行编码）。

1）句编码

将句子编码为句向量，询问 Q 是一个隐变量（句变量），集合 K 是句子序列，通过计算相关性矩阵 $S = f(Q,K)$，可以计算出集合 K 中与 Q 相关的重要性权重矩阵 A。随后，通过权重矩阵 A 进行加权求和，得到向量 Att-V，即句向量。如图 5.7 所示，Q 为隐变量，K 为“我爱天安门”向量，Att-Ji 为句子的句编码，Att-Ji 中包含了句子中各词重要性的信息。

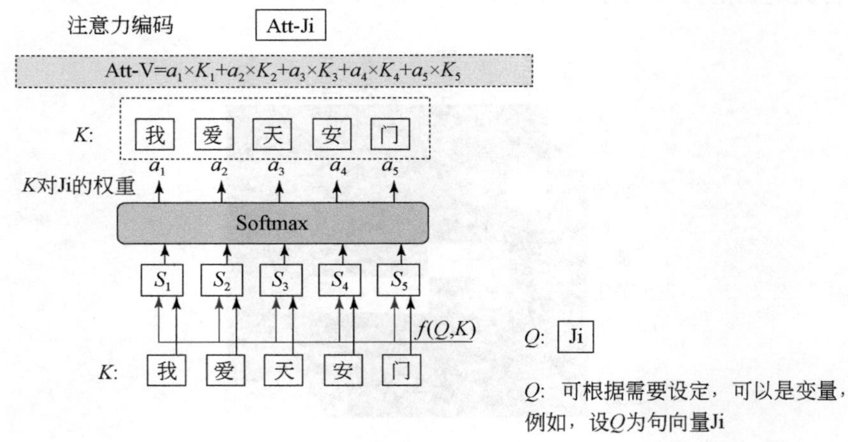

图 5.7 Q 为隐变量的单一向量编码

2）词编码

除了句向量表示外，在实际任务中经常需要使用各种词向量表示。要完整抽取一个词的上下文信息，模型需要同时观察该词的上文和下文。早期的上下文编码方式常采用取双向循环神经网络的隐层向量合并的方法来编码词的上下文表示，但从内部看，当正向循环神经网络走到编码词时，其隐层向量只由上文计算得到，同理当反向循环神经网络走到编码词时，其隐层向量只由下文计算得到，因此形成的上下文词编码实际是伪上下文表示。

而注意力词编码机制是真正由上下文计算得出的词表示，是真正的上下文词编码，一般采用注意力机制的上下文词编码的性能要优于双向循环神经网络的上下文编码。

例如，在图 5.8 中，句子“The animal didn’t cross the street because it was too tired”中的“it”代表什么取决于“too”后面的词，如果“too”后面是“tired”，则“it”代表“animal”，如果“too”后面是“wide”，则“it”代表“street”，如果采用双向循环神经网络对词“it”进行编码，则“it”的词编码并非真正由上下文计算得到，如果采用注意力机制对词“it”进行编码，则注意力模块的询问为“it”，信息集为“The animal didn’t cross the street because it was too tired”中的各个词。通过计算相关性序列 $S = f(Q,K)$，可以计算出集合 K 中与 Q 相关的重要性权重序列 A，根据权重矩阵 A 进行加权求和，得到 Att-V 作为“it”词编码，这时的“it”词编码是真正通过上下文计算得到的词表示，其词表示中的语义含义会更加准确，从而提升了下游任务的性能。

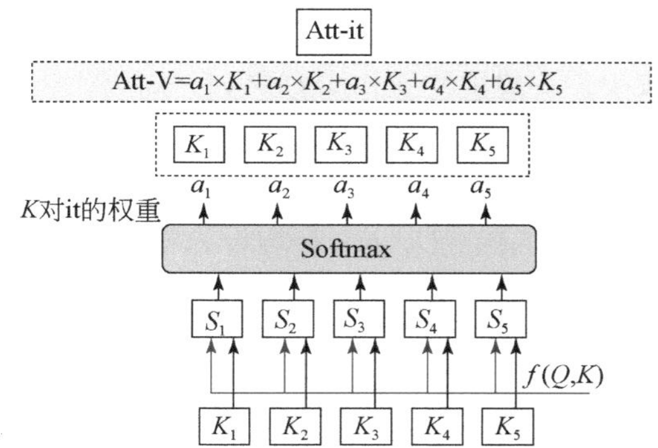

图 5.8　单一向量注意力词编码机制结果

5.4.2　不同序列间的编码

不同序列间可以通过注意力编码机制融合成一个表示序列为下游任务模型提供中间表示层。例如，在选择性机器阅读理解任务中，输入为文章和问题，输出为文章中的片段，处理方法为将文章序列和问题序列进行融合表示，然后在融合表示的基础上选择出答案片段。

不同序列融合编码方式：一个序列作为 Q 序列，另一个序列作为 K 序列，每次取 Q 序列的一个词与 K 序列一起计算相关性序列 $S = f(Q,K)$，并计算集合 K 中关于 Q 的重要性权重序列 A，然后根据权重矩阵 A 进行加权求和得到 Att-V，作为融合序列的一个 Q 词编码，依次取 Q 序列的各词进行编码，直到取尽所有的词

（图 5.9），融合编码后的序列与 Q 序列等长。该编码方式的不足是编码的过程为词袋方式，即 K 序列丧失了序列信息。

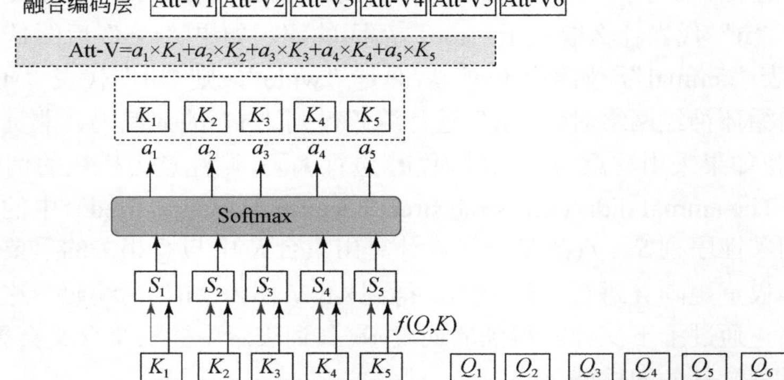

图 5.9　不同序列间注意力编码机制结果

在上述的阅读理解问题中，一般选文章作为 Q 序列，问题作为 K 序列。

5.4.3　同一序列间的编码

自注意力机制是将注意力机制中的 Q、K、V 均设为相同的输入序列 X，并基于式（5.7）计算得到 Att-V。其含义是对序列内部进行注意力值计算，找出序列中各个词之间的关联关系。这种关系体现了某个词在句子中与其他词之间的紧密联系（图 5.10）。

$$\text{Attention}(X,X,X)=\sum_i a_i x_i (i=1,2,\cdots,n) \tag{5.8}$$

自注意力机制在运算过程中类似于句法分析树，用于寻找句子中词与词之间的关系。例如，自注意力机制中的 Q、K、V 均等于同一个输入序列 X。这里 X 为“我弟弟准备一切用品”中的每个词，令 $X=(x_1,x_2,\cdots,x_n)$。在自注意力机制运算过程中，每个词 x_i 都会与序列中所有词计算相关性序列 $S=f(Q,K)$，并基于式（5.6）计算出集合 K 中关于 Q 的重要性权重序列 A，随后基于式（5.7）加权求和得到注意力值作为该词在自注意力编码层中的编码节点。

在这一过程中，每个词与其他词的权重计算及加权求和，实际上与句法分析树寻找句子中词与词之间关系的过程类似。最终得到的编码层表示包含了句子中词与其他词的关联信息。但注意力编码机制的不足是其是一种词袋模型，即丧失了句子的序列信息。为了弥补这一缺陷，采用自注意力编码机制时要加入词的位置信息编码。

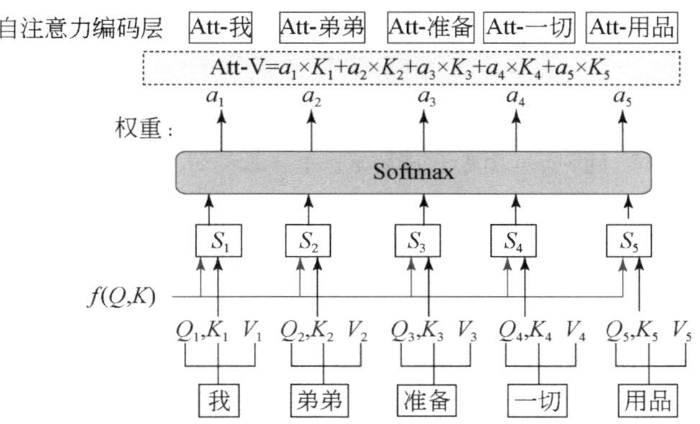

图 5.10　自注意力编码机制结果

多头自注意力机制通过对同一序列进行多次自注意力编码，分别形成多个自注意力编码层，并且每次自注意力编码的参数不共享，这样多头的注意力编码层将学到各自的词之间的关联关系。最后将多个自注意力编码层结果拼接起来，形成多头自注意力编码层，这样的多头自注意力编码层将比单头自注意力编码层含有更丰富的语义信息，能为后续任务提供更好的信息表示。

5.5　本 章 小 结

注意力机制是自然语言处理技术中比较难理解的概念，其实注意力机制本身并不难理解，难理解的是其在实际应用中有多种功能，且应用非常灵活，本章介绍了注意力机制的基本概念和注意力模块的内部结构，梳理了注意力机制作为传统加权求和模块的应用和编码机制模块的应用，帮助读者对注意力机制的本质有清晰的认识。

参 考 文 献

[1] 邱锡鹏. 神经网络与深度学习[M]. 北京: 机械工业出版社, 2020.

[2] Vaswani A, Shazeer N, Parmar N, et al. Attention is all you need[C]//Proceedings of the 31st International Conference on Neural Information Processing Systems, Long Beach, 2017: 6000-6010.

[3] Bahdanau D, Cho K, Bengio Y. Neural machine translation by jointly learning to align and translate[J]. arXiv preprint arXiv: 1409.0473, 2014.

第 6 章　自然语言处理基本任务

自然语言处理的核心应用任务主要由文本分类、文本匹配、序列标注和序列生成四类基本任务构成，本章主要介绍第二范式下各类基本任务的基本概念、任务定义及第二范式的建模方法，为后续的核心应用任务的讲述奠定基础。

6.1　文本分类

6.1.1　文本分类任务概述

文本分类是指用计算机按照一定的分类体系或标准对文本进行自动分类标记。

文本分类是自然语言处理中经典的基本任务，在自然语言处理许多领域中有着广泛应用，如情感分析、主题分类、意图识别、垃圾邮件过滤、舆情分析和问答任务等。

文本分类的相关研究可以追溯到基于专家规则的分类方法，但这种方法费时费力，覆盖范围和准确率都非常有限。随着统计学习方法的发展，尤其是 20 世纪 90 年代以来，随着互联网在线文本数量的增长和机器学习的兴起，逐渐形成了人工特征工程与浅层机器学习分类算法相结合的建模流程，典型的方法包括朴素贝叶斯、支持向量机、逻辑回归和 k 近邻等。然而，传统方法面临的问题在于文本表示通常是高维度且高度稀疏的，特征表达能力较弱，且需要大量人工进行特征工程，成本较高。进入深度学习时代后，研究者开始利用神经网络来解决文本分类问题。通过表示学习，神经网络可以自动获取文本的特征表示，以端到端的方式完成分类任务。本节主要介绍神经网络文本分类任务的建模方法。

6.1.2　神经网络文本分类方法

神经网络文本分类方法的主要特点是利用各种神经网络自动获取文本的特征表示，并以端到端的方式完成分类任务。神经网络文本分类模型的整体架构如图 6.1 所示。

首先将输入文本转换为词向量矩阵，接着使用能够捕捉序列结构特征的神经网络对词向量矩阵进行编码，以获取文本的特征表示，然后通过全连接神经网络将这些特征表示映射到输出类型空间，最终模型选择得分最高的类型标签作为分类结果。分类方法的核心问题是如何利用不同的网络生成高质量的文本表示。下面介绍几种典型的文本分类模型。

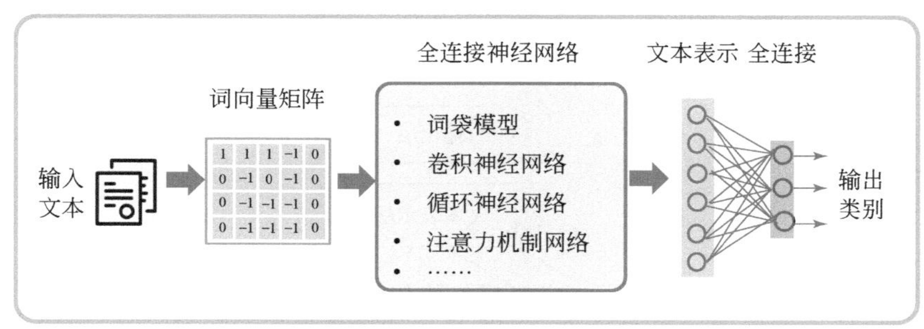

图 6.1　神经网络文本分类模型的整体架构

（1）多层感知器（multi-layer perceptron，MLP）模型。该模型结构包括输入层、文本表示层和输出层，每层均由全连接层构成。其中，输入层为文本词向量；文本表示层通过词袋方式组合输入层词向量文本表示；输出层为分类感知器，其输入为文本表示层形成的文本表示，输出为类型标签。

例如，fastText 是由 Facebook 提出的一种简单且高效的文本分类与表示学习方法，它是一种典型的多层感知器模型（词袋模型），如图 6.2 所示。fastText 能够在不到 10min 的时间内使用多核中央处理器（central processing unit，CPU）对超过 10 亿个单词进行快速训练，并在不到 1min 的时间内对 312 000 个类型中的 50 万个句子进行分类。fastText 的输入是文本中每个词的词向量，隐藏层负责将这些词向量相加并取平均值。当类型数量较少时，输出层采用标准的 Softmax 函数进行计算；当类型数量较多时，则使用层次化 Softmax 进行计算。

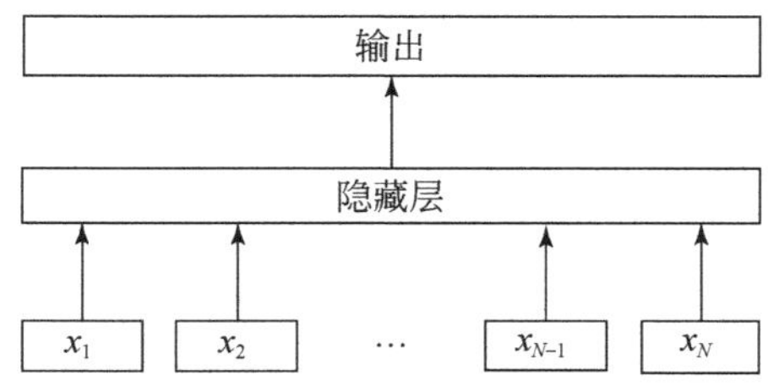

图 6.2　fastText 模型结构

（2）循环神经网络（RNN）模型。该模型结构包括输入层、循环神经网络层、文本表示层和输出层（图 6.3）。其中，输入层为文本词向量；循环神经网络层接收输入层的文本词向量，然后将文本经任意循环神经网络方式（如双向循环神经网络、多层循环神经网络、残差多层循环神经网络等）处理后的隐层向量作为本层输出提供给文本表示层；文本表示层对循环神经网络层的隐层向量通过组合形成最终的文本表示；输出层为分类感知器，其输入为文本表示层抽取的文本表示，输出为类型标签。

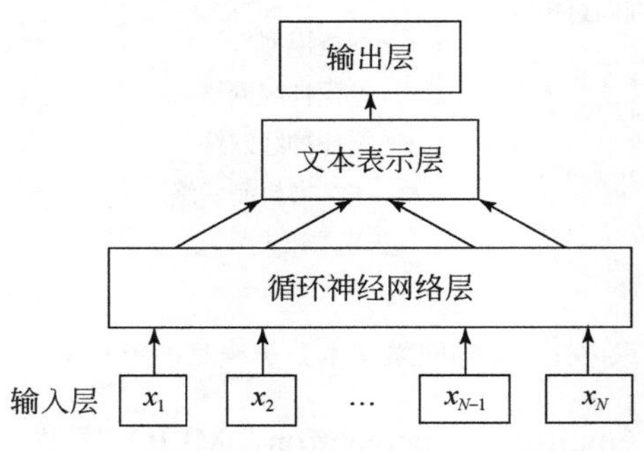

图 6.3　RNN 模型结构

（3）卷积神经网络（CNN）模型。该模型结构包括输入层、卷积神经网络层和输出层（图 6.4）。其中，输入层为文本词向量；卷积神经网络层将输入层文本通过若干（卷积+池化）层抽取出文本特征表示；输出层为分类感知器，其输入为文本表示层形成的文本表示，输出为类型标签。

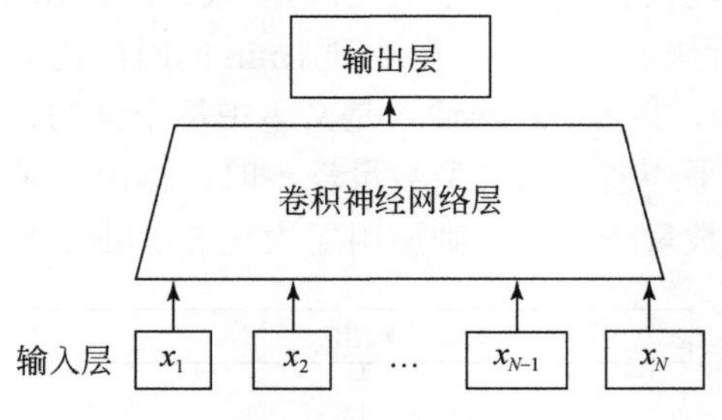

图 6.4　CNN 模型结构

（4）注意力模块。该模型结构包括输入层、注意力编码层和输出层（图 6.5）。其中，输入层为文本词向量；注意力编码层将输入层文本通过注意力编码机制编码成句子级文本表示（如果输入层是篇章，则将句子表示通过注意力编码机制编码成篇章级文本表示）得到文本特征表示；输出层为分类感知器，其输入为文本表示层形成的文本表示，输出为类型标签。

层次注意力网络（hierarchical attention network，HAN）[1] 是一种基于注意力机制的篇章级文本分类模型。该模型在句子级和篇章级两个层次引入了注意力机制，首先将句子通过注意力编码机制编码为句子表示向量，然后利用注意力编码机制将各句子表示向量编码成篇章表示向量，然后用分类器对篇章表示向量进行分类。模型通过训练可以自动识别在篇章分类任务中各句子对于类型的重要性以及每个句子中的各个词对分类的重要性，并对重要的词或句子赋予高的权重，从而提高分类的准确性。

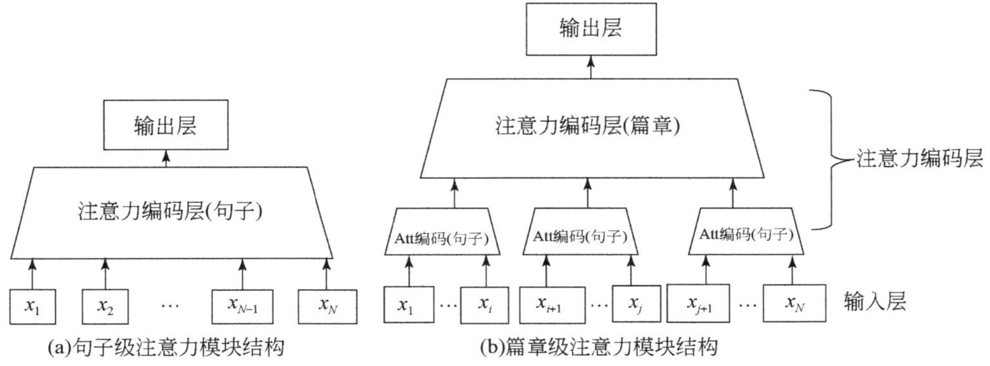

图 6.5　注意力模块结构

6.1.3　文本分类评估指标

文本分类任务根据类型标签数量的不同，采用不同的评估指标。在二分类任务中，将所关注的类型标签视为正类，其他类型视为负类。根据预测结果和真实标签的匹配情况，可以将预测结果分为以下四种情况。

（1）真阳（true positive，TP）：将正类正确预测为正类的数量。

（2）假阳（false positive，FP）：将负类错误预测为正类的数量。

（3）真阴（true negative，TN）：将负类正确预测为负类的数量。

（4）假阴（false negative，FN）：将正类错误预测为负类的数量。

分类准确率（accuracy，Acc）表示分类器给定测试集中正确分类的样本数占总样本数的比例，计算公式为

$$\mathrm{Acc}=\frac{\mathrm{TP}+\mathrm{TN}}{\mathrm{TP}+\mathrm{FN}+\mathrm{FP}+\mathrm{TN}} \tag{6.1}$$

精确率（precision，P）表示预测为正类的数据中实际为正类的比例，计算公式为

$$P=\frac{\mathrm{TP}}{\mathrm{TP}+\mathrm{FP}} \tag{6.2}$$

召回率（recall，R）表示实际为正类的数据中预测正确的比例，计算公式为

$$R=\frac{\mathrm{TP}}{\mathrm{TP}+\mathrm{FN}} \tag{6.3}$$

F 值表示精确率和召回率的调和均值，计算公式为

$$F_\beta=\frac{(1+\beta^2)P\cdot R}{\beta^2 P+R} \tag{6.4}$$

其中，β 的取值反映了精确率与召回率在性能评估中的相对重要性。当 $\beta=1$ 时，F_1 值表示精确率和召回率同等重要。根据需求，可以选择不同的 β。当 $\beta=2$ 时，评估更注重召回率。当 $\beta=0.5$ 时，评估更注重精确率。

假设存在 n 个类型，常用的多分类指标包括准确率、精确率、召回率和 F 值。

准确率表示在测试集中，所有 n 个类型预测正确的样本总数占总样本数的比例。

宏平均是独立计算每个类型的指标后取算术平均值，有宏精确率 P_{macro}、宏召回率 R_{macro} 和宏 F 值 F_{macro}。

$$P_{\mathrm{marco}}=\frac{1}{n}\sum_{i=1}^{n}P \tag{6.5}$$

$$R_{\mathrm{marco}}=\frac{1}{n}\sum_{i=1}^{n}R_i \tag{6.6}$$

$$F_{\mathrm{marco}}=\frac{1}{n}\sum_{i=1}^{n}F_i \tag{6.7}$$

微平均是直接合并所有类型的统计量后计算，有微精确率 P_{micro}、微召回率 R_{micro} 和微 F 值 F_{micro}。

$$P_{\mathrm{micro}}=\frac{\overline{\mathrm{TP}}}{\overline{\mathrm{TP}}+\overline{\mathrm{FP}}}=\frac{\sum_{i=1}^{n}\mathrm{TP}_i}{\sum_{i=1}^{n}\mathrm{TP}_i+\sum_{i=1}^{n}\mathrm{FP}_i} \tag{6.8}$$

$$R_{\mathrm{micro}}=\frac{\overline{\mathrm{TP}}}{\overline{\mathrm{TP}}+\overline{\mathrm{FN}}}=\frac{\sum_{i=1}^{n}\mathrm{TP}_i}{\sum_{i=1}^{n}\mathrm{TP}_i+\sum_{i=1}^{n}\mathrm{FN}_i} \tag{6.9}$$

$$F_{\mathrm{micro}}=\frac{2\cdot P_{\mathrm{micro}}\cdot R_{\mathrm{micro}}}{P_{\mathrm{micro}}+R_{\mathrm{micro}}} \tag{6.10}$$

6.2　文本匹配

6.2.1　文本匹配任务概述

文本匹配的目标是确定两段文本之间的关系，根据任务不同所定义的关系可以不同。

文本匹配是自然语言处理领域中典型的基本任务，在许多场景中有着广泛应用，包括复述识别（判断两段文本是不是表达了同样的语义）、文本蕴含识别（给定一个前提文本，根据这个前提推断假说文本与文本的关系，关系包括蕴含关系、矛盾关系、中立关系）、问答（根据问题在段落或文档中查找答案）、检索式对话（在给定对话历史的限制条件下找到合理的回复）等。

文本匹配的传统方法主要有基于规则和统计的方法。规则方法需要对不同任务专门构建特征规则。统计方法需要对文本数据做特征工程数据分析，并使用概率模型进行匹配。以上两种传统文本匹配方法主要针对人工定义特征之上的关系进行学习，焦点在于如何人工提取特征和设置合适的文本匹配学习算法来学习到最优的匹配模型。

进入深度学习时代后，研究者开始利用神经网络来解决文本匹配问题。通过表示学习，神经网络可以自动获取文本的特征表示，以端到端的方式完成匹配任务。本节主要介绍神经网络文本匹配任务的建模方法。

6.2.2　文本匹配方法

神经网络文本匹配方法主要有基于孪生网络表示方法和基于交互耦合表示方法两大类，其中，基于孪生网络表示方法的核心思想是将要分析的两段文本分别用同样的神经网络提取各自的特征表示，之后将两者的特征表示拼接为一个共同的文本表示，并用这个文本表示作为一个分类器的输入，通过分类器确定两者关系标签；基于交互耦合表示方法的核心思想是利用神经网络提取两段文本共同的特征（即提取特征的过程需要两段文本进行交互）形成两段文本共同的文本表示，然后将这个文本表示通过一个分类器来确定两段文本之间的关系。

基于孪生网络表示方法的匹配模型如图 6.6 所示，输入层为两段文本的词向量 S 和 T，然后用同样的神经网络分别提取各自特征，形成各自的特征表示，然后两段文本表示经过一定的组合形成两者共同的文本表示；最后利用分类器对共同文本表示进行分类确定两者之间的关系标签。

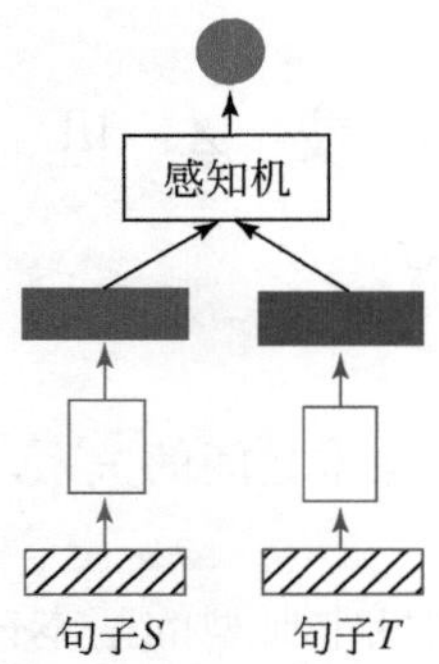

图 6.6　基于孪生网络表示方法的匹配模型

基于交互耦合表示方法的匹配模型如图 6.7 所示，输入为两段文本的词向量 S 和 T，然后用神经网络提取两段文本共同的特殊表示，最后用分类器对其进行分类获得结果。

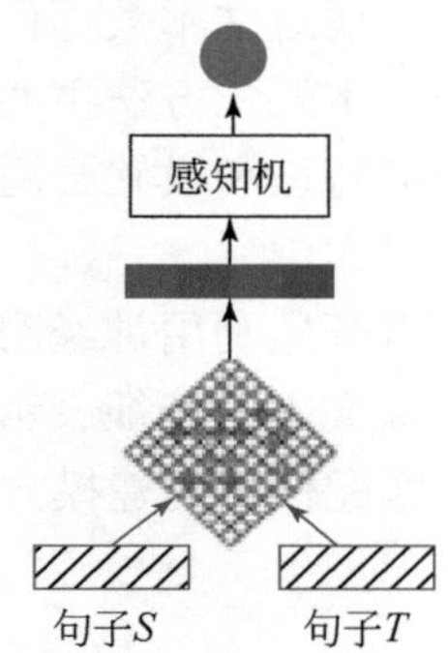

图 6.7　基于交互耦合表示方法的匹配模型

6.3　序 列 标 注

6.3.1　序列标注任务概述

序列标注任务的目标是对序列中的每个时间步进行分类，得到每个时间步的标签，然后利用得到的标签完成相应的任务。序列标注任务是自然语言处理领域中经典的基本任务之一，自然语言处理的很多应用任务可以通过序列标注方法来实现，如命名实体识别、词性标注、分词、句法分析、语义角色识别等。

解决序列标注问题的方法可分为概率图模型和深度学习模型两类。概率图模型主要有隐马尔可夫模型、最大熵马尔可夫模型和条件随机场。其中，隐马尔可夫模型采用通过观测序列推出隐层状态序列的方法完成标注任务，但该模型存在一些固有的缺陷，由于任意时刻的观测只依赖该时刻的马尔可夫链的状态的观测独立性假设，使模型在处理语言时很难融入上下文特征，而上下文特征在自然语言处理中是重要的信息，同时马尔可夫假设在计算转移概率时进行了局部归一化，使得模型倾向于选择分支较少的状态，从而出现标签偏移问题；最大熵马尔可夫模型是判别式模型，解决了融入上下文信息的问题，但仍然存在标签偏移问题；条件随机场将标签序列作为整体进行处理，解决了标签偏移问题，但其存在训练参数多、复杂度高和训练代价大的问题。进入深度学习时代后，研究者开始利用神经网络解决序列标注问题。

6.3.2　神经网络序列标注方法

神经网络序列标注模型架构如图 6.8 所示，包括输入层、表示层和标签解码层。其中，输入层将离散的文本特征（如词、额外的特征信息）转化为低维稠密向量；表示层将编码输入的文本特征进行序列化编码，来捕获文本的上下文信息，从而生成文本的上下文特征表示；标签解码层依据表示层得到的文本表示，为每一个时刻的文本输入词预测一个相应的标签，作为最终的标注结果。

标记的定义方式，常用的标签策略有 BIO 或 BIEO。其中，B 表示文本块开始字符；I 表示文本块中的字符；E 表示文本块结束字符；O 表示文本块之外的字符。也可以根据识别任务不同在 BIEO 标签前添加类型标识，如 ORG（组织名）、LOC（地点）、PER（人名）等。

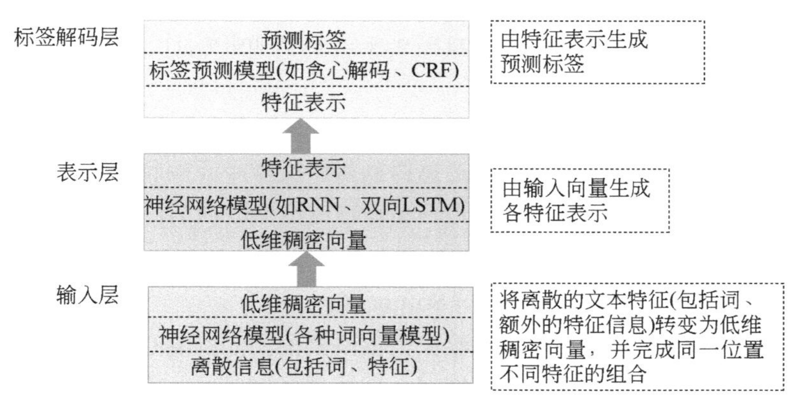

图 6.8　神经网络序列标注模型架构

下面介绍两个典型的神经网络序列标注模型。

6.3.3　典型神经网络序列标注模型

1. 双向 RNN+Softmax 模型

如图 6.9 所示，模型结构采用双向 RNN+Softmax 结构。

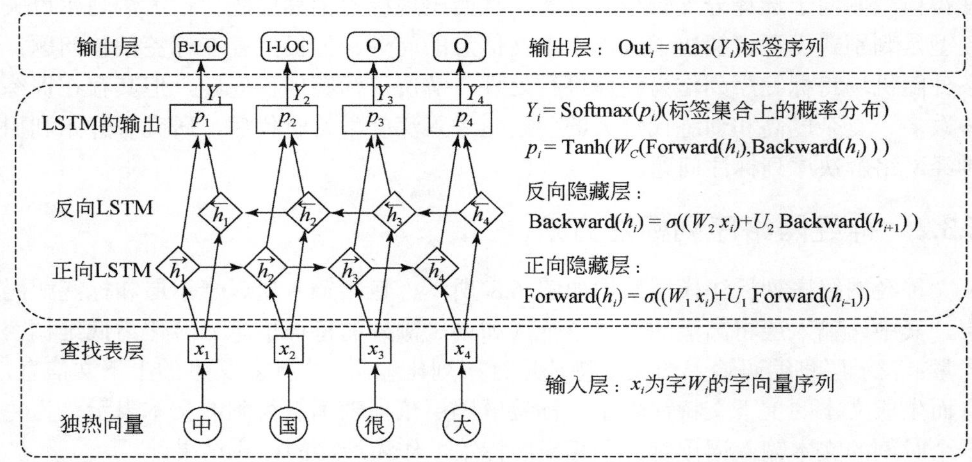

图 6.9　基于双向 RNN+Softmax 的序列标注模型

模型的输入为文本序列，序列中的每个文本单元 w_i 通过词向量查找表操作得到相应的向量表示 x_i。接着使用双向循环神经网络对文本的向量序列进行编码，来捕获文本上下文特征。具体地，正向隐藏层计算为

$$\text{Forward}(h_i) = \sigma\left(W_1\ x_i + U_1\ \text{Forward}(h_{i-1})\right) \tag{6.11}$$

反向隐藏层计算为

$$\text{Backward}(h_i) = \sigma\left(W_2\ x_i + U_2\ \text{Backward}(h_{i+1})\right) \tag{6.12}$$

然后将正向与反向的信息进行汇总得到每个文本单元的特征表示为

$$p_i = \text{Tanh}\left(W_C\left(\text{Forward}(h_i)\text{Backward}(h_i)\right)\right) \tag{6.13}$$

在输出层，采用 Softmax 操作得到标签集上的概率分布为

$$Y_i = \text{Softmax}(p_i) \tag{6.14}$$

最终，选择概率得分最高的标签作为该时刻的预测标签 $\text{Out}_i = \max(Y_i)$。

该方法在输出层存在独立性的问题，即输出之间独立，有可能出现不合理的标注。采用这种方法学到的是输入词和标签之间的关系，并没有学到标签之间的关系。改进方法：在模型中加入学习输出标签之间转换关系的参数，从模型内部改善性能（如采用双向 RNN+CRF 模型）。

2. 双向 RNN+CRF 模型

如图 6.10 所示，模型结构为在双向 RNN+Softmax 模型基础上加入了学习输出标签之间关系的一组参数 A，其中 A 为行列均为标签集的矩阵。

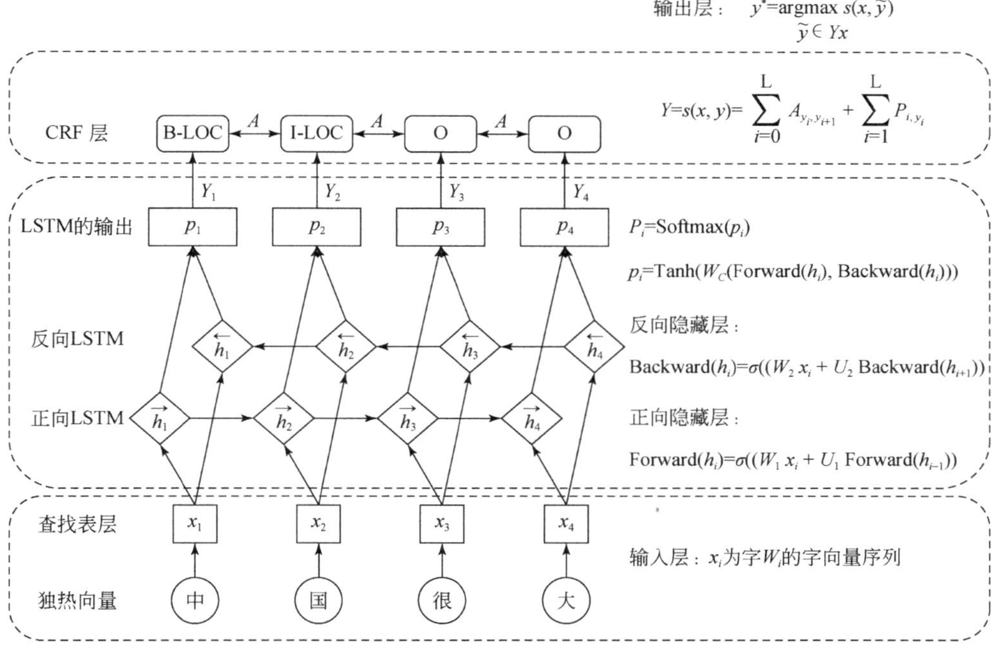

图 6.10　基于双向 RNN+CRF 的序列标注模型[2]

模型输入为文本序列，相应的词向量为 x_i。

正向隐藏层为

$$\text{Forward}(h_i)=\sigma\left(W_1\ x_i+U_1\ \text{Forward}(h_{i-1})\right)$$

反向隐藏层为

$$\text{Backward}(h_i)=\sigma\left(W_2\ x_i+U_2\ \text{Backward}(h_{i+1})\right)$$

正向与反向信息汇总为

$$p_i=\text{Tanh}\left(W_C\left(\text{Forward}(h_i)\text{Backward}(h_i)\right)\right)$$

每个单元的标签概率分布为

$$P_i=\text{Softmax}(p_i)$$

模型输出为标签序列为

$$Y = S(x,y) = \sum_{i=0}^{L} A_{y_i y_{i+1}} + \sum_{i=0}^{L} P_i y_i$$

其中，L 为输入长度。

该标签序列作为一个整体，建立了输出之间的关系，从而避免了由标签独立引起的问题。最后选择打分最高的序列作为最终结果。

6.4 序列生成

序列生成任务是自然语言处理领域应用最广泛的基本任务，自然语言处理的很多应用任务可以通过生成方法来实现，如机器翻译、自动文摘、机器阅读理解、对话生成、字幕生成等多项任务。尤其在大语言模型时代，所有类型的自然语言处理任务均统一为生成式任务。

6.4.1 序列生成任务定义

序列生成任务：根据输入序列 X 生成特定的输出序列 Y。

$$P(y) = \sum_{t=1}^{r} P(y_t \mid y_{<t}, x)$$

其中，x 为输入文本；y 为生成文本；$P(y)$为生成 y 的概率；y_t 为 t 步生成的词；$y_{<t}$ 为前 t 步已生成的词序列；$P(y_t \mid y_{<t}, x)$ 表示 y_t 的生成概率；r 为生成文本长度。X 和 Y 可以有不同的表示空间和标识词典。用历史序列信息来预测序列中的下一个生成值的模式称为自回归生成模式。

6.4.2 序列生成模型

深度学习中解决序列生成问题的方法：构建一个联合的神经网络，以端到端的方式将一个序列化数据映射成另一个序列化数据。该方法简称序列到序列（sequence to sequence，Seq2Seq）模型。主流的 Seq2Seq 模型通常基于编码-解码器结构框架实现（图 6.11）。

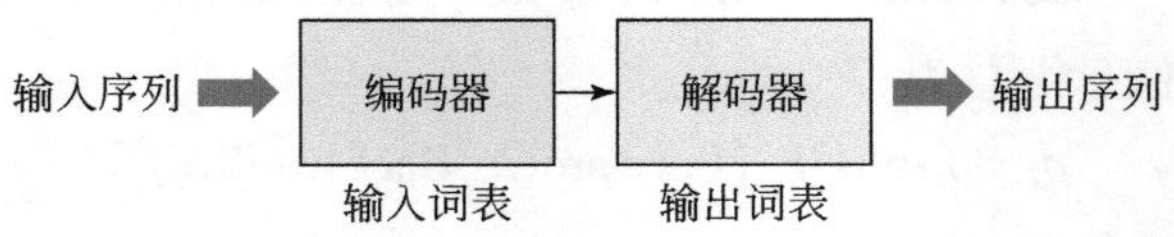

图 6.11　编码-解码器结构框架

Seq2Seq 模型按解码端输出的生成方式分为以下三类模型。

（1）生成式解码模型：根据编码端形成的输入表示和先前时刻生成的输出

token、生成当前时刻词表 token 的概率分布，并根据该分布产生当前输出词（编码端和解码端有各自的词表，二者可相同或不同。解码端需处理集外词（out of vocabulary，OOV），一般用 UNK 符号代替，或采用词元化方法优化词表）。

（2）选择式解码模型：根据编码端形成的输入表示和先前时刻生成的输出 token，从输入端选择一个 token 作为输出 token（解码端和编码端的词表相同）。

（3）选择-生成混合解码模型：解码端词元可以从输入词元中选择，也可以根据概率计算产生（可缓解输出端的集外词问题）。

下面介绍各类典型模型。

6.4.3　生成式解码模型

该类模型是生成式模型中最常见的模型，主要有早期的 RNN 编码-解码架构模型[3]，编码-解码+注意力模块[4]和广泛应用的 Transformer 模型[5]，其中 Transformer 模型是大语言模型的基础，目前主流的大语言模型均基于 Transformer 架构演进发展。本节将主要介绍 Transformer 模型以及生成式解码模型的解码策略和词表受限问题。

1. Transformer 模型

Transformer 模型有以下特点：①全部采用注意力机制；②克服了循环神经网络无法并行计算的缺点，可以高度并行，训练速度快；③具有捕捉长程依赖问题的能力，有较高的建模能力；④训练时全部并行；⑤预测时编码端并行，解码端串行。

1）Transformer 模型结构

Transformer 模型由编码器和解码器两个部分构成（图 6.12），左侧是编码器中的一层，右侧是解码器中的一层，其中，每层编码端包含两个子层：一层是多头自注意力编码机制+残差连接与正则化的规范化操作，另一层是前馈神经网络层+残差连接与正则化的规范化操作；每层解码端包含三个子层：第一层是多头自注意力编码机制+残差连接与正则化的规范化操作，中间层是与输入进行交互的交互注意力层+残差连接与正则化的规范化操作，第三层是前馈神经网络层+残差连接与正则化的规范化操作；整体 Transformer 有六层编码器和六层解码器；编码-解码器结构的连接方式为输入经过六层编码器生成编码端的输出序列，输出端的每层会与编码端的输出序列分别进行交互注意力运算，输出端经过六层运算后输出相应的词元。

需要注意的是，在输入和输出的每个子层编码后都会进行残差连接与正则化的规范化操作，其主要作用如下：残差连接通过将神经网络跳过中间的几层直接连接到一起，使反向传播的梯度得到缓解，避免梯度消失的问题；数据在每一层中分布不均匀，进行正则化操作会避免一些数据落在激活函数的饱和区中。

Transformer 编码器每一层如图 6.13 所示，编码端采用自注意力编码机制，每位编码可以并行产生，编码过程如下。

（1）将输入句子的各词元词向量与词元位置信息编码加和作为编码端输入句嵌入（编码端第一层进行位置编码，后面层不再进行位置编码），输入句嵌入首先分别乘以三组参数 W_Q、W_k、W_v 形成后继，用来进行注意力运算的 Q、K、V，然后经过第一子层的多头自注意力编码机制（Q=K=V），并将编码后的句子词元嵌入进行残差连接与正则化的规范化操作，形成第一子层编码句子表示。

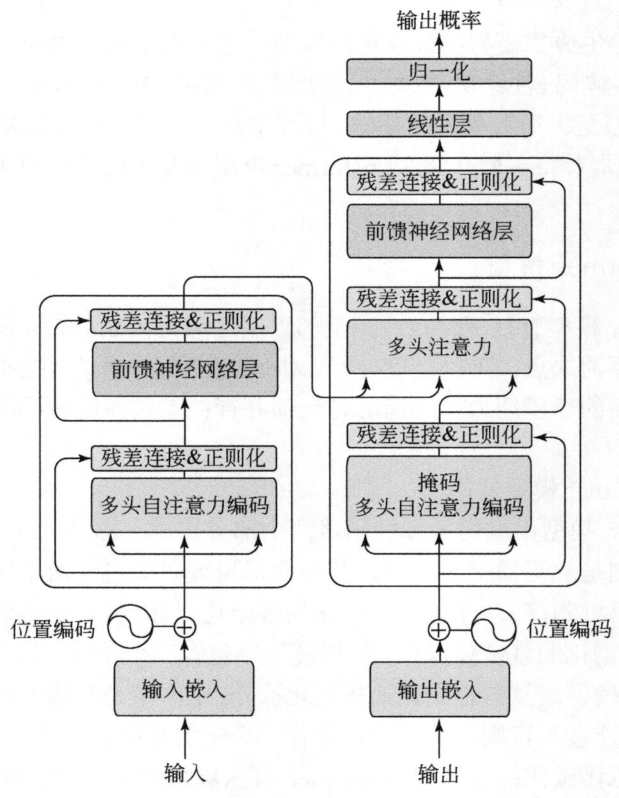

图 6.12　Transformer 整体模型图

（2）将第（1）步结果的各词元分别输入前馈神经网络更新自身的表示后再进行残差连接与正则化的规范化操作，形成第二子层句子的词元表示，将该表示作为本层的句子词元表示，形成本层输出。

（3）将前一层表示的输出作为后层输入，重复 6 次第（1）步和第（2）步的操作，最后顶层表示为编码端表示层。

Transformer 解码器每一层如图 6.14 所示，解码端并不是直接使用编码器的信息作为初始值时。在解码开始时，先使用一个特殊标识（如<GO>）输入解码端来启动解码过程，解码为自回归解码方式，每一位的解码过程如下。

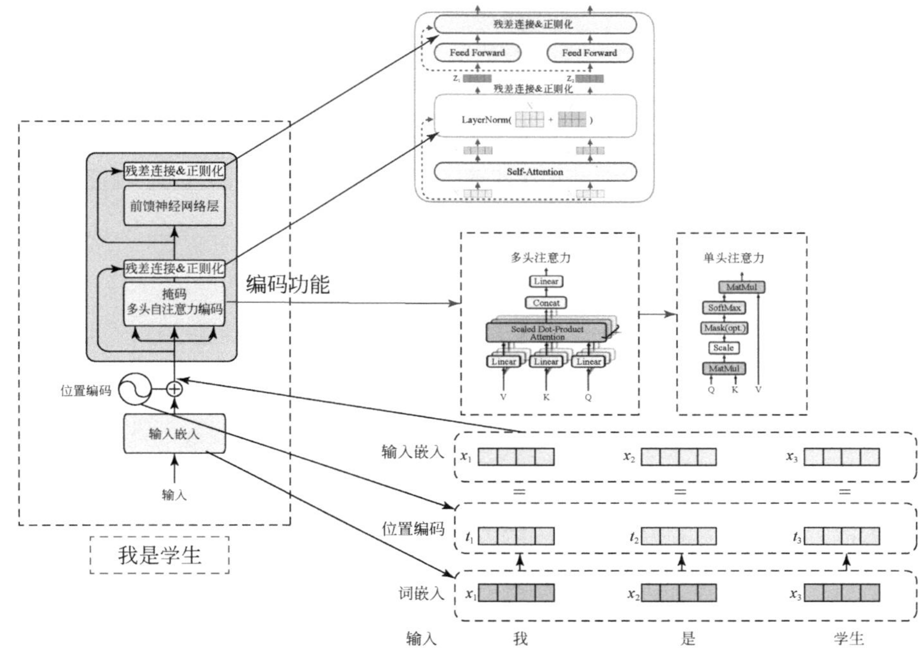

图 6.13　Transformer 编码器示意图

（1）将解码端输入词元的词向量与位置信息编码加和作为解码端输入词嵌入（输入词元只在第一层进行位置编码，后面层不再进行位置编码），经过第一子层的多头自注意力编码机制（此时 Q 为解码端输入词元，K 和 V 为解码端该词元及前面的输入历史词元），并将编码后的词元嵌入进行残差连接与正则化的规范化操作，形成第一子层编码词表示。

（2）将第（1）步结果输入第二子层与编码端最终表示层进行交叉注意力运算（此时 Q 为第一子层编码词元，K 和 V 为编码端最终表示层），并将运算结果进行残差连接与正则化的规范化操作，形成第二子层编码词表示。

（3）将第（2）步结果输入前馈神经网络更新自身的表示后再进行残差连接与正则化的规范化操作，形成第三子层编码词表示，将该表示作为本层词元表示输出。

（4）将前一层表示输出作为后层输入，重复 6 次第（1）～（3）步的操作，然后用顶层的表示通过 Softmax 函数来预测下一个词，将概率最大的词作为当前位的输出。并将输出词作为下一个词的输入解码端。重复第（1）步～第（4）步，直至输出为结束符。

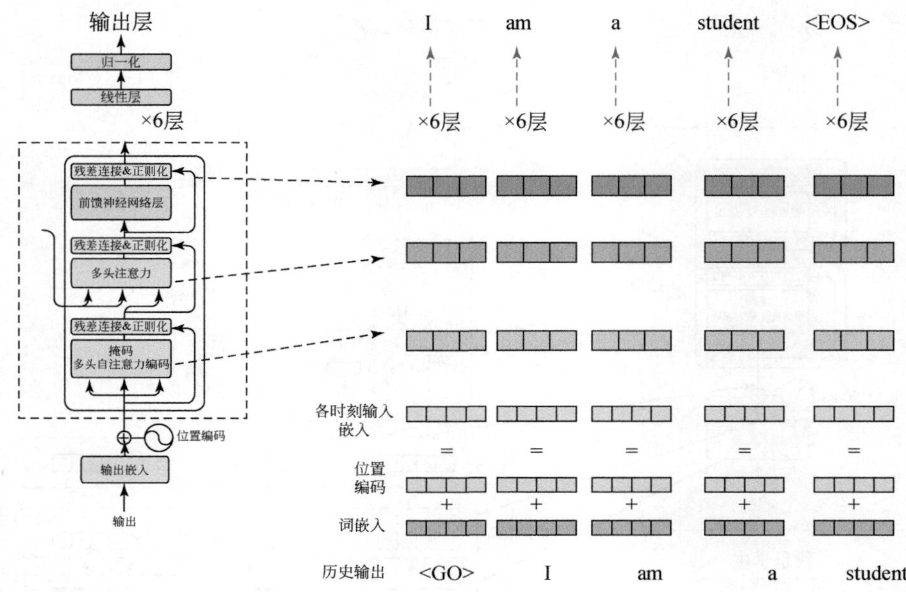

图 6.14　Transformer 解码器示意图

2）Transformer 模型训练基础知识

Transforme 模型训练为有监督训练，采用教师强制（teacher forcing）训练方法，损失函数为交叉熵损失。

特点：Transformer 虽然是自回归生成模式，但由于解码和编码全部采用了注意力机制，采用教师强制训练方法，使得其可以并行训练，在训练中还采用了掩码技术来保证运算的有效性。在介绍训练方法前，首先介绍教师强制训练方法和 Transformer 的掩码技术。

（1）教师强制训练方法。

教师强制方法是一种常用于序列模型的训练方法。其核心思想是在训练过程中，模型当前时刻的输入不是使用前一时刻的模型预测输出，而是直接强制使用真实标签（ground truth）作为输入。这种方法可以加速模型收敛，但可能导致训练与推理阶段的输入分布不一致的曝光偏差（exposure bias）问题。

（2）Transformer 的掩码技术——掩码机制。

掩码机制主要是对运算中的某些值进行掩盖，使其在参数更新时不产生效果。Transformer 模型涉及两种掩码，分别是填充掩码和序列掩码。其中，所有的注意力机制运算都需要用到填充掩码，而序列掩码只有在解码端的自注意力机制运算会用到。

填充掩码的作用：处理非定长序列问题，使不定长序列可以按定长序列统一并行操作，在所有的注意力机制运算中都需要用到。

如图 6.15(a)所示，在训练时 batch size=5，输入端需要对 5 条训练数据进行同时运算，每条数据注意力机制运算时应该计算各自的有效数据，但由于 5 条数据长度不统一，如何按统一定长并行处理这 5 条数据，同时保证各条数据计算的是有效值，Transformer 采用了填充掩码技术处理，即对过长的句子通过 truncating 截断到固定的长度，过短的句子通过 padding 增加到固定的长度，再对加长的数据位置的值加上一个非常大的负数（负无穷），经过 Softmax 函数后，这些位置的权重就会接近 0，从而使这些文本不会对注意力机制后生成的向量起作用。具体用一个填充掩码矩阵对输入进行遮挡，填充掩码矩阵实际上是一个张量，每个值都是一个布尔值，值为零的地方就是要遮挡的地方（图 6.12(b)）。

我	我	我	你	他
是	是	唱	好	是
个	个	歌		个
好	学生			老师
学生				

(a) 输入矩阵(batch size = 5)

1	1	1	1	1
1	1	1	1	1
1	1	1	0	1
1	1	0	0	1
1	0	0	0	0

(b) 填充掩码矩阵

图 6.15　输入矩阵和填充掩码矩阵

序列掩码的作用：防止标签泄露，在解码端的自注意力编码机制中会用到。

如图 6.16 所示，在解码端如果要并行训练需要同时计算出解码端各位上的词元，然后与标准答案进行交叉熵损失，如何同时正确地计算出各位词元是关键问题。按自回归解码规则，每一位输出词元应该由它前面的历史词元（即解码端该词前历史时刻的输入）得出。由于模型采用教师强制训练方法，训练时编码端会同时送入各输出位的标准答案，为了让解码端各位同时按统一长度进行并行计算，需要对解码端的每一位掩码后进行填充处理。确保计算时各位不会看到后面的词元。具体方法是用序列掩码矩阵对解码端进行遮挡。

例如，用标准答案 I am a student 作为解码端输入，图 6.16(b)为序列掩码矩阵，图 6.16(c)为遮挡后的标准答案输入。其中，解码端第一位输入词元由图 6.16(c)第一行计算得出，第二位输入词元由图 6.16(c)第二行计算得出，以此类推，解码端每位词元输出由其前面的历史输入位得出。

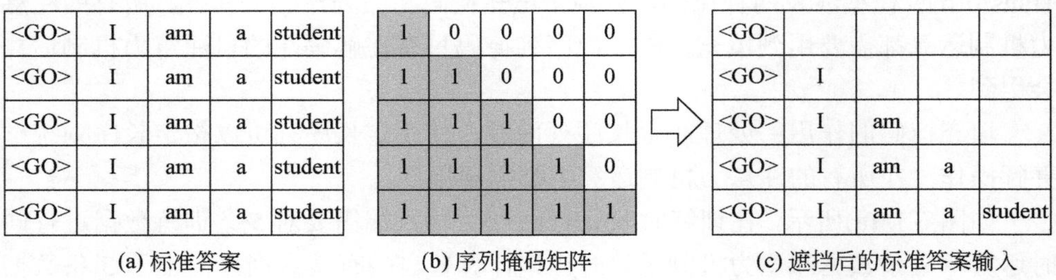

<GO>	I	am	a	student
<GO>	I	am	a	student
<GO>	I	am	a	student
<GO>	I	am	a	student
<GO>	I	am	a	student

(a) 标准答案

1	0	0	0	0
1	1	0	0	0
1	1	1	0	0
1	1	1	1	0
1	1	1	1	1

(b) 序列掩码矩阵

<GO>				
<GO>	I			
<GO>	I	am		
<GO>	I	am	a	
<GO>	I	am	a	student

(c) 遮挡后的标准答案输入

图 6.16　序列掩码示意图

3）Transformer 模型训练

在了解了教师强制训练方法和 Transformer 掩码技术后，下面介绍 Transformer 如何进行并行训练。

Transformer 模型训练为有监督训练，数据格式为<任务输入, 标准答案>。

例如，有以下 batch size=5 的训练数据，如图 6.17 所示。

我	她	我	你	他
是	是	唱	好	是
个	个	歌	吗	个
好	学生			老师
学生				

(a) 任务输入

I	she	I	How	he
am	is	sing	are	is
a	a		you	a
good	student			teacher
student				

(b) 标准答案

图 6.17　5 条中译英训练数据

（1）对于任务输入用如图 6.18 所示的填充掩码矩阵进行遮挡。

1	1	1	1	1
1	1	1	1	1
1	1	1	1	1
1	1	0	0	1
1	0	0	0	0

图 6.18　任务输入填充掩码矩阵

（2）对标准答案先用如图 6.19 所示的填充掩码矩阵进行遮挡，然后对每条标准答案数据用如图 6.20 所示的序列掩码矩阵遮挡。

1	1	1	1	1
1	1	1	1	1
1	1	0	1	1
1	1	0	0	1
1	0	0	0	0

图 6.19　标准答案填充掩码矩阵

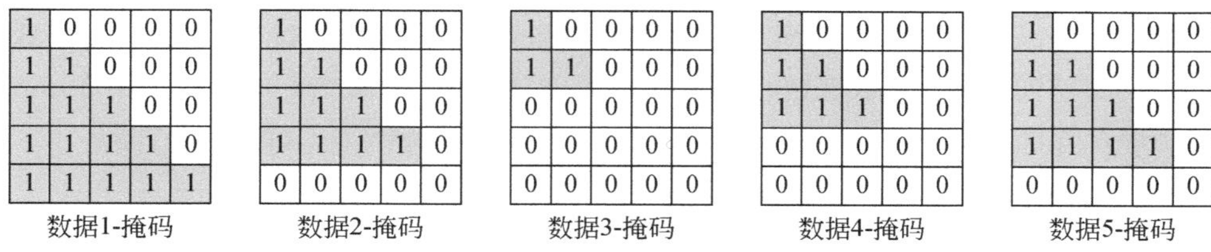

图 6.20　各答案数据序列掩码矩阵

模型训练时把 5 条加遮挡的任务输入数据送入模型编码端，这样可以同时算出 5 条数据的编码端表示；再把加双遮挡的标准答案作为输入送入模型解码端（采用教师强制训练方法），可以同时算出模型的 5 个输出序列上每一位词元的概率分布，用每一位词元的概率分布与对应的标准答案进行交叉熵损失，从而进行模型训练，最终实现模型的并行训练。

需要注意的是，虽然模型可以并行训练，但在预测时只有编码端并行编码，解码端仍是串行自回归解码。

2. 生成式解码模型的解码策略

解码策略是指如何从每个时刻产生的输出词元的概率分布中选取输出词元生成最终的输出序列。常用的解码方式有以下几种。

（1）贪心解码（greedy decoding）：直接选择概率最高的单词，这种方法简单高效。存在的问题是只能保证每一步最优，无法保证输出的句子整体最优，如果中间某步发生错误会导致错误级联，无法回头，最终导致生成的文本过于单调和重复。

（2）随机采样（random sampling）：按照概率分布随机选择一个单词，这种方法可以增加生成的多样性，但是同时可能导致生成的文本不连贯和无意义。

（3）束搜索（beam search）：维护一个大小为 k 的候选序列集合，每一步从每个候选序列的概率分布中选择概率最高的 k 个单词，然后保留总概率最高的 k 个候选序列。束搜索作为剪枝策略，不能得到全局最优解，但能以较大的概率得到全局最优解，其比穷举搜索法效率高。束搜索可以平衡生成的质量和多样性，但是可能会导致生成的文本过于保守和不自然。

（4）Top-*K* 采样：在每一步，只从概率最高的 *K* 个单词中进行随机采样，即只有分数或概率较高的 *K* 个 token 有机会被选中，而不考虑其他概率低的单词。Top-*K* 有助于提高生成质量，但它可能会导致生成的文本不符合常识或逻辑，这种方法的缺陷是 *K* 值取多少能达到最优很难确定。

（5）Top-*P* 采样：每一步只从累积概率超过某个阈值 *P* 的最小单词集合中进行随机采样，因为它只关注概率分布的核心部分，可以避免采样到一些不合适或不相关的单词，同时可以保留一些有趣或有创意的单词。此外，可同时使用 Top-*K* 和 Top-*P* 算法，如果 Top-*K* 和 Top-*P* 同时启用，则 Top-*P* 在 Top-*K* 之后起作用。

3. 生成式解码模型词表受限问题

在神经网络生成模型（如机器翻译）中，由于考虑到计算的复杂度问题，都会使用一个受限词表，这导致很多单词成了集外词，这种集外词容易产生问题并且打破句子语义结构，增加语句的歧义性，因此如何处理集外词和选择适当的词表规模及词元粒度是建模需要考虑的问题。接下来介绍常用的分词技术 BPE 算法及其应用。

1）BPE 基本概念

字节对编码（byte pair encoding，BPE）算法于 1994 被提出，最早用于通用的数据压缩，随后在自然语言处理领域用于文本词表构建的分词工作。

BPE 算法的基本思想是将单词拆分为更小单元的词元，例如，将 older 划分为 old 和 er，这些单元能组成其他词汇。

例如，语料的词汇有 old、older、oldest、smart、smarter、smartest，如果以词粒度构建词表，则词表需要含 old、older、oldest、smart、smarter、smartest 这 6 个词，词表长度为 6，如果将词分割成词元粒度：old、smart、er、est，词表只需包含 old、smart、er、est 这 4 个词元，词表长度为 4。且用这 4 个词元可以构成 old、older、oldest、smart、smarter、smartest 6 个词。由此可见，在同样的表示能力前提下，对词进行适当拆分可以缩小词表规模以提高处理效率，同时可以缓解集外词问题。

2）BPE 作用

如图 6.21 所示，BPE 的作用有：①对于词粒度语料，用 BPE 算法从词粒度语料中生成词元词表（简化词表）；②对词粒度语料重新按词元粒度拆分，形成词元粒度的词表和训练语料；③在模型训练时使用词元粒度进行训练；④预测时将输入的词序列拆分为词元序列送入模型，模型输出词元粒度的结果，然后将词元粒度合并成词粒度输出。

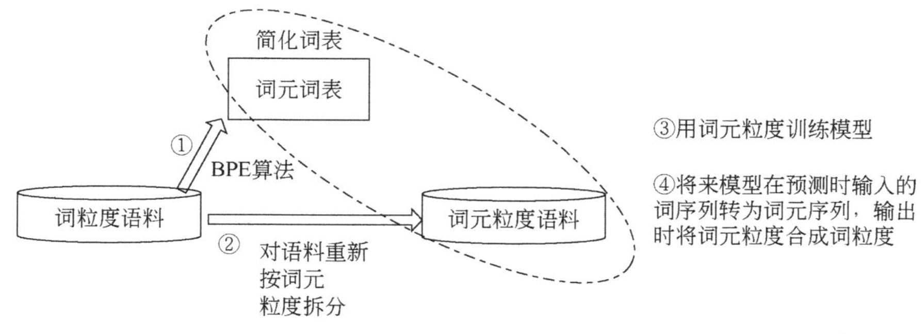

图 6.21　BPE 算法流程图

3）BPE 算法

BPE 算法输入词粒度语料，输出词元词表，具体过程如下。

（1）规范化：处理语料中的大小写、停用词等问题。

（2）预分词表：统计语料中字符频率用预分词表记录。

（3）将第（2）步预分词表中单词拆分为单个字符，在单词后加结束符</w>，并将该步所有字符加入词表。

（4）计算预分词表中两个相连字符/片段的共现频率，将共现频率最高的两个字符/片段用频率表保存。

（5）将第（4）步频率表中的两个字符合并，将合并后的字符/片段加入词表，并将预分词表中相连的片段合并，形成新粒度的预分词表。

（6）转第（4）步，直至得到希望大小的词表。

6.4.4　选择式解码模型

生成式解码模型的特点是预测输出端词表的大小是固定的，输出 token 是输出词表中概率最大的，这类模型无法解决输出词表动态变化的问题。

图 6.22 展示了凸包问题，左图中有一堆点，需要在其中找出最外围的点，使得这些点连起来能够包围所有的点。

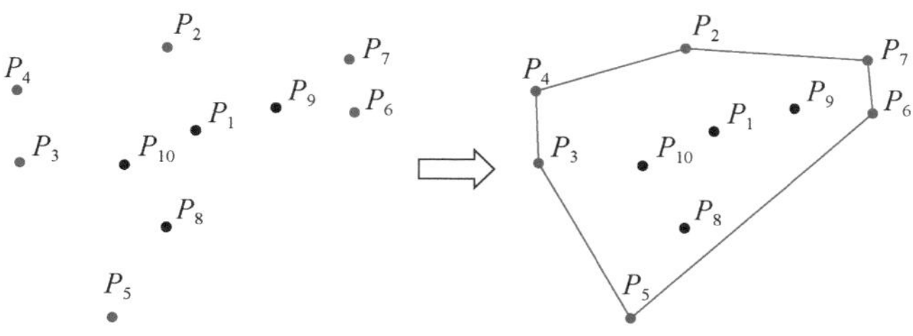

图 6.22　凸包问题

在凸包问题中生成的输出序列应为输入节点中的若干个节点，且节点个数可以随问题动态变化。对于这类输入是动态变化的问题，由于输出端词表无法确定，所以不能通过概率生成模型来解决问题。但由于每个输出词元均包含在输入词元集合中，所以这类问题可以用选择类模型解决，即生成词元可以从输入中选择。下面介绍这类模型中典型的代表指针网络。

指针网络[6]的基本思想是通过注意力机制运算从输入序列中选出输出序列。

指针网络的模型结构如图 6.23 所示，指针网络输入为 X 序列(x_1, x_2, x_3, x_4)，输出为从输入序列中选出的序列(x_1, x_4, x_2, x_1, <EOS>)。

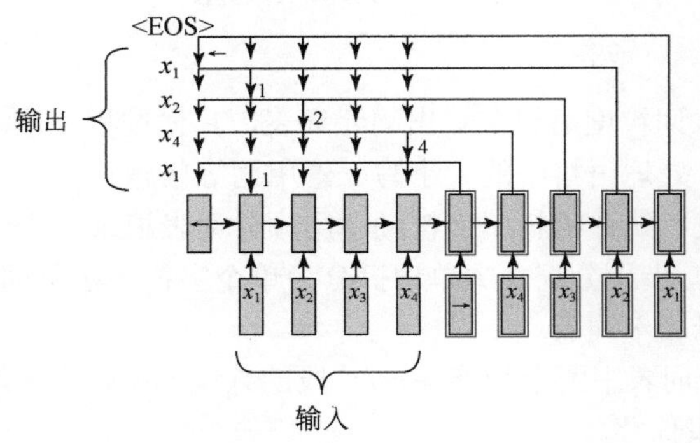

图 6.23　指针网络

输出序列的生成过程为：在输入序列前添加特殊的结束符号“←”，然后用循环神经网络对输入序列进行编码，编码结束后用特殊的输出符号“→”作为输出启动符号，当网络读入输出启动符号“→”后，用输出启动符号对应位的隐层向量作为 Q，输入序列对应的隐层向量集合作为 K 进行注意力运算，取其中权重最高的作为输出词元，然后将该输出词元作为下一个输入词元输入循环神经网络，再用生成的隐层向量作为下一个 Q，输入序列隐藏层各向量作为 K 进行注意力运算以求得下一个输出词元，重复上述过程，直到生成结束符<EOS>为止。

指针网络在自然语言处理领域有广泛的用途，如文本摘要、阅读理解等从输入序列到输出序列的一系列复制类型的任务。指针网络也适合解决集外词问题。

6.4.5　选择-生成混合解码模型

指针网络输出直接从输入中选择，使得其输出必须是输入序列中的词元，这样虽然可以解决部分集外词问题，但无法解决输出序列需要生成输入序列以外词元的问题。为了保留指针网络的优点，同时解决新词元的生成问题，可以将二者集合构建为选择-生成网络。下面介绍这类网络的代表网络——指针-生成器网络。

指针-生成器网络(pointer-generator network，PG-NET)[7]基本思想是将编码-解码+注意力模块和指针网络结合，输出词元既可以从输入序列中选择也可以在输出端以计算词元的概率分布的方式产生，这样既可以缓解原文中的集外词问题，也可以生成高质量的输出文本。

指针-生成器网络（图 6.24）包括以下三部分。

（1）一般的编码-解码+注意力机制架构的循环神经网络部分（图 6.24 中方框内部分）。

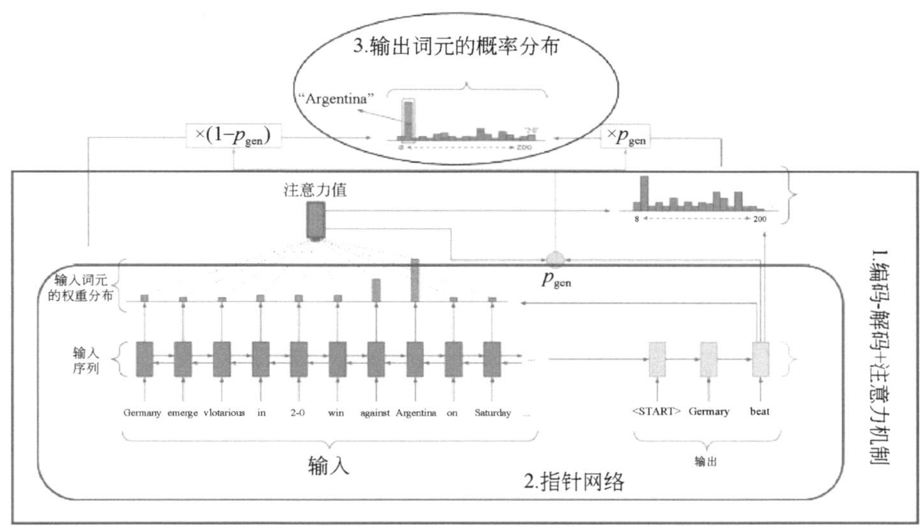

图 6.24 指针-生成器网络

（2）指针网络部分（图 6.24 中圆角框内部分）。

（3）最后的输出词元的概率分布（图 6.24 中椭圆框内部分）。

模型输入为源文本（图 6.24 中圆角框左侧序列），模型输出按自回归生成方式，每次从输出词元的概率分布中选出最大概率的词元作为输出。

输出序列生成过程：将源文本输入循环神经网络编码端进行编码，当模型收到输出启动符号时开始输出，每位输出分三步：

（1）用解码端输入词元的隐层向量作为 Q，输入序列各词元隐层向量集合作为 K 和 V，进行注意力机制运算得到该位的注意力值，然后对该注意力值和输出端的隐层向量进行共同运算得到下一位输出词元的概率分布（图 6.24 中方框右上角的分布图）；

（2）仍然用该词元的隐层向量作为 Q，输入序列各词元隐层向量集合作为 K

进行注意力打分，得到输入序列各词元的权重分布；

（3）将第（1）步产生的词元的概率分布（解码端词元的概率分布）与第（2）步产生的输入词元的权重分布通过门控网络控制比例进行叠加融合，产生最终的输出词元的概率分布，取概率最大的词元作为输出。

6.4.6　序列生成模型评估指标

序列生成模型主要的评估指标为 BLEU 和 ROUGE。

BLEU（bilingual evaluation understudy）是衡量模型生成序列与参考序列之间的 n 元词组的重合度，最早用来评价机器翻译模型的质量，目前也广泛应用在各种序列生成任务中。

BLEU 的基本思想是假设模型生成一个候选序列 x，真实数据中存在一组参考序列 $(s^{(1)},s^{(2)},\cdots,s^{(k)})$，生成序列与参考译文越接近，生成序列的正确率越高。

$$P_n(x)=\frac{\sum_{w\in W}\min\left(c_w(x),\max_{k=1}^{K}c_w\left(s^{(k)}\right)\right)}{\sum_{w\in W}c_w(x)}$$

其中，$c_w(x)$是 n 元词组 w 在候选序列 x 中出现的次数，$c_w(s^{(k)})$是 n 元词组 w 在参考序列中出现的次数。

BLEU 是通过计算不同长度的 n 元词组的精度，并进行几何加权平均而得到的。

BLEU-N 定义：

$$\text{BLEU-}N(x)=b(x)\times\exp\left(\sum_{n=1}^{N}a_n\log P_n\right)$$

其中，$b(x)$为长度惩罚因子；a_n 为不同长度的 n 元词组的权重，一般设为 $1/n$；BLEU 取值范围是［0,1］，值越大表明生成的质量越好。但是 BLEU 只计算精度，而不关心召回率（即参考序列里的 n 元词组是否在生成序列中出现）。

ROUGE（recall-oriented understudy for gisting evaluation）最早应用于文本摘要领域。与 BLEU 不同，ROUGE 计算的是召回率。

ROUGE 的实现方法为：假设模型生成一个候选序列 x，真实数据中存在一组参考序列 $(s^{(1)},s^{(2)},\cdots,s^{(k)})$。

ROUGE-N 定义：

$$\text{ROUGE-}N(x)=\frac{\sum_{k=1}^{K}\sum_{w\in W}\min\left(c_w(x),c_w\left(s^{(k)}\right)\right)}{\sum_{k=1}^{K}\sum_{w\in W}c_w\left(s^{(k)}\right)}$$

其中，$c_w(x)$是 n 元词组 w 在候选序列 x 中出现的次数，$c_w(s^{(k)})$是 n 元词组 w 在参

考序列中出现的次数。

6.5 本章小结

本章全面介绍了自然语言处理领域中四个关键的基本任务：文本分类、文本匹配、序列标注和序列生成。分别介绍了各项任务的定义、建模方法和典型的任务模型（这四类任务可以分别建立各类任务模型来完成任务，也可以统一用生成模型来完成各类任务），以帮助读者深入理解基本的自然语言处理任务，为后续的预训练语言模型和核心应用任务的学习奠定基础。

参考文献

[1] Yang Z C, Yang D Y, Dyer C, et al. Hierarchical attention networks for document classification [C]//Proceedings of the 2016 Conference of the North American Chapter of the Association for Computational Linguistics: Human Language Technologies, San Diego, 2016: 1480-1489.

[2] Huang Z H, Xu W, Yu K. Bidirectional LSTM-CRF models for sequence tagging[J]. arXiv preprint arXiv:1508.01991, 2015.

[3] Sutskever I, Vinyals O, Le Q V. Sequence to sequence learning with neural networks[C]// Advances in Neural Information Processing Systems, Montreal, 2014: 27.

[4] Bahdanau D, Cho K, Bengio Y. Neural machine translation by jointly learning to align and translate[J]. arXiv preprint arXiv: 1409.0473, 2014.

[5] Vaswani A, Shazeer N, Parmar N, et al. Attention is all you need[C]//Advances in Neural Information Processing Systems, 2017: 30.

[6] Vinyals O, Fortunato M, Jaitly N. Pointer networks[C]//Advances in Neural Information Processing Systems, Montreal, 2015: 28.

[7] See A, Liu P J, Manning C D. Get to the point: Summarization with pointer-generator networks[J]. arXiv preprint arXiv: 1704.04368, 2017.

第 7 章　预训练语言模型

预训练语言模型已成为自然语言处理领域的关键技术范式，极大地推动了多种任务的性能提升。本章将介绍预训练语言模型的基本概念和一些经典的模型实例，并探讨大语言模型的发展及其在自然语言处理中的应用和影响。

7.1　预训练语言模型概述

7.1.1　预训练语言模型基本思想

在自然语言处理领域，任务通常依赖于有限的标注数据，并通过有监督的方法进行模型训练，如序列标注任务等。然而，这种依赖性带来了两个主要问题：①有限的数据量在一定程度上限制了模型的性能；②对于那些未能覆盖的场景的数据，仍然需要专家进行标注，这不仅是一项耗时耗力的工作，而且成本极高。

迁移学习提供了一种解决方案，使得学者可以在通用语言知识上进行训练，得到具备一般知识的通用模型，然后将其迁移到目标领域和目标任务上。如图 7.1 所示，迁移学习主要可以分为两个类型：①归纳迁移学习，主要在源领域和源任务上学习到一般知识，然后将其迁移到目标领域和目标任务上；②推导迁移学习，主要指从样本到样本的迁移，通过直接利用源领域和目标领域的样本进行迁移学习。

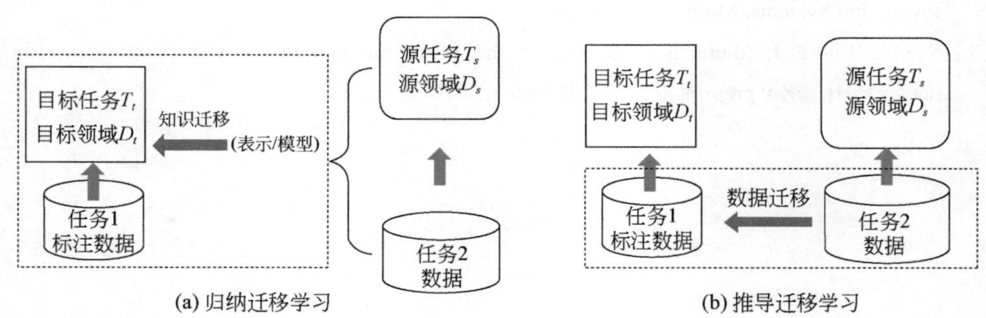

图 7.1　迁移学习类型示意图

预训练语言模型是采用了归纳迁移学习思想的一种方案。归纳迁移学习方式可以分为以下两种：①基于特征的方式，将从源任务中学到的知识以向量表示的方式迁移到目标任务模型中，以提高目标任务的性能；②基于预训练语言模型+微调的方式，首先在源任务领域，利用大量的无标注数据采用自监督方法训练通用的知识模块，然后将知识模块整体迁移到目标任务，作为目标任务的组件，以提升目标任务的性能。

预训练语言模型采用归纳迁移学习的方法，通过自监督学习从大规模开放领域数据中获得与具体任务无关的通用预训练语言模型，然后将训练好的预训练语言模型迁移到下游任务，这样利用少量任务标注数据微调模型，可明显提升目标任务的性能，从而缓解下游任务对标注数据的依赖问题。

7.1.2 预训练语言模型发展历程

预训练语言模型从早期的神经网络语言模型发展到当今的第二代大语言模型 OpenAI o1，经历了四个时期（图 7.2）：①第一时期是初期的浅层词向量时期（即自然语言处理第二范式时期），该时期提出了神经网络语言模型和词向量的概念及训练方法，为后来的预训练语言模型奠定了基础，从广义上来看，词向量也可以认为是一种预训练语言模型；②第二时期是预训练语言模型+精调时期（即自然语言处理第三范式时期或目标工程阶段），该时期提出了预训练语言模型的概念和各种训练方法，该时期的预训练语言模型主要是为了增强各类目标任务的性能；③第三时期是预训练语言模型+提示时期（即自然语言处理第四范式时期或提示工程阶段），该时期随着预训练语言模型功能的强大，任务可由预训练语言模型完成，不需要加入任务参数，但由于预训练语言模型和任务形式存在差异，该时期需要对任务形式进行重新定义，并引入提示模板完成任务，第四范式时期可用的预训练语言模型包括自编码语言模型（BERT 系列）和自回归语言模型（GPT 系列和 T5 系列）；④第四时期是预训练语言模型（大语言模型）+提示时期（即自然语言处理第五范式时期），该时期的特点主要是将所有的基本任务（分类、匹配、标注、生成）统一用生成模型解决（即将任务统一为生成任务），并对预训练语言模型采用各种后训练技术实现与人类价值观对齐，使得各类任务不必重新定义任务形式，各类任务可以统一用提示以自然语言对话交互方式实现。第四时期的大语言模型又分为第一代大语言模型和第二代大语言模型。其中，OpenAI o1 的出现标志着第二代大语言模型的诞生。第二代大语言模型将推理过程中需要人机交互的过程内嵌到大语言模型中，让大语言模型学会通过自身推演给出正确的答案，以便使用者减少一些提示的交互过程，从而更加简洁地完成任务。

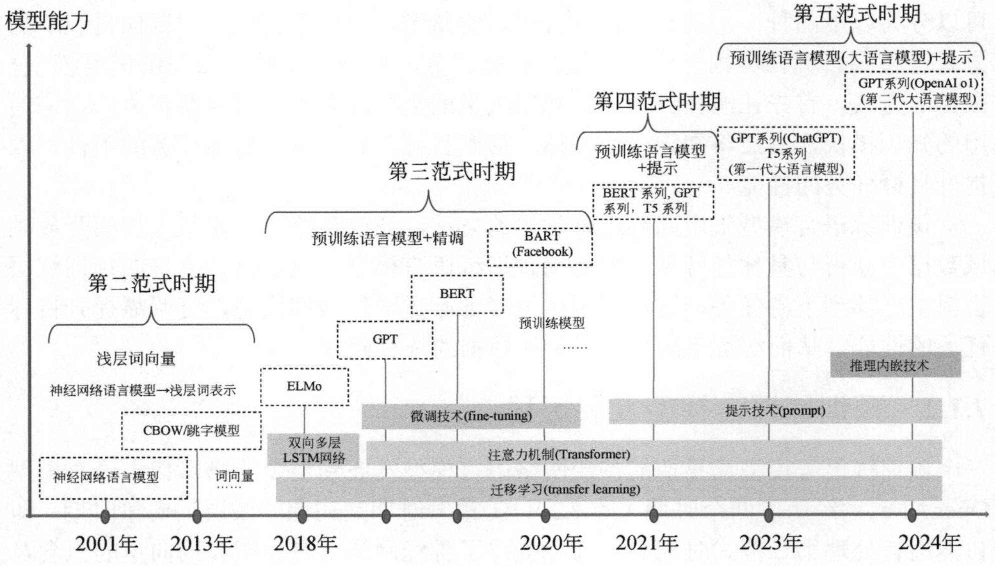

图 7.2　预训练语言模型的发展历程

后面将分别介绍第三范式、第四范式和第五范式时期的典型预训练语言模型。

7.2　预训练语言模型+精调阶段（第三范式）

这一阶段的研究主要聚焦两个核心问题：①如何利用在大规模语料数据通过自监督学习方法提升通用预训练语言模型的效能；②基于这些预训练语言模型，如何有效地整合目标工程，来更好地适应下游任务并提升性能。在该阶段，预训练语言模型结构主要分三类：基于 Transformer 编码器（代表模型为 BERT）、基于 Transformer 解码器（代表模型为 GPT-1）和基于 Transformer 编码-解码器（代表模型为 BART），下面介绍这三类代表模型。

7.2.1　编码器结构：BERT

BERT[1] 模型采用双向多层 Transformer[2] 编码器架构，基础版是 12 层编码器，高级版是 24 层编码器。输入为句子或句子对（此处的句子指任意长度的连续文本片段，而不是语言学上所指的句子）；每个输入序列以［CLS］开头，句子对之间加一个［SEP］；［CLS］位置的输出表达整个句子的信息，并用作分类。每位输入由三部分组成：表示词元的词嵌入、片段嵌入和位置嵌入（图 7.3）。其中，对第一个句子的各词元添加段 A 嵌入，第二个句子添加段 B 嵌入。输出根据下游四类基本任务提供相应接口：分类任务和匹配任务接口是［CLS］位置的嵌入；序列标注任务接口是每个词元的输出嵌入；序列生成任务接口是第二句词元的输出嵌入作为生成模型的输入，由生成模型产生结果。

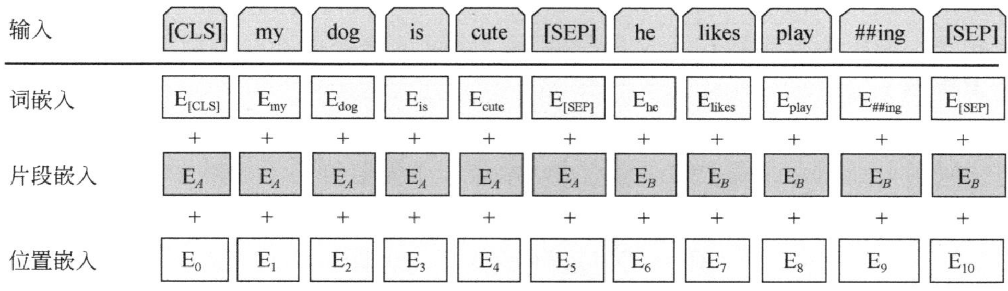

图 7.3　BERT 输入示意图

BERT 模型训练分为两个阶段：第一阶段为预训练阶段，主要利用大型语料库完成自监督学习；第二阶段为微调阶段，针对特定任务在相应数据集中进行有监督学习，通过微调技术来适配具体任务。预训练阶段主要是通用领域知识学习，然而双向深层语言模型在预测中存在“自身看见自身”的问题（要预测的下一个词在给定的序列中已经出现），达不到预期效果；因此 BERT 采用掩码技术进行解决。

与预训练语言模型类似，将遮住某些单词的句子作为编码器的输入，在输出端用被掩盖位置的最终隐层状态预测被掩盖的单词。随机遮住 15%的单词作为训练样本，其中 80%的用掩码词元替换，10%的用随机的一个单词替换，10%的保持单词不变。15%的单词被遮盖的原因是性能开销问题，选 80%掩码、20%具体单词的原因是在预训练的时候进行了掩码，在进行特定任务微调如分类任务的时候，并不对输入序列进行掩码，任务不一致；10%的用随机的一个单词替换、10%的保持单词不变的原因是编码器不知道哪些单词是需要预测的，哪些单词是错误的，因此编码器需要被迫学习每一个词元的表示向量，并进行折中。BERT 预训练语言模型的特点是采用自编码方式，训练的知识包括上下文。

此外，BERT 提出句子顺序模型训练，预训练学习两个句子顺序的二分类模型（对学习句子之间的关系有帮助）。在训练过程中，两个句子顺序关系的正样本和非顺序关系的负样本比例是 1∶1。通过两个特定的词元［CLS］和［SEP］来串接两个句子，该任务在［CLS］位置输出预测。

BERT 模型通过采用一个额外的输出层达到最好的微调效果。任务微调有两种方式：①只对任务参数进行微调；②同时对任务参数和预训练语言模型参数进行微调，这样可以让预训练语言模型更加适配任务。

7.2.2 解码器结构：GPT-1

GPT-1 [3] 是 OpenAI 于 2018 年推出的一种预训练语言模型。GPT-1 采用了 Transformer [2] 解码器结构（图 7.4 左），共叠加使用了 12 层解码器。模型输入为句子，输出为给定窗口上文后预测下一个词的概率分布（类似循环神经网络语言模型）。

语言模型采用自回归语言模型，训练数据采用大规模无标注文本语料，训练方式采用自回归生成模型的训练范式。给定一个无监督句子语料 $U=u_1,u_2,\cdots,u_n$，GPT-1 通过最大化以下似然函数来训练语言模型。

$$L_1(U)=\sum_i \log P(u_i \mid u_{i-k},\cdots,u_{i-1};\theta) \tag{7.1}$$

其中，k 表示上下文窗口的大小，这里在计算每个单词的预测概率时，只考虑左侧窗口大小的词汇信息；$U=u_1,u_2,\cdots,u_n$ 表示左侧窗口的词向量。

GPT-1 为自回归生成模型，与不同任务的输入转换不同（图 7.4 右）。当用于文本分类任务时，对句子加起止符后输入 GPT-1，最后时刻对应的输出隐藏层作为句对表示，然后将该表示接一个分类器进行分类。当用于文本匹配任务时，对于有先后顺序的句对（如推理问题的前提与结论），对句子顺序进行排列，中间加分割符并将输入 GPT-1，后句的最后时刻对应的输出隐藏层作为句对表示，然后将该表示接一个分类器进行分类。对于无先后顺序的句对（如判断两句子是否相似），将两句子按一种顺序排列输入 GPT-1，产生一种句对表示，然后再按倒序排列将两句子输入 GPT-1 以产生倒排句对表示，然后将两次的句对表示进行融合，然后再进行分类。对于多选择问题，将文章和一个问题顺序排列输入 GPT-1，

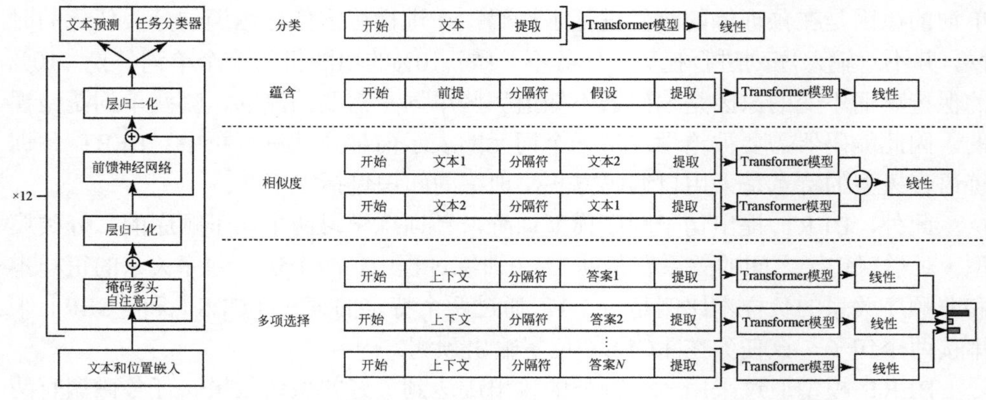

图 7.4 GPT-1 结构（左）和对接不同任务的输入转换（右）

产生两者的融合表示，依次取尽所有问题以产生所有的文章和问题融合表示，最后将这些融合表示用分类器进行分类。

GPT-1 与任务连接后有两种微调方法：①只对任务模型参数进行微调，②同时对任务模型参数与 GPT-1 参数进行微调。

7.2.3　编码-解码器结构：BART

BERT 具备双向语言理解能力，但不具备生成任务的能力；GPT-1 具有生成任务的能力，但对语言的理解能力弱；BART [4] 兼具二者的优点，其使用标准的 Transformer 架构。使用编码器和解码器及编码-解码的交叉注意力值，BERT、GPT-1 和 BART 模型对比如图 7.5 所示。

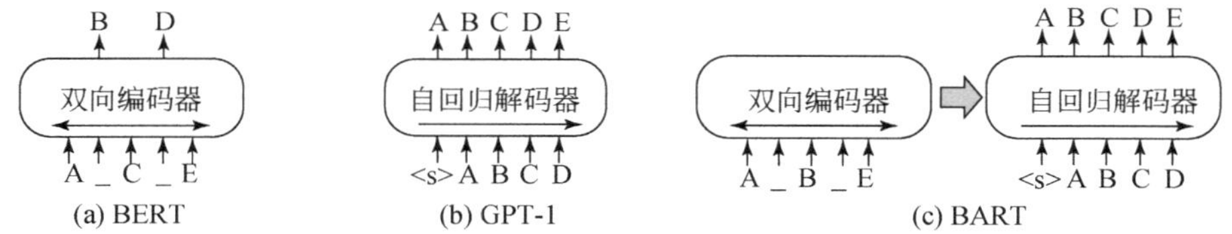

图 7.5　BERT、GPT-1 和 BART 模型对比

BART 允许对原始数据进行任意形式的噪声干扰，通过对输入添加噪声干扰原文，然后输出恢复后的原文序列，利用解码端输出与添加噪声之前的原文交叉熵损失进行模型训练。如图 7.6 所示，本节提出了五种添加噪声的方式，分别为①词元掩码：与 BERT 的掩码策略相同；②词元删除：随机删除某些词元，与字符屏蔽不同，模型必须知道哪些位置缺少输入；③文本填充：同时选中连续的词元替换为一个掩码，或在原始数据中随机插入掩码词元（没有数据缺失情况下），模型不知道掩码对应多少词元，也不知道词元是否有效（让模型学习能力强大）；④句子打乱：将一个文档中的句子之间的顺序打乱；⑤文档轮换：从文档中随机选一个词元作为整个文档的起始词元对文档进行轮换，此任务训练模型的目的是识别文档的开始词元。

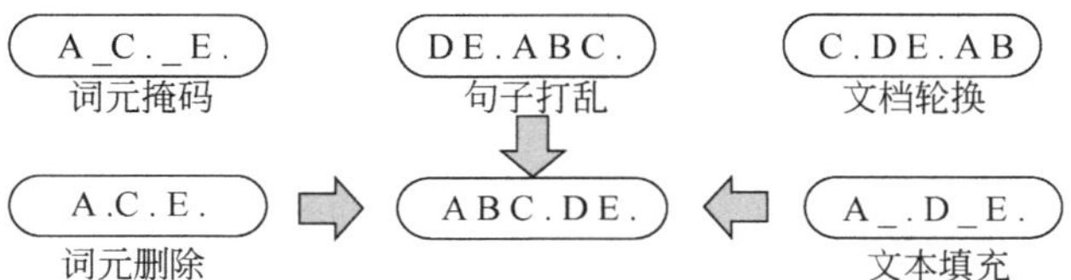

图 7.6　五种添加噪声的方式

训练分为两个阶段：①对 BART 的大多数参数进行冻结，只更新随机初始化的源语言编码器、BART 的位置编码、BART 编码器的第一层自注意力值投影矩阵；②对整个 BART（包含后来添加的编码器）中的所有参数进行少次迭代。

在微调过程中，对于不同的任务，BART 有不同的使用方法：对于序列分类任务，编码器和解码器以相同的数据输入，利用解码器的最后一次输出代表整个句子的表示，类似于 BERT 中的［CLS］；对于序列生成任务，BART 直接适应生成任务，对编码器和解码器进行微调即可，该类任务包括文本摘要、问答等；机器翻译任务比较特殊，因为其任务输入和任务输出是两种不同的语言，BART 需要训练一个新的编码器将源语言与目标语言语义空间对齐，从而替代 BART 原来的词嵌入，在完成对齐后，BART 将源语言转换为目标语言，并与 Transformer 保持一致。BART 与不同任务的连接方式如图 7.7 所示。

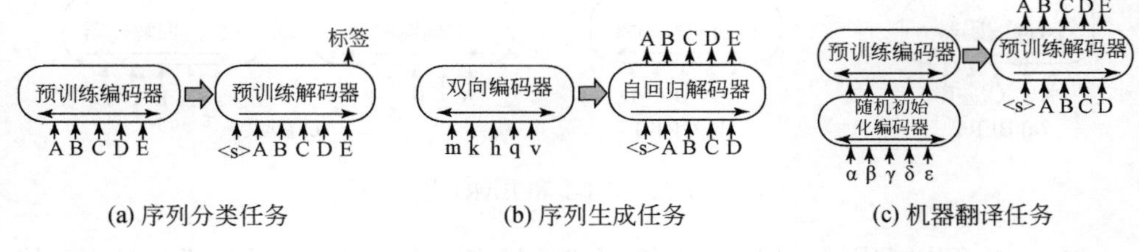

图 7.7　BART 与不同任务的连接方式

BART 与任务连接后有不同的微调方法：①只对任务模型参数进行微调或同时对任务模型参数与 BART 参数进行微调；②对于直接使用 BART 的生成任务，需要用任务数据对 BART 参数进行微调。

7.3　预训练语言模型+提示工程阶段（第四范式）

这一阶段的特点是无需任务模型参数，只用预训练语言模型完成下游任务，但由于预训练语言模型的训练形式与下游任务形式存在差异，在使用预训练语言模型完成任务时要对下游任务的形式重新进行定义。第四范式时期可用的语言模型主要有自编码语言模型（BERT 系列）、自回归语言模型（GPT 系列和 T5 系列），下游任务形式根据具体情况可重新定义为填空模式或生成模式。

例如，对句子“这个餐厅的服务真不错。”进行情感分类，如何用预训练语言模型直接完成分类任务？

首先根据任务选择适当的预训练语言模型（如 BERT），对输入的文本增加一些前缀或后缀描述，转换为完形填空形式任务（转换要尽可能与原来的句子组成一句自然话语）并且掩码掉某些 token，再输入语言模型。例如，给句子“这个餐厅的服务真不错。”补充描述（提示模板）并构建如下的完形填空形式任务：“___满意。这个餐厅的服务真不错。”，然后将其输入给 BERT，由于 BERT 在训练时见过大量真实的掩码恢复文字的实例，BERT 将在输入掩码的位置输出特定的文字，然后可以根据文字的语义将其转换成任务所求的标签，例如，本例中掩码位置若输出“很”则是正向，若输出“不”则是负向。

由示例可知，在第四范式时期的下游任务中，如果要在没有任务参数的情况下完成任务，需要通过引入提示的方法将任务形式重新定义为适配预训练语言模型的形式才能完成，用预训练语言模型得到的答案是自然语言文字，并不一定对应任务目标标签，这时还需要将答案文字转换成任务标签。另外，预训练语言模型是通用的语言模型，不会对所有下游任务都表现良好，因此在使用该模型时为了得到更好的性能需要对预训练语言模型或提示进行微调。

一般情况下，第四范式时期研究问题包括以下四个方面：①预训练语言模型选择，如何选择适合下游任务的预训练语言模型，一般可以转换为填空形式的任务选自编码语言模型，转换为生成任务的选自回归语言模型；②提示设计，研究对具体任务怎么选取或设计合适的提示，使其适配所用的预训练语言模型，把模型潜能激发出来；③答案工程，模型的输出可能与标签不同，如何将输出映射到标签空间；④微调，第四范式时期的微调指的是对语言模型的微调或对提示的微调，需要确定微调范围。

7.3.1　提示学习

提示学习[5]是将原输入附加一段补充描述语句，通过这段补充描述语句实现任务转换和对任务的求解，这段补充描述语句需要与原始输入一起形成一段语义合理的语句作为提示的输入。对于输入文本 x，使用一个模板，该模板通常为一段自然语言文字，并且包含两个空位置：①用于填输入文本 x 的槽；②用于生成答案文本 z 的槽。

输入端需要选取合适的提示，以适配不同的任务，同时把模型潜能激发出来。模型的输出可能与标签不同，拿到输出后需要与标准化的标签空间 Y 进行映射。主要提示包括以下两个方面：①完形填空提示，用在如 BERT 的预训练语言模型上，例如，情感分类任务可以输入“这个饼不错”“太 Z”，Z 输出［棒］，一般情况下 Z 在句中；②前缀提示，用在如 GPT-2 单向预训练语言模型上，输入“好好学习”，翻译成英文 Z，Z 输出“study hard”，一般情况下 Z 在句末。

选择哪种提示取决于任务和用于解决任务的模型。对于有关生成的任务或使用标准自回归语言模型解决的任务，前缀提示往往更有帮助，因为前缀提示与模型从左到右的性质刚好吻合。对于使用掩码语言模型解决的任务，完形填空提示更合适，因为完形填空提示与预训练任务的形式非常匹配。

模板创建有手工方式和自动化方式，手工方式很直观，且可以在一定程度上准确地解决各种任务，但该方式也存在一些问题。例如，创建和对这些提示进行实验需要大量的时间和经验，特别是对于一些复杂的任务（如语义解析等），即使是经验丰富的提示设计者可能也无法手工获取最佳提示。

自动化方式可以进一步分为离散提示（其中提示是一个实际的文本字符串）和连续提示（其中提示直接在底层语言模型的嵌入空间中进行描述）。

前面探讨的提示工程方法主要集中于为输入构建单个提示。大量研究表明，多重提示可以进一步提升提示方法的效果，常见的方法见图 7.8，包括以下四方面：①提示集成，把多个提示通过某种加权方法组合到一起；②提示增强，启发式学习；③提示组合，将复合的提示句子拆解成多个小段提示再组合在一起进行训练；④提示分解，将一个句子拆分成多个部分后，再对每个部分进行提示单独训练。

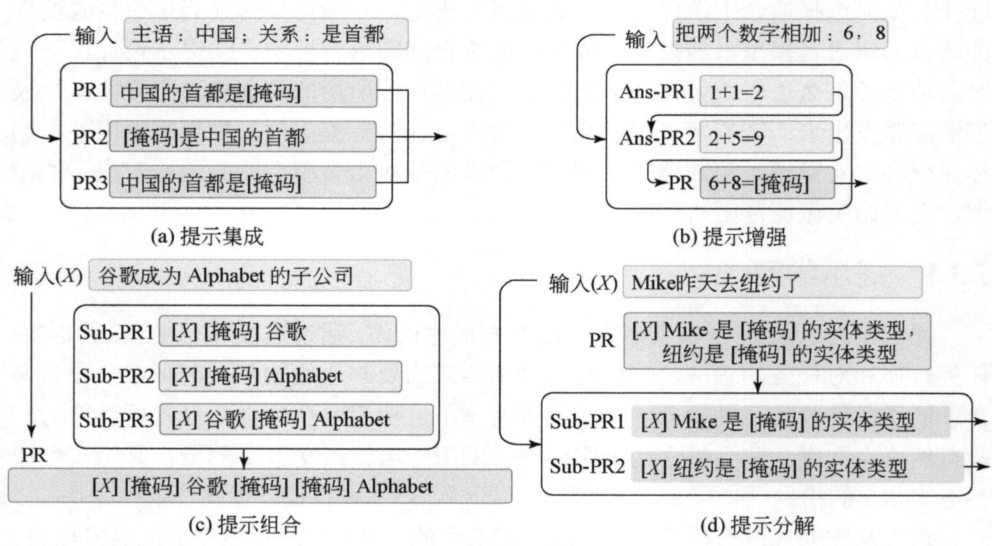

图 7.8　多重提示常见的方法示意图

7.3.2 答案工程

答案工程的目的是搜索一个答案空间 Z 和一个到输出标签空间 Y 的映射，从而得到有效的任务标签。需要考虑两个维度：确定答案形式和选择答案空间设计方法。答案形式决定了其粒度，一些常见的选择包括词元、片段、句子或文档。

答案空间设计方法包括设计适当的答案空间 Z，以及如果答案不用进行最终输出，如何设计到输出标签空间 Y 的映射，该方法主要完成手工创建答案和自动化搜索答案的工作（适用于离散答案空间和连续答案空间）。

7.3.3　提示微调策略

在基于提示的下游任务学习中，通常存在两种类型的参数，即预训练语言模型参数和提示参数。哪类参数应该调整是一项重要的设计决策，可以在不同场景中产生不同程度的适用性。根据底层语言模型的参数是否需要调整、是否有额外的提示参数和这些额外的提示参数是否需要调整有以下五种调整策略。

（1）无提示微调：直接使用下游任务数据进行微调训练，不用提示，更新预训练语言模型参数。该微调训练不需要设计提示，所以在小数据集上容易过拟合或者不稳定。

（2）无微调提示：基于提示直接生成答案，不需要调整参数，但需要烦琐的提示设计。

（3）固定语言模型微调提示：固定预训练语言模型参数，调整提示参数，使提示更适配下游任务。该策略适合小样本学习，不适合零样本学习，提示模板通常不是人工设计的。

（4）固定提示微调语言模型：固定提示参数，调整预训练语言模型参数。

（5）提示与语言模型一起微调：调整提示参数和预训练语言模型参数。该策略适合大数据集，小数据集使用该策略容易过拟合。

提示方法在以下诸多领域具有广泛应用：知识探索（事实探索和语言学探索）、分类任务（文本分类）、信息抽取（关系抽取、语义分析和命名实体识别）、自然语言处理中的推理（常识推理和数学推理）、问答、文本生成、文本生成的自动评估、多模态学习、元应用（域自适应、除偏和数据集创建）。

7.4　大语言模型+提示工程阶段（第五范式）

这一阶段相比前一阶段有以下变化：①各类下游任务统一定义为生成模式，随之预训练语言模型也变为采用 Transformer 解码端或编码-解码架构的生成式模型（如 GPT 系列和 T5 系列，由于编码架构的 BERT 系列非生成模型，不适合解决生成式问题，所以在大语言模型时代不再继续发展）；②在对预训练语言模型的训练数据规模进一步增加的基础上采用了各种后训练技术对语言模型进行进一步训练，大大提升了语言模型的性能，使语言模型进化为大语言模型。目前对什么是大语言模型（large language model，LLM）并没有明确的定义，一般来讲大语言模型通常指由大量参数（通常为数十亿个权重或更多）组成的人工神经网络预训练语言模型，其在广泛的任务中表现出色，具有与人类价值观对齐的特点。大语言模型阶段又分为第一代大语言模型和第二代大语言模型，这两代大语言模型的区别主要在于对大语言模型采用的后训练方法不同，产生的效果也不同。其中，第一代大语言模型是 OpenAI o1 之前的各种大语言模型，其特点是采用监督微调（supervised fine tuning，SFT）技术和基于人类反馈的强化学习进行后训练，生成的大语言模型具有与人类价值观对齐的特性，能够完成各类下游任务，但这代大语言模型的特点是“快回答”，本身不具备思考和推理的功能。第二代大语言模型指以 OpenAI o1 为代表的系列大语言模型，其特点是采用推理内嵌技术对大语言模型进行后训练，使得其内部具有推理和思考功能，从而在解决任务问题时更加智能化。

这一阶段的特点仍然是通过设计合适的提示，用大语言模型完成下游任务，但此时提示的形式与前一时期不同，由于大语言模型统一为生成模型，下游任务可以直接用自然语言对话交互方式进行编写，不需要重新定义任务形式。

7.4.1 第一代大语言模型：快回答

1. GPT 系列大语言模型

1）GPT-2

GPT-2 [6] 是 OpenAI 于 2019 年推出的一种大语言模型，它是基于 Transformer 架构的解码器部分构建的，是一种自回归语言模型。与需要针对不同下游任务进行微调的 GPT-1 模型不同，GPT-2 预训练阶段在尽可能大且多样化的数据集上进行语言建模，从而能够通过自然语言提示解决各种下游任务。

在模型架构上，GPT-2 模型规模比 GPT-1 模型规模扩大了 10 倍以上（GPT-1 包含 12 层 768 维 Transformer 解码器，参数量为 1.17×10^8；而 GPT-2 包含 48 层 1600 维 Transformer 解码器，参数量为 1.542×10^9）。GPT-2 在 Transformer 解码器中将归一化层移动到块的输入位置，并且在最后一个自注意力层后添加一层归一化层。考虑到信号在残差连接上随模型深度的累积，模型权重的初始化也进行了调整：将残差连接层的权重缩放为 $1/\sqrt{N}$，其中 N 是残差连接层的数量。此外，词表大小扩大到 50 257，上下文增加到 1024 个词元。

2）GPT-3

GPT-3 [7] 预训练方法（包括模型、数据和训练流程）与 GPT-2 的过程类似，只是相对简单地扩大了模型规模、数据集的大小和多样性以及训练时长。然而，这项工作首次提出了上下文学习的概念。虽然 GPT-2 中也使用了类似上下文学习的方式（通过自然语言提示引导模型识别并完成特定任务）来解决下游任务，但 GPT-3 对不同的上下文学习设置进行了系统性探索。

GPT-3 沿用了 GPT-2 的模型架构，不同的是 GPT-3 采用了稀疏注意力机制，这是一种将空洞注意力机制和局部注意力机制相结合的方法。如图 7.9 所示，空洞注意力机制通过增加注意力矩阵中的间隔，使模型能够以更低的成本关注到更远距离的特征；局部注意力机制则限制模型只关注词元附近的少量上下文。稀疏注意力机制将空洞注意力机制和局部注意力机制结合：除了相对距离不超过 k 以及相对距离为 k、$2k$、$3k$…处的词元，其他所有词元的注意力值都设为 0。这种结合使得模型在保持计算效率的同时，仍能捕捉到足够的上下文信息。

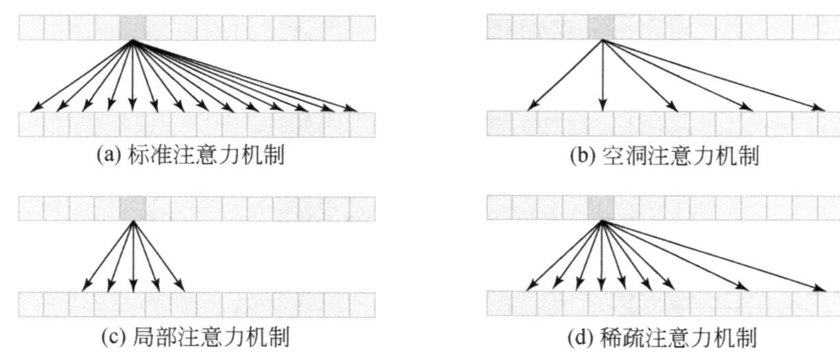

图 7.9　不同注意力机制示意图

GPT-3 包含 96 层 Transformer 块，拥有 96 个注意力头，词向量的长度为 12 888，上下文窗口大小提升至 2048 个词元，最终模型参数量达到 1750 亿。

通过大规模数据的训练，GPT-3 能够在不调整参数的情况下，仅凭少量下游任务的示例就能取得优异的表现，这称为上下文学习[8]。在上下文学习中，需要提供任务的自然语言描述，然后提供任务的示例，根据推理过程中使用的示例数量的不同，上下文学习可以分为零样本、单样本和小样本设置。

3）InstructGPT

以 GPT-3 为代表的大语言模型生成的文本是不受控的，可能生成不真实的、有害的或对用户没有帮助的输出。InstructGPT 通过构建人工标注的全新数据集，使用基于人类反馈的强化学习方法微调 GPT-3，利用人类的偏好作为奖励信号，让模型仿照人来生成答案，从而增强模型的上下文理解能力，解决上述缺陷。

InstructGPT[9] 的具体训练过程共包含以下 3 个步骤。

（1）指令微调：根据各种问题，人类撰写一系列回复作为模型的期望输出。将问题和人类标注进行拼接，作为人工标注的数据集，使用这个人工标注的数据集通过指令微调的范式对 GPT-3 进行微调。

（2）奖励模型训练：用上一步指令微调得到的模型生成各种问题的答案，并对这些输出按照由好到坏进行排序，从而构建一个新数据集。使用这个新数据集训练一个奖励模型 RM，用来预测人类对模型输出的偏好程度。

（3）近端策略优化：基于近端策略优化（proximal policy optimization，PPO）算法[10]的训练流程如图 7.10 所示，对于一个已经在广泛互联网语料上训练完备的大语言模型即模型底座，首先需要两类高质量人工标注，第一类是奖励偏好数据，第二类是指令监督数据，以得到一个指令遵循模型底座。

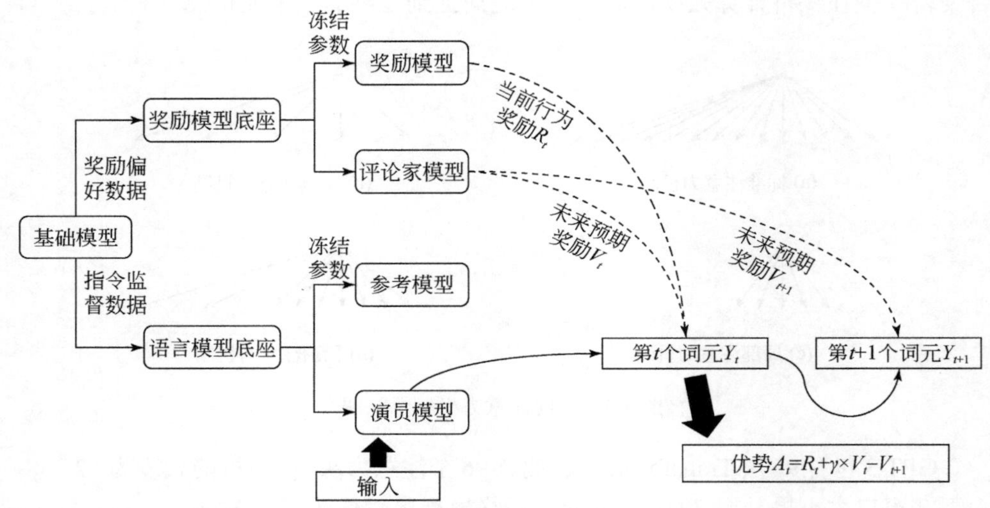

图 7.10　基于 PPO 算法的训练流程示意图

基于奖励数据可以得到一个原始的奖励模型，该模型用来评估基于当前策略产生的行为的即时奖励，仅仅在每个轮次中作为推理使用，不再更新参数。同时复制一份奖励模型，作为价值（奖励的未来期望）评估模型，即评论家模型，主要功能是预测基于当前策略产生行为的未来奖励收益期望。由于对于未来的预测是不准确的，所以该模型也需要随着训练过程不断地更新调整。

基于指令监督数据得到一个原始的指令微调模型，即图 7.10 中的演员模型，它已经初步具备了良好对话的能力。由于不仅仅希望模型能够答对，而且希望模型能够答得更好，所以主要针对该指令对模型进行微调，使用强化学习进行新一轮的训练，具体而言，针对一个输入文本，演员模型会进行下一个词元的预测，而在基于人类反馈的强化学习环节，将每一个 token 的预测都视作一个行为的选择，整个词表就是一个行为空间。对于 t 时刻的词元预测，记作 Y_t，此时有奖励模型对其给出奖励评估 R_t，有评论家模型对其给出未来奖励期望 V_t。对于下一个时刻 t+1，同样会得到一个 R_{t+1} 和 V_{t+1}。仍然关注 t 时刻的行为 Y_t，同时引入一个新的概念优势来评价基于当前策略造成的结果 Y_t 好坏。如果当前时刻表现出来的实际奖励期望即 $R_t+\gamma\times V_t$ 远比对未来时刻预估的奖励期望 V_{t+1} 要好，那么就认为这一次的行为是值得鼓励的，即本次行为 Y_t 的优势 A_t（$R_t+\gamma\times V_t-V_{t+1}$）是一个值得鼓励的正反馈。

4）ChatGPT

ChatGPT 沿用 InstructGPT 的技术路线，在其基础上扩大监督微调数据规模，在训练数据中引入多轮对话数据，在基于人类反馈的强化学习环节训练时侧重多轮对话功能，使得 ChatGPT 有更好的与人类交互的功能。

5）GPT-4

GPT-4[11] 是一个基于 Transformer 架构的语言模型，它首先使用公开数据（如互联网数据）和第三方授权的数据进行下一个词预测的预训练。随后，该模型通过基于人类反馈的强化学习进行进一步调整。然而，GPT-4 是一个专有的闭源模型，关于其具体架构、数据集的构建方式以及训练方法的详细信息尚未公开，因此这里主要介绍其功能和评估结果。

GPT-4 的一大亮点是支持视觉图像输入，这意味着该模型可以接收任意交错的文本和图像输入，然后生成相应的文本输出。GPT-4 能够理解图像内容并执行相应的人类指令。

如图 7.11 所示，GPT-4 在大多数专业和学术考试中的表现都达到了人类水平。美国统一律师执照考试（Uniform Bar Examination）是一个具有挑战性的专业考试，GPT-4 在这项模拟考试中取得了优异的成绩，得分位于前 10%。

GPT-4 在处理多语言能力方面得到了显著提升。研究团队使用 Azure 翻译将大规模多任务语言理解（massive multitask language understanding，MMLU）基准测试（一个涵盖 57 个科目的多项选择题数据集）翻译成多种语言进行测试。结果显示，GPT-4 在大多数语言（包括威尔士语和斯瓦希里语等低资源语言）中优于 GPT-3.5 和现有语言模型在英语上的表现。

此外，为了增强安全性，GPT-4 在其基于人类反馈的强化学习环节引入了一组基于规则的奖励模型（rule-base reward model，RBRM）。这些奖励模型基于 GPT-4 的零样本分类器，每个 RBRM 会接收一个提示（可选）、策略模型的输出以及人类编写的用于评估该输出的标准（如多项选择形式的规则集）作为输入。随后，奖励模型根据评估标准（规则集）对输出进行分类。例如，评估标准可以指导奖励模型将响应分为以下四方面：①以符合预期的方式拒绝；②以不符合预期的方式拒绝（如模棱两可、内容不相关）；③包含不被允许的内容；④安全且非拒绝的响应。接着，对于要求有害内容的提示，可以对拒绝行为给予奖励；相反，对于保证安全且可回答的提示，对不拒绝行为给予奖励。

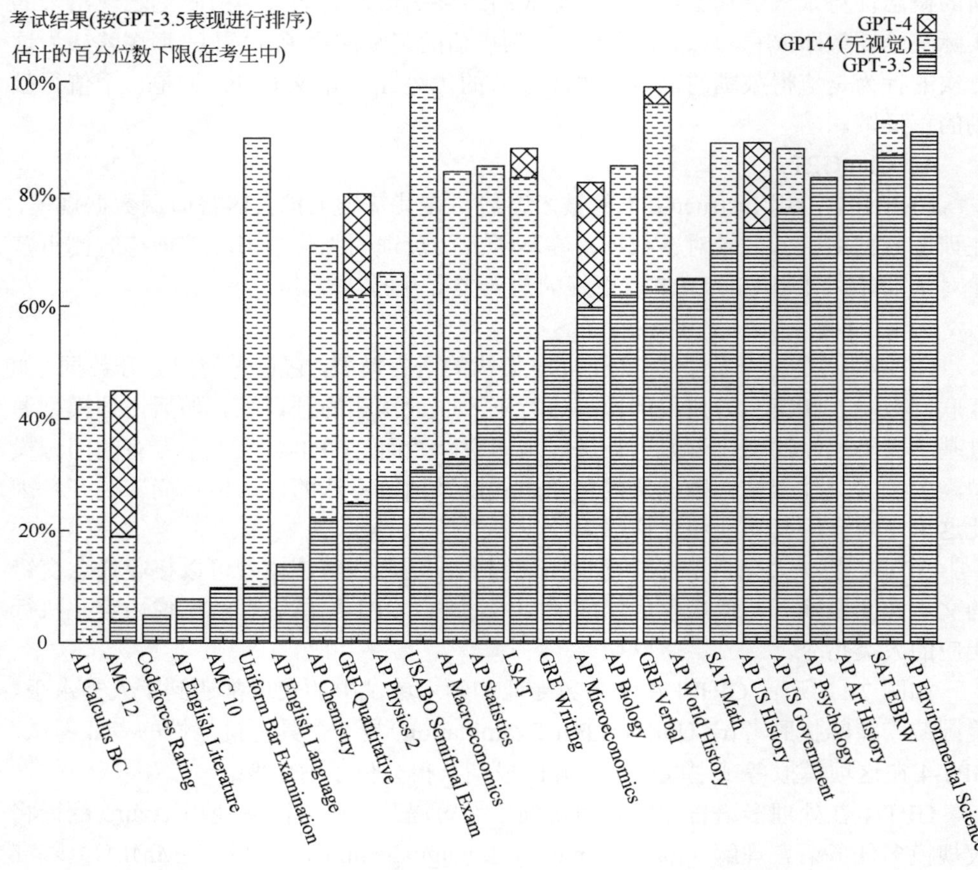

图 7.11　GPT-4 在大多数专业和学术考试中的表现[11]

GPT-4 的安全评估结果如图 7.12 所示，GPT-4 对包含不被允许内容的请求的响应倾向更低，并且在面对符合安全规定的敏感请求（例如，询问如何低价购买烟草）时，模型更倾向做出回应。

2. LLaMA 系列大语言模型

1）LLaMA

LLaMA[12] 是 Meta 公司于 2023 年 2 月推出的大语言模型。在当时，大部分性能强大的大语言模型通常只能通过 API 有限访问，而 Meta 公司在非商业许可的条件下公开了 LLaMA 的模型权重，根据具体情况向学术研究者授予访问权限。

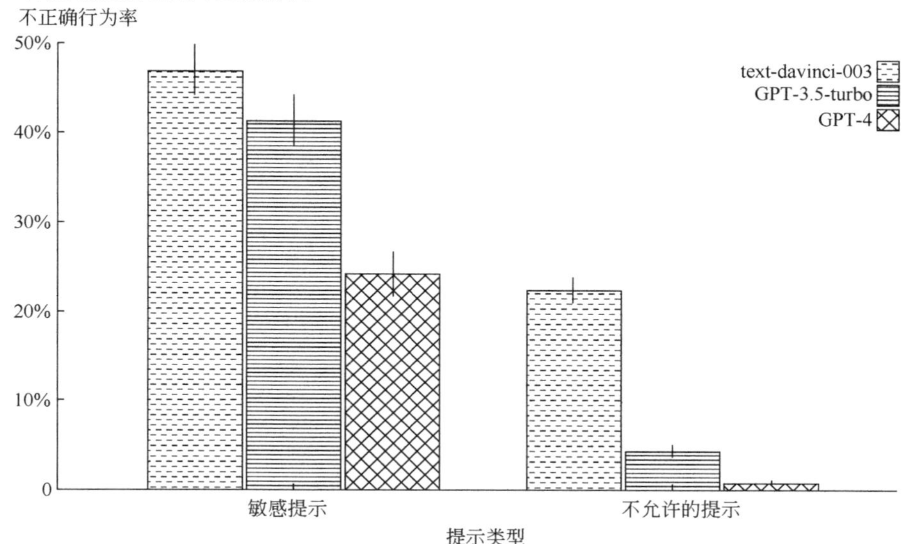

图 7.12　GPT-4 的安全评估结果[11]

LLaMA 模型仅在无监督数据上进行了预训练，然后通过指令提示来完成各种下游任务。在给定的训练计算成本下，最佳性能并不是由最大的模型实现的，而是通过使用更多数据训练的较小模型获得的。而 Meta 公司更关注推理时的计算成本，因此为了在保证目标性能的前提下降低推理成本，Meta 公司使用了比通常更多的词元来训练相对更小的一系列语言模型，而这一系列语言模型就称为 LLaMA，参数量在 7×10^9～6.5×10^{10}。例如，LLaMA-13B 在大多数基准测试中都优于 GPT-3，而模型却比 GPT-3 小了 10 倍。

LLaMA 使用了多种开源数据进行预训练，7×10^9 和 1.3×10^{10} 参数量的模型使用了 1 万亿个词元，而 3.3×10^{10} 和 6.5×10^{10} 参数量的模型则使用了 1.4 万亿个词元，数据集的具体信息如表 7.1 所示。此外，LLaMA 的训练数据经过了严格的预处理。预处理过程会在行级别删除重复数据，使用线性分类器识别并删除非英语页面，使用 n 元语言模型过滤低质量内容，以及训练一个线性分类器对维基百科中用作参考的页面和随机抽取的页面进行分类，并丢弃未分类为参考的页面。

LLaMA 在零样本和小样本设置下对常识推理、闭卷问答、阅读理解、数学推理、代码生成以及大规模多任务语言理解这几类基准进行了评估。表 7.2 展示了大语言模型在零样本常识推理任务中的评估结果，实验结果表明，LLaMA 通常可以使用更少的参数实现与 GPT-3、PaLM 等较大语言模型相似或更优的效果。

表 7.1 预训练数据集、采样比例、用 1.4TB 词元训练时执行的轮数及占用磁盘大小

数据集	采样比例	轮数	磁盘大小
Common Crawl	67.0%	1.10	3.3 TB
C4	15.0%	1.06	783 GB
GitHub	4.5%	0.64	328 GB
维基百科	4.5%	2.45	83 GB
Books	4.5%	2.23	85 GB
arXiv	2.5%	1.06	92 GB
Stack Exchange	2.0%	1.03	78 GB

表 7.2 大语言模型在零样本常识推理任务中的评估结果

大语言模型	参数量	BoolQ	PIQA	SIQA	HellaSwag	WinoGrande	Arc-e	Arc-c	OpenBookQA
GPT-3	1.75×10^{11}	60.5	81.0	—	78.9	70.2	68.8	51.4	57.6
Gopher	2.8×10^{11}	79.3	81.8	50.6	79.2	70.1	—	—	—
Chinchilla	7×10^{10}	83.7	81.8	51.3	80.8	74.9	—	—	—
PaLM	6.2×10^{10}	84.8	80.5	—	79.7	77.0	75.2	52.5	50.4
PaLM-cont	6.2×10^{10}	83.9	81.4	—	80.6	77.0	—	—	—
PaLM 540B	5.4×10^{11}	88.0	82.3	—	83.4	81.1	76.6	53.0	53.4
LLaMA	7×10^{9}	76.5	79.8	48.9	76.1	70.1	72.8	47.6	57.2
	1.3×10^{10}	78.1	80.1	50.4	79.2	73.0	74.8	52.7	56.4
	3.3×10^{10}	83.1	82.3	50.4	82.8	76.0	80.0	57.8	58.6
	6.5×10^{10}	85.3	82.8	52.3	84.2	77.0	78.9	56.0	60.2

2）LLaMA2

LLaMA2[13] 是 LLaMA 的第二代模型，其免费且可用于商业用途。LLaMA2 系列模型提供了不同参数规模的版本，包括 7×10^{9}、1.3×10^{10}、3.3×10^{10} 和 6.5×10^{10}，以满足不同的应用需求。

在预训练阶段，LLaMA2 相较于 LLaMA 有以下几点不同：①使用了 2 万亿个词元数据进行预训练，相较 LLaMA 的 1.4 万亿多了 40%；②上下文长度为 4096，是 LLaMA 的 2 倍；③对 3.3×10^{10} 和 6.5×10^{10} 模型使用了分组查询注意力机制。

分组查询注意力机制是对多头自注意力机制的一种改进方法。如图 7.13 所示，在这种方法中，每组查询头共享相同的键和值头，这种设计能够减少计算量，从而提高推理效率。

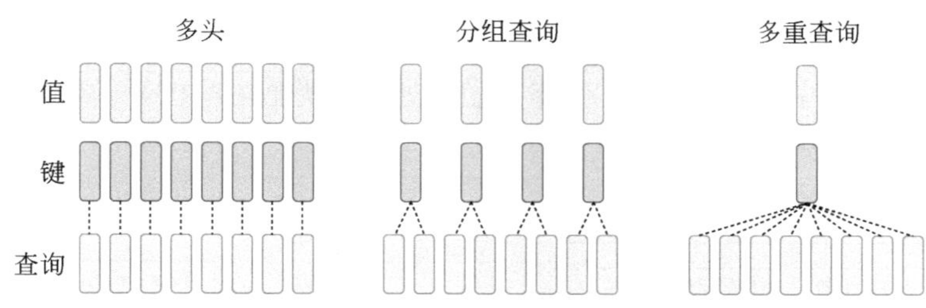

图 7.13　分组查询注意力机制原理[14]

LLaMA2 还训练了针对对话场景的 LLaMA2-Chat，图 7.14 展示了 LlaMA2-Chat 在多轮微调中相对于 ChatGPT 的获胜率。

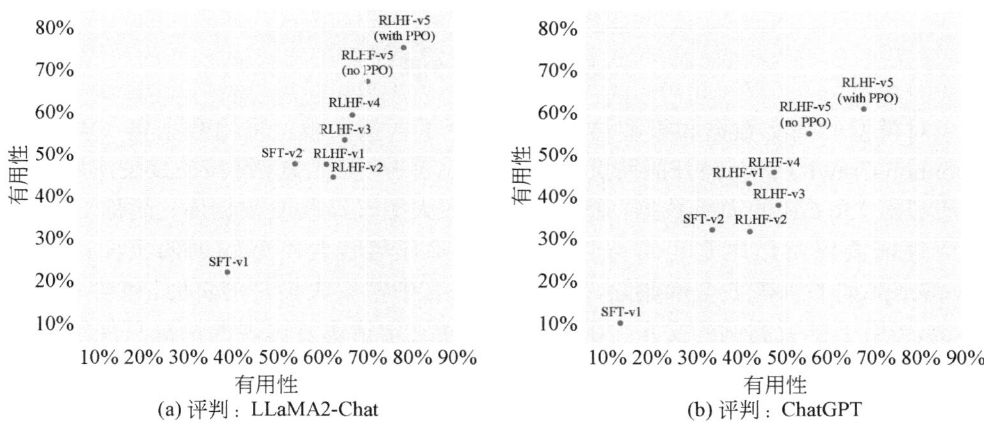

图 7.14　LLaMA 2-Chat 在多轮微调中相对于 ChatGPT 的获胜率

3. T5 系列大语言模型

1）T5

T5[15] 是 2020 年谷歌训练的一款基于编码-解码架构的预训练语言模型（图 7.15），其特点是把所有自然语言处理任务都转化成一种生成形式，通过这样的方式可以用同样的模型、同样的损失函数、同样的训练过程、同样的解码过程来完成所有自然语言处理任务。

T5 在选择模型结构时通过大量对比实验，最后选择了编码-解码架构。T5 把所有自然语言处理任务都转化成一种生成形式，其训练数据需要将包含各类任务的训练数据形式转变为生成式训练数据格式，由于包含多类任务，需要对各类任务定义任务前缀，如翻译前缀“将英语翻译成德语:”，然后加在每条训练数据中，如“将英语翻译成德语：This is good.→Das ist gut.”。训练数据用 C4 数据集并对训练数据进行掩码、片段替换、丢弃等加噪处理（类似 BART），然后对模型进行训练，从而产生预训练语言模型 T5。

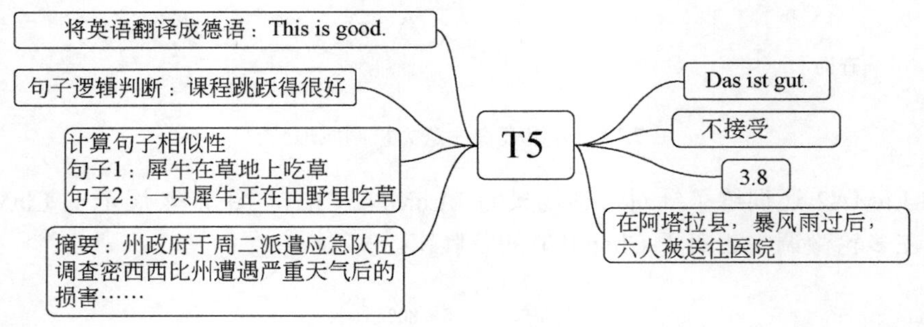

图 7.15　T5 实例图

对模型的训练数据和模型结构选取进行了大量实验。采用数据集 C4 并从 Common Crawl（一个公开的网页存档数据集，每个月大概抓取 20TB 文本数据）里清理出 750 GB 的训练数据，然后取名为超大型干净爬取数据库，简称 C4。数据清理需要保留结尾是正常符号的行，删除任何包含不好的词的页面：包含 JavaScript 词的行需要全部删除，包含编程语言中常用大括号的页面，包含 Lorem Ipsum（用于排版测试的文章）的页面，连续三句话重复出现的情况只保留其中一个。

图 7.16 对三种模型结构进行比对。①编码-解码器结构，即 Seq2Seq 常用模型，分成编码器和解码器两部分；②自回归语言模型，只能看到之前的时间步信息，典型代表是 GPT-1；③前缀语言模型，可看作编码-解码器结构的融合体，一部分如编码器一样能看到全体信息，一部分如解码器一样只能看到过去的信息。

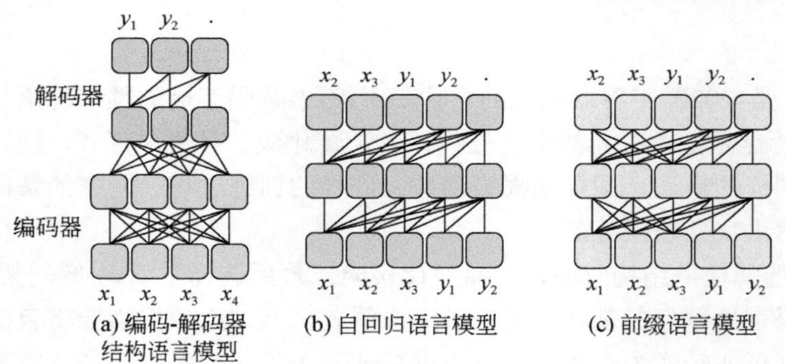

图 7.16　三种模型结构对比

2）ChatGLM

ChatGLM[16] 是清华大学提出的大语言模型，其兼顾了 GPT 和 T5 的优点，采用了一种独特的自回归空白填充方案。ChatGLM 采用类似于 T5 的编码-解码器结构混合机制。

如图 7.17 所示，ChatGLM 对原文本随机采样片段进行掩码。被掩码部分首先在各自的开头加入一个特殊标识，随后被随机打乱顺序，并且拼接到已经被掩码的原文后面，这将作为实际的预训练输入格式。同时，ChatGLM 在基础位置信息上又加入了一维位置信息，用来区分不同的掩码片段。为了兼顾编码器和解码器的优势，ChatGLM 对注意力掩码机制进行了一些改进，即对于输入文本，前面被掩码的原文使用编码机制，模型可以看到双向的全部字符，而对于拼接的被掩码部分，ChatGLM 使用解码机制，即模型只能注意到当前字符及其前面的文本。

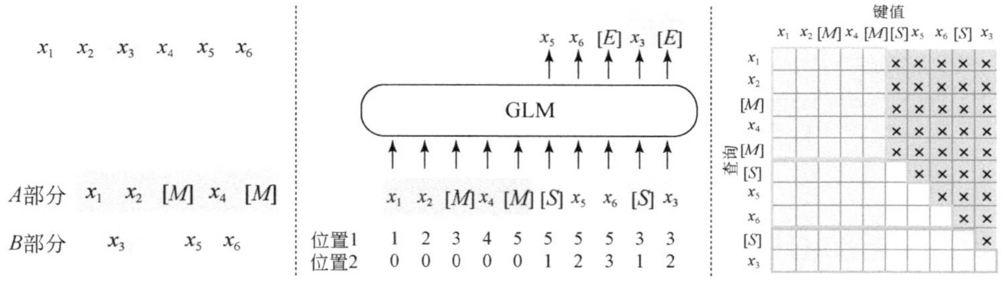

图 7.17　ChatGLM 模型示意图

7.4.2　第二代大语言模型：慢思考

1. 让模型学习推理：思维链与思维树

尽管以 ChatGPT 为代表的大语言模型在多项任务上取得了显著的成果，甚至在一些开放领域对话任务上通过了图灵测试，但是在涉及类似算数问题等复杂问题上，ChatGPT 的表现不尽如人意。尽管已经有很多研究表示良好的提示设计能够在一定程度上提高大语言模型的生成质量，但是这种简单的提示加输入的形式通常是不可控的，一方面对于提示的具体设计，各种研究众说纷纭，另一方面这些提示努力的方向通常都是做出更多的指令，即尽可能全面地列出要求，这需要极强的专家知识。

区别于传统的提示设计理念，思维链从模拟人的角度出发——考虑人类在解决复杂问题时的思维过程，通常需要将一个复杂问题解耦成多个中间步骤并且逐步解决——提出了一种新的设计理念，将提示从原先更全面的指令转变为更缜密的推理流程。

Wei 等[17]首次提出并定义了思维链（chain of thought，CoT），指出 CoT 就是一系列中间的推理步骤。如图 7.18 所示，通过让大语言模型逐步参与将一个复杂问题分为一步一步的子问题并一次进行求解可以显著提升大语言模型的性能。

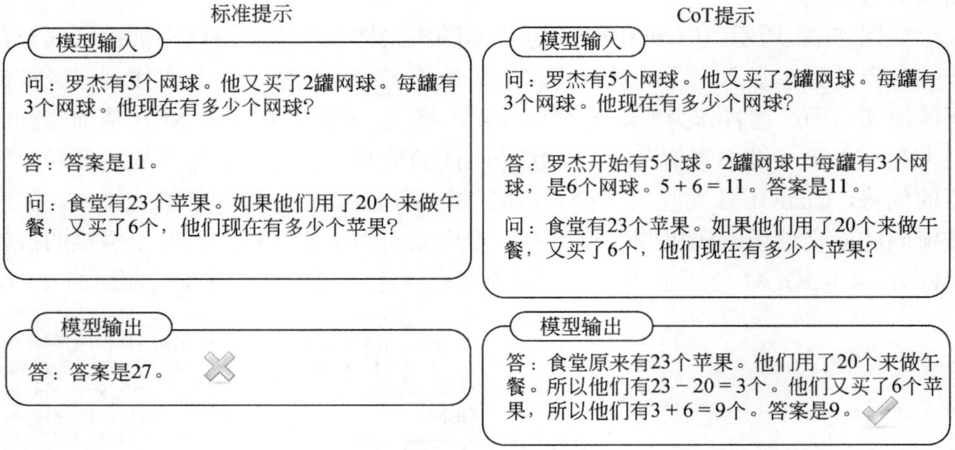

标准提示

模型输入

问：罗杰有5个网球。他又买了2罐网球。每罐有3个网球。他现在有多少个网球？

答：答案是11。

问：食堂有23个苹果。如果他们用了20个来做午餐，又买了6个，他们现在有多少个苹果？

模型输出

答：答案是27。 

CoT提示

模型输入

问：罗杰有5个网球。他又买了2罐网球。每罐有3个网球。他现在有多少个网球？

答：罗杰开始有5个球。2罐网球中每罐有3个网球，是6个网球。5 + 6 = 11。答案是11。

问：食堂有23个苹果。如果他们用了20个来做午餐，又买了6个，他们现在有多少个苹果？

模型输出

答：食堂原来有23个苹果。他们用了20个来做午餐。所以他们有23 − 20 = 3个。他们又买了6个苹果，所以他们有3 + 6 = 9个。答案是9。✓

图 7.18　CoT 示意图

在实际使用过程中，CoT 通常可以分为小样本 CoT 以及零样本 CoT。如图 7.19 所示，其中小样本 CoT 首先给一个相似示例，并且在示例中详细描述了解题步骤，让模型照猫画虎得到推理能力。而零样本 CoT 只需要对模型说“让我们一步一步地思考”（think step by step）即可[18]。

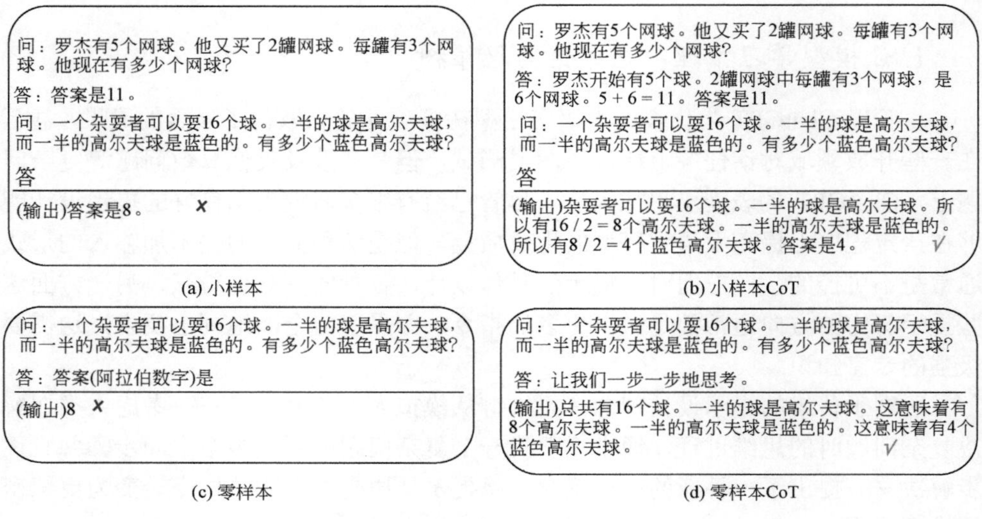

问：罗杰有5个网球。他又买了2罐网球。每罐有3个网球。他现在有多少个网球？

答：答案是11。

问：一个杂耍者可以耍16个球。一半的球是高尔夫球，而一半的高尔夫球是蓝色的。有多少个蓝色高尔夫球？

答

(输出)答案是8。 ✗

(a) 小样本

问：罗杰有5个网球。他又买了2罐网球。每罐有3个网球。他现在有多少个网球？

答：罗杰开始有5个球。2罐网球中每罐有3个网球，是6个网球。5 + 6 = 11。答案是11。

问：一个杂耍者可以耍16个球。一半的球是高尔夫球，而一半的高尔夫球是蓝色的。有多少个蓝色高尔夫球？

答

(输出)杂耍者可以耍16个球。一半的球是高尔夫球。所以有16 / 2 = 8个高尔夫球。一半的高尔夫球是蓝色的。所以有8 / 2 = 4个蓝色高尔夫球。答案是4。 ✓

(b) 小样本CoT

问：一个杂耍者可以耍16个球。一半的球是高尔夫球，而一半的高尔夫球是蓝色的。有多少个蓝色高尔夫球？

答：答案(阿拉伯数字)是

(输出)8 ✗

(c) 零样本

问：一个杂耍者可以耍16个球。一半的球是高尔夫球，而一半的高尔夫球是蓝色的。有多少个蓝色高尔夫球？

答：让我们一步一步地思考。

(输出)总共有16个球。一半的球是高尔夫球。这意味着有8个高尔夫球。一半的高尔夫球是蓝色的。这意味着有4个蓝色高尔夫球。 ✓

(d) 零样本CoT

图 7.19　小样本 CoT 和零样本 CoT

从模拟人类思维的角度，显然 CoT 仅仅是一个初生的婴儿，其仅仅针对一个问题进行简单的拆分。事实上，人性的一个特点就在于每个人的思考方式都不一样。因此，对于一个越是复杂、越是需要深思熟虑的问题，答案的推理路径就应该越多样化。基于这样的理念，思维链的自我一致性（self consistency with chain of thought，SC-CoT）[19] 被提出。SC-CoT 通过配合采样算法（如温度系数 T），让模型的回复变得更加多样性，因而对于同一个问题，就会具备多条 CoT，如图 7.20 所示。每一条 CoT 都会得到一个最终答案，使用少数服从多数的原则，采取出现频次最多的答案作为最终答案，则进一步提高了最终结果的准确性。

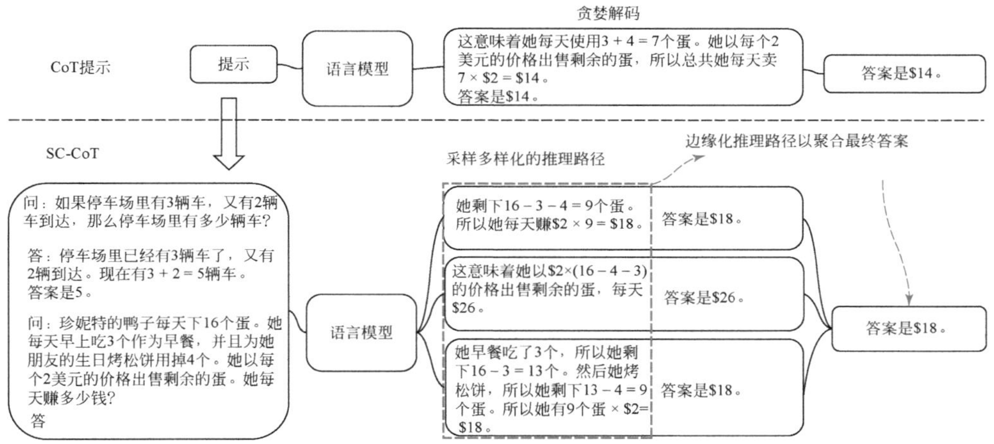

图 7.20　SC-CoT 示意图

如果说 SC-CoT 通过引入多条路径思考以及答案多数制，奠定逻辑推理链拟人的基本框架，思维树（tree of thoughts，ToT）[20] 则可以认为是在这套框架之上的集大成者。具体而言，ToT 采用树状结构取代温度系数，更好地模拟了人脑的扩散性思维，如图 7.21 所示，给出了 ToT 演化示意图。

此外，ToT 还引入了前瞻性来评价叶节点的优劣，从而选择更合适的思维节点，这更好地模拟了人脑的模拟推演——这种启发式引导搜索似乎是人类解决问题的特征。如图 7.22 所示，以 24 点游戏为例，首先，对于输入的四个数字 4、9、10、13，通过小样本 CoT 让大语言模型学会自行给出可能的几个逻辑推理链；其次，采用深度优先搜索策略或者广度优先搜索策略，决定叶节点的搜索方向。出于搜索效率考虑，通常都要引入剪枝策略，而对于语言模型背景下的逻辑推理问题，这种剪枝策略则体现在思维的前瞻性上。具体而言，依然会使用小样本提示策略，让大语言模型尝试思考目前节点是否有可能完成最终的目标，如果大语言模型给出不可能的回答，则可以剪掉该节点。尽管该策略存在一定的不可靠性，但是在非常大的搜索空间及复杂的搜索路径下，通常不影响找到最终结果。

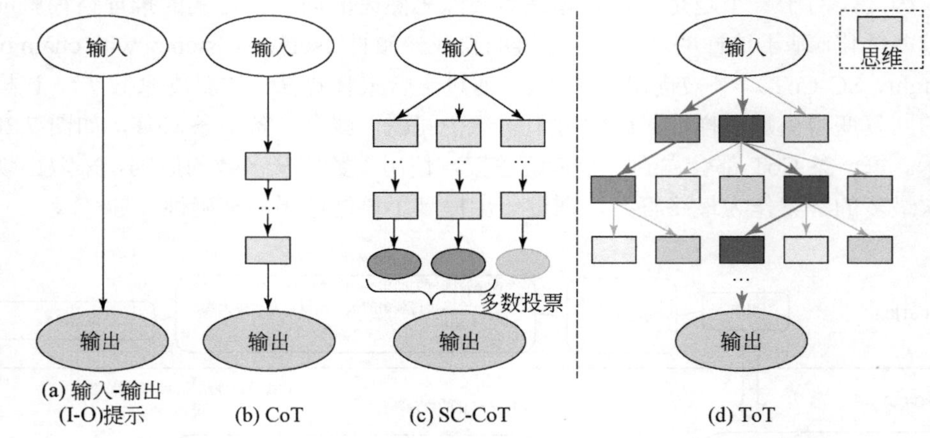

图 7.21　ToT 演化示意图

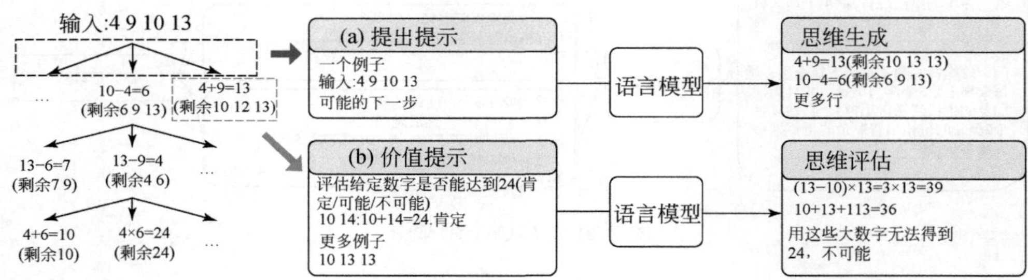

图 7.22　用 ToT 进行 24 点游戏

2. 让模型具有推理能力：STaR 与 Quiet-STaR

自学推理器（self-taught reasoner，STaR）是一种训练大语言模型的方法，目的是让模型通过自我生成指令和任务来自主学习，进一步提升其能力。

STaR[21] 主要分为两个阶段，如图 7.23 所示。第一个阶段主要关注通过生成正确的答案来挑选高质量的 CoT。具体而言，首先需要有一些小样本 CoT（如 10 条），接下来使用上下文学习，让模型对数据集里的所有数据都生成一个逻辑推理链，同时基于这个逻辑推理链思考并给出答案。如果生成的答案是对的，则简单地认为过程里的步骤都是好的，因此保留这些质量较好的 CoT。显然，该阶段是存在局限性的，针对模型开始就没有做对的题目，并没有去解决，模型始终都无法具备提高自身并做对的希望，因此需要聚焦这些没做出来的题目。一种直接的方案是由人工标注更好的 CoT，但是这种方案代价太大。因此作者提出了一个巧妙的方案，具体而言，对于做不出来的题目，将问题以及正确答案告诉模型，让模型在看到问题和正确答案的情况下进行反推，给出一条逻辑自洽的 CoT。结合以上两个阶段，得到了一个自动化的流程，可以使得传统的<问题，答案>数据集变成高质量的<问题，理由，答案>数据集，进而可以进行模型训练，让模型具备直接生成高质量 CoT 的能力。

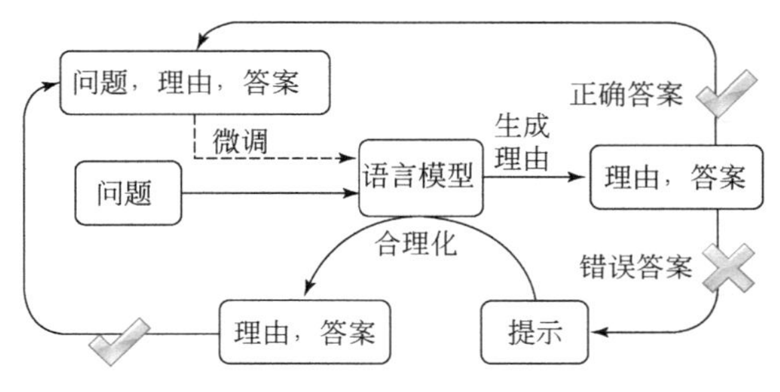

问：什么可以用来携带小狗?
答案选项：
(a) 游泳池。
(b) 篮子。
(c) 狗狗秀。
(d) 后院。
(e) 自己的家。
答：答案必须是可以用来携带小狗的东西。篮子是用来装东西的。因此，答案是篮子。

图 7.23　STaR 模型图

尽管 STaR 证明了模型可以以少量的示例作为驱动，并通过自学习方案提高自身生成 CoT 的能力，但是这是一种高度受限的场景，其依赖于精心策划的问答数据集。在理想情况下，语言模型应能够从任意文本中学习推断出隐含的推理过程。

Quiet-STaR[22] 基于以上思考，对 STaR 框架进行泛化处理。在 Quiet-STaR 中，语言模型能够自行在每次预测文本之前进行思考（即思考过程），然后将这些理性依据与未来的文本预测相结合（即表达过程），并使用强化学习算法学习并生成更好的理性依据（即学习过程）。如图 7.24 所示，Quiet-StaR 方法主要包括三个阶段：思考、表达和学习，这些阶段与大语言模型的下一个词预测阶段相伴相生。

（1）思考：在输入词元之后，Quiet-STaR 会并行生成多个 CoT，这些 CoT 会使用特殊标识开始以及结束以作区分。

（2）表达：在生成 CoT 集合之后，Quiet-STaR 引入了一个混合头，该混合头是一个浅层的多层感知器，用于将原始的下一个词预测和思考后的 CoT 预测进行混合，并生成最终的输出。

（3）学习：Quiet-STaR 引入强化学习来优化整个思考过程。如果某个 CoT 能够提高后续文本预测的准确率，那么这个 CoT 的生成概率就会被奖励，从而就会增加后续 CoT 生成的概率。这个过程会不断循环，从而让大语言模型逐步提高自己的推理能力。

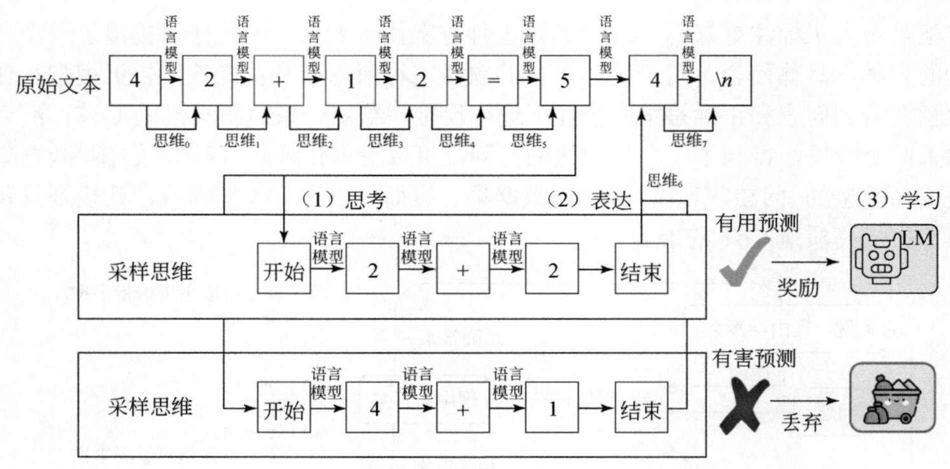

图 7.24　Quiet-STaR 模型图

3. 新的里程碑：OpenAI o1

卡尼曼在《思考，快与慢》一书中，将人类的大脑运作方式分为系统 1 和系统 2。其中，系统 1 快速、凭直觉且情绪化，比如回答 1+1 等于多少，这几乎是脱口而出的答案；系统 2 较慢、具有计划性且更依赖逻辑。受益于尺度定律（scaling law），自 2022 年 ChatGPT 及其衍生系列在各种任务上不断地突破极限，然而这一系列模型始终停留在聊天机器人级别，也时常会出现一些荒谬回答（幻觉）。

在人工智能的进化过程中，OpenAI o1 是继 ChatGPT 之后的又一里程碑。由于官方没有详细的开源文档，这里仅就网上的报告做一些总结。

OpenAI o1 没有继续坚持尺度定律的路线，即通过更多算力、更多数据、更多参数来进一步提升系统 1 的效果，而是转向系统 2，在后训练阶段引入深度强化学习算法。

OpenAI o1 内化了 CoT（推理内嵌），即一个强化版的 Quiet-STaR。如图 7.25 所示，在 OpenAI o1 的使用过程中，不需要在提示上进行过多的人工指导。OpenAI o1 能够自行进行推理，并且进行总结和迭代（这一过程是隐藏的，用户不可见），用更多的思考时间，以提升最终答案的效果。

综上所述，可以看到，OpenAI o1 是一种不同于 ChatGPT 的全新大语言模型形态，其具备了逻辑推理的能力，是人工智能迈向智能化的又一阶梯。正如 Zelikman 等在其发表的 Quiet-STaR 论文摘要中的一行名言：“生命只能向后理解，但必须向前发展。”人类期待随着人工智能的发展，大语言模型终有一天能够达到并超越人类，实现真正的智能。

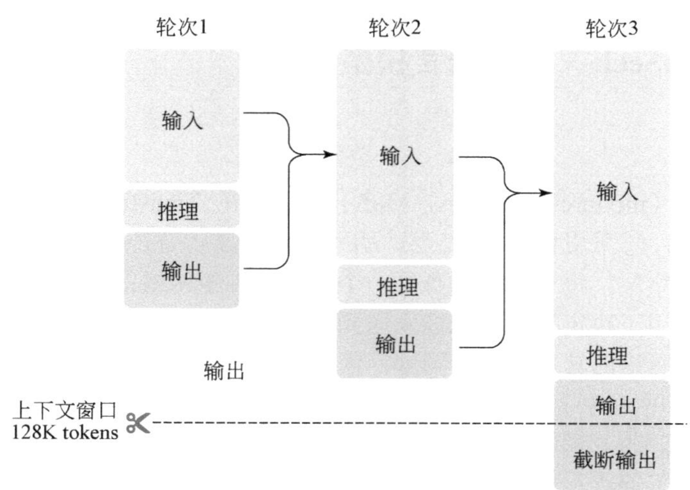

图 7.25　OpenAI o1 推理示意图

7.5　国产大语言模型杰出代表：DeepSeek-R1

2025 年 1 月 20 日，杭州深度求索人工智能基础技术研究有限公司（DeepSeek）开源了其自主研发的国产推理大语言模型 DeepSeek-R1，专门适用于数学、编码和逻辑等任务。DeepSeek-R1 不仅在性能上媲美 OpenAI o1，而且训练成本远低于 OpenAI o1，其 API 定价仅为 OpenAI o1 的 3%。DeepSeek-R1 在技术和商业上的成功引发了美国政府、科技巨头公司和股市等多方的关注，成为国产大语言模型的杰出代表。

为了更好地理解 DeepSeek-R1，首先需要介绍两个与其密切相关的模型：DeepSeek-V3 和 DeepSeek-R1-Zero。其中，DeepSeek-V3 属于快回答型大语言模型，是一种未经推理强化训练的高效通用大语言模型，它的亮点在于独特的混合专家架构。DeepSeek-R1-Zero 和 DeepSeek-R1 是在 DeepSeek-V3 的基础上，通过特定的训练方案，进一步强化了逻辑推理能力，得到的慢思考型大语言模型。具体来说，DeepSeek-R1-Zero 是通过纯粹的强化学习算法对 DeepSeek-V3 进行优化的结果，属于算法层面的尝试；而 DeepSeek-R1 则是在 DeepSeek-R1-Zero 的基础上，增加了语言易读性和安全性等补丁，以便向社区开放使用，属于产品层面的尝试。

7.5.1　DeepSeek-V 系列语言模型

1. MoE

混合专家（mixture-of-experts，MoE）模型是在 Transformer 模型的基础上进行了两项改进：①采用稀疏 MoE 层，引入多个专家代替传统 Transformer 模型中的前馈神经网络层，每个专家本身是一个独立的神经网络；②采用门控网络或路由，这个部分用于决定哪些词元被发送到哪个专家，其中，路由由可学习的参数组成，并且与网络的其他部分一同进行预训练。

MoE 模型的优势是它能够在远少于主流稠密模型所需的计算资源下进行有效的预训练，即 MoE 结构通常需要较少的计算资源与成本即可达到与稠密模型同等效果，降低了训练与推理代价。

2. DeepSeekMoE

DeepSeekMoE[23] 是基于传统 MoE 的一种改良模型，如图 7.26 所示，在实现上主要改进了以下两个策略。

（1）细粒度专家分割。传统的 MoE 采用 Top-2 路由策略，即针对一个输入数据，通过路由计算出每个专家的得分，从中选择前两位专家的得分进行加权处理。而 DeepSeekMoE 通过进一步细化隐藏层维度，可以实现在总参数量不变的情况下使更多的专家参与，这使得每个输入数据能够从更多的专家中受益。

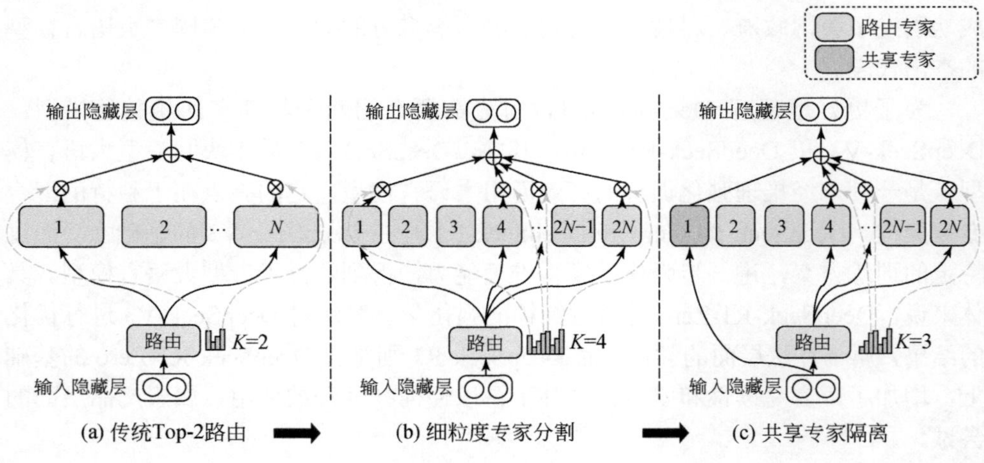

图 7.26　DeepSeekMoE 示意图

（2）共享专家隔离。某些专家被隔离为共享专家，始终处于激活状态，模型能够在不同任务间共享知识，提高了模型的整体效率。

3. DeepSeek-V3

在 DeepSeekMoE 的基础上，DeepSeek-V2/V3[24, 25]对模型架构进行了进一步的优化和扩展。该模型总参数量达到 6710 亿，但在实际推理过程中，每个输入仅激活 370 亿参数，从而在保持高性能的同时，实现了计算效率的提升。

DeepSeek-V3 继续采用 DeepSeekMoE 架构，其包含以下关键特性。

（1）细粒度专家分割：每个 MoE 层由 1 个共享专家和 256 个路由专家组成，每个 token 可选择激活 8 个路由专家，最多路由至 4 个节点。

（2）共享专家隔离：特定专家被设定为共享专家，始终处于激活状态，模型能够在不同任务间共享知识，提高模型的整体效率。

（3）Top-K 路由策略：通过引入 Top-K 路由策略，模型能够在推理时仅激活得分最高的 K 个专家，从而减少计算开销。

此外，DeepSeek-V3 引入了创新的无辅助损失的负载均衡策略。传统的 MoE 模型在训练过程中，为了确保各专家的负载均衡，通常会引入辅助损失函数。然而，这种方法可能对模型性能产生负面影响。为此，DeepSeek-V3 设计了一种无辅助损失的负载均衡策略，该策略通过对门控网络进行优化，使得样本能够在不同专家网络之间自然地实现负载均衡，而无需额外的辅助损失函数，从而避免了辅助损失函数对模型性能的干扰。

在训练过程中，DeepSeek-V3 采用了多 token 预测的训练目标。通过多个输出头并行预测多个 token，迫使模型学习更长的 token 依赖关系，从而实现并行解码加速，避免局部决策带来的影响。

7.5.2　DeepSeek-R 系列推理模型

1. DeepSeek-R1-Zero

DeepSeek-R1-Zero[26]是一个源自纯粹强化学习训练的产物，它完全跳过监督微调阶段，直接在 DeepSeek-V3 基座模型上通过一种名为群组相对策略优化（group relative policy optimization，GRPO）的强化学习算法进行训练，并由此进化出了长 CoT 思考、自我验证和反思能力。

DeepSeek-R1-Zero 从多个方面展现出优越的设计思维，接下来将从数据、奖励设计和 GRPO 算法三个角度进行简单的阐述。

（1）数据角度。因为 DeepSeek-R1-Zero 直接跳过监督微调阶段，所以相较于主流的推理大语言模型方案，其省略了对于高质量监督数据的需求，不仅仅省略了一大笔开销，更放宽了对模型训练过程的约束。如图 7.27 所示，DeepSeek-R1-Zero 设计了一个简单的提示模板，不再给予模型具体的长 CoT 数据，而是约束模型必须要进行思考，且必须遵循格式，即将推理过程放置在<think></think>结构标签之中。这种训练方式有利于研究者更好地去观察模型对于推理能力的自我演化过程，也有利于模型本身的能力能够在训练中更自由地进化。结果表明，这种设计是有益的，尤其是 DeepSeek-R1-Zero 在训练过程中展现出了顿悟时刻（aha moment）这一出乎意料的现象。

A conversation between User and Assistant. The user asks a question, and the Assistant solves it. The assistant first thinks about the reasoning process in the mind and then provides the user with the answer. The reasoning process and answer are enclosed within <think> </think> and <answer> </answer> tags, respectively, i.e., <think> reasoning process here </think> <answer> answer here </answer>. User: prompt. Assistant:

图 7.27　DeepSeek-R1-Zero 的提示模板

（2）奖励设计角度。由于跳过了监督微调阶段，DeepSeek-R1-Zero 的成功在很大程度上得益于其精心设计的奖励系统。具体来说，该系统主要包括两种奖励类型：①准确性奖励，该奖励用于评估模型在数学推理、编程题（如 LeetCode 问题）等任务中的结果正确性；②格式奖励，该奖励要求模型在生成过程中遵循特定的输出规范，主要通过将推理过程嵌入特定标签结构中，如<think></think>标签，以强制模型执行思考过程。基于这种奖励规则的设计——不干涉过程，只重视结果和格式规范——在多轮训练后，模型逐渐实现了显著的自我进化。DeepSeek-R1-Zero 思维的 token 数量从数百逐渐增加到数千，呈现出稳定的上升趋势，这代表着模型逐渐开始具备并发展出能够长时间思考的能力。与此同时，随着思考时间的延长，DeepSeek-R1-Zero 能够更自然地应对越来越复杂的推理任务。

（3）DeepSeek-R1-Zero 所采用的强化学习算法 GRPO[27]。由于 GRPO 算法是一种基于 PPO 算法的优化策略，因此读者可以先阅读图 7.10 基于 PPO 算法的训练流程示意图及其相关介绍，通过对比能够更直观地感受到 GRPO 算法的优越性。如图 7.28 所示，GRPO 算法最大的优势之一是不依赖于额外的价值模型来估计状态的价值。传统的策略优化方法（如 PPO）需要额外的训练步骤来生成价值函数，而 GRPO 算法直接在组内进行奖励归一化，即针对每个策略产生行为，不再与未来造成的影响进行比较，而是直接与同一组内的其他行为进行比较，如果高于组内平均奖励，则鼓励该行为，即优势为正。同时，由于采用了基于规则的奖励模型，因此不再需要奖励函数，进而不再需要人工标注奖励数据。由此可见，GRPO 算法带来的算力和成本优势巨大。

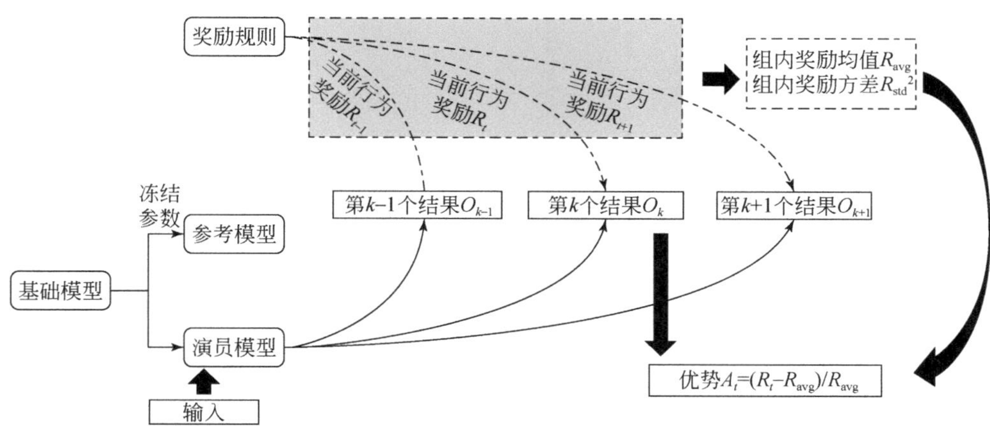

图 7.28　基于 GRPO 算法的 DeepSeek-R1-Zero 训练流程

尽管 DeepSeek-R1-Zero 在推理能力上表现出色，并证实了仅通过强化学习在无监督数据下训练范式的可行性，但是如果从面向社区开放的产品角度，DeepSeek R1-Zero 仍然有很多需要完善的地方，比如语言混杂与易读性差的问题，具体来说，DeepSeek-R1-Zero 的 CoT 文本中混杂着各种语言，这不利于社区用户的阅读与使用。同时还有大家一直很关注的无害、伦理等人类核心价值问题。因此，DeepSeek 在 DeepSeek-R1-Zero 的基础上提出了 DeepSeek-R1 模型，旨在进一步解决这些局限性，同时提升模型的稳定性、多任务泛化能力与社会价值对齐能力，确保其更好地适应复杂的现实应用场景。

2. DeepSeek-R1

为了面向社区使用，也为了增加推理模型的泛化能力，DeepSeek 在 DeepSeek-R1-Zero 实验成果的基础上，提出了更强大的 DeepSeek-R1，其训练流程如图 7.29 所示，可以概括为三个核心步骤：

（1）通过冷启动策略进行初步微调，使模型具备基本的格式遵循和逻辑推理能力；

（2）通过强化学习进行推理能力的泛化，提升模型在复杂任务中的表现；

（3）通过与人类价值观对齐，确保模型在实际应用中具备更高的安全性和符合社会价值的表现。

1）冷启动

DeepSeek-R1 的训练过程首先通过冷启动阶段进行优化。在此阶段，模型通过利用有限的初始数据或外部知识来辅助学习，使其能够在数据稀缺的情况下进行有效推理和决策。具体的冷启动策略包括以下两个方面。

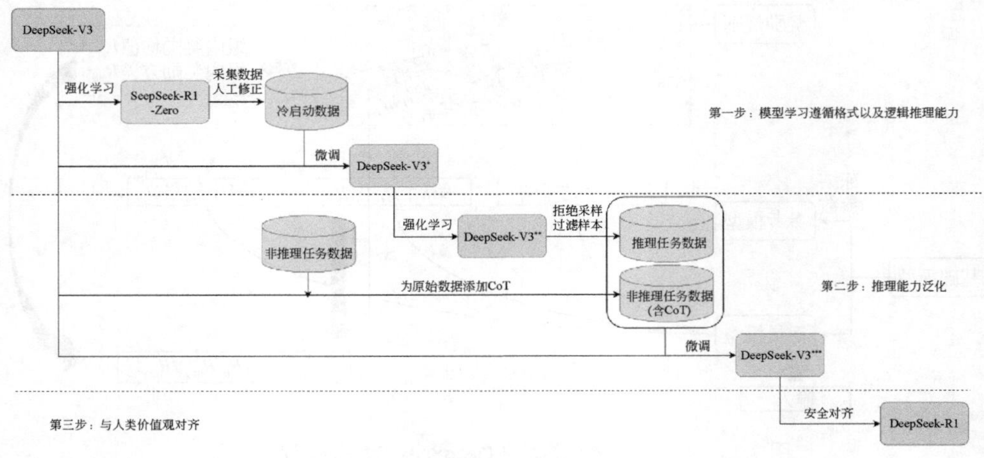

图 7.29　DeepSeek-R1 训练流程

（1）带有长 CoT 示例的小样本提示：通过为模型提供带有反思和验证过程的详细示例，帮助模型更好地理解任务要求，从而生成高质量的推理答案。

（2）人工后处理的冷启动数据：收集 DeepSeek-R1-Zero 模型的初步输出，并通过人工注释员进行格式化和修正。此过程主要包括去除混合语言、标准化 Markdown 格式以及优化其他影响模型输出质量的元素。最终，经过这些后处理步骤，生成了数千条冷启动数据，这些数据用于微调 DeepSeek-V3 基座模型，提升其初步的推理能力和格式遵循能力。

2）推理能力泛化

在冷启动后的基础上，DeepSeek-R1 接下来进入推理能力泛化阶段。在这一阶段，模型通过强化学习进一步优化其在复杂推理任务中的表现。为了克服语言混合问题，在强化学习过程中引入了语言一致性奖励，奖励值根据目标语言在 CoT 中的出现频率进行计算。尽管这一机制在某些消融实验中显示对模型性能有轻微的负面影响，但它与人类的偏好高度一致，显著提升了生成内容的可读性和流畅度。

在强化学习训练中，模型被要求解决多个推理密集型任务，包括但不限于数学推理、代码生成和科学逻辑推理。这一阶段的目标是使模型不仅具备基本的推理能力，还能在各种复杂任务中保持较高的推理准确性和语言一致性。最终，强化学习阶段的奖励函数结合了推理准确性与语言一致性奖励，使得模型在推理表现和人类可读性之间达到平衡。

3）与人类价值观对齐

为进一步提升模型的实用性和社会接受度，DeepSeek-R1 的最后阶段是与人类价值观对齐。该阶段的目标是确保模型在多种应用场景下的有用性和无害性，尤其是在复杂的推理过程和最终总结阶段中。具体来说，在这一阶段，强化学习用来优化模型生成内容的质量，并确保其符合伦理和道德标准。

在这一阶段，模型会着重对生成内容的有用性和无害性进行全面审查，检查是否存在无用的或者潜在的偏见、歧视等有害信息。通过这一流程，模型能够更好地识别和减轻生成过程中可能出现的任何风险。最终，强化学习奖励函数结合了任务的有用性和无害性两个维度，确保模型在广泛场景中的安全性和可靠性。

7.6 本章小结

本章主要介绍了预训练语言模型，包括其历史发展、主要理念及典型模型，分别介绍了第三范式、第四范式和第五范式中典型的大语言模型，展示了预训练语言模型技术发展的脉络。

参考文献

[1] Devlin J, Chang M W, Lee K, et al. BERT: Pre-training of deep bidirectional transformers for language understanding[C]//Proceedings of the 2019 Conference of the North American Chapter of the Association for Computational Linguistics, Minneapolis, 2019: 4171-4186 .

[2] Vaswani A, Shazeer N, Parmar N, et al. Attention is all you need[C]//Proceedings of the 31st International Conference on Neural Information Processing Systems, Long Beach, 2017: 6000-6010.

[3] Radford A, Narasimhan K. Improving language understanding by generative pre-trainig[J]. Computer Science, Linguistics, 2018, 1: 1-12.

[4] Lewis M, Liu Y, Goyal N, et al. BART: Denoising sequence-to-sequence pre-training for natural language generation, translation, and comprehension[C]//Proceedings of the 58th Annual Meeting of the Association for Computational Linguistics, Online, 2020: 7871-7880.

[5] Liu P F, Yuan W Z, Fu J L, et al. Pre-train, prompt, and predict: A systematic survey of prompting methods in natural language processing[J]. ACM Computing Surveys, 2023, 55(9): 1-35.

[6] Radford A Wu J, Child R, et al. Language models are unsupervised multitask learners[J]. OpenAI Blog, 2019, 1(8): 9.

[7] Brown T, Mann B, Ryder N, et al. Language models are few-shot learners[C]//Advances in Neural Information Processing Systems, Vancouver, 2020: 1877-1901.

[8] Dong Q X, Li L, Dai D M, et al. A survey on in-context learning[J]. arXiv preprint arXiv: 2301. 00234, 2022.

[9] Ouyang L, Wu J, Jiang X, et al. Training language models to follow instructions with human feedback[C]//Advances in Neural Information Processing Systems, New Orleans, 2022: 27730-27744.

[10] Schulman J, Wolski F, Dhariwal P, et al. Proximal policy optimization algorithms[J]. arXiv preprint arXiv: 1707. 06347. 2017 Jul 20.

[11] Achiam J, Adler S, Agarwal S, et al. GPT-4 technical report[J]. arXiv preprint arXiv: 2303. 08774, 2023.

[12] Touvron H, Lavril T, Izacard G, et al. LLaMA: Open and efficient foundation language models[J]. arXiv preprint arXiv: 2302. 13971, 2023.

[13] Touvron H, Martin L, Stone K, et al. LLaMA 2: Open foundation and fine-tuned chat models[J]. arXiv preprint arXiv: 2307. 09288, 2023.

[14] Ainslie J, Lee-Thorp J, de Jong M, et al. GQA: Training generalized multi-query transformer models from multi-head checkpoints[J]. arXiv preprint arXiv: 2305. 13245, 2023.

[15] Colin R, Noam S, Adam R, et al. Exploring the limits of transfer learning with a unified text-to-text transformer[J]. Journal of Machine Learning Research, 2020, 21(140): 1-67.

[16] Du Z X, Qian Y J, Liu X, et al. GLM: General language model pretraining with autoregressive blank infilling[J]. arXiv preprint arXiv: 2103. 10360, 2021.

[17] Wei J, Wang X Z, Schuurmans D, et al. Chain-of-thought prompting elicits reasoning in large language models[C]// Advances in Neural Information Processing Systems, New Orleans, 2022: 24824-24837.

[18] Kojima T, Gu S S, Reid M, etal. Large language models are zero-shot reasoners[C]//Advances in Neural Information Processing Systems, New Orleans, 2022: 22199-22213.

[19] Wang X Z, Wei J, Schuurmans D, et al. Self-consistency improves chain of thought reasoning in language models[J]. arXiv preprint arXiv: 2203. 11171, 2022.

[20] Yao S Y, Yu D, Zhao J, et al. Tree of thoughts: Deliberate problem solving with large language models[C]// Advances in Neural Information Processing Systems, New Orleans, 2024: 11809-11822.

[21] Zelikman E, Wu Y, Mu J, et al. STaR: Bootstrapping reasoning with reasoning[C]// Advances in Neural Information Processing Systems, New Orleans, 2024: 15476-15488.

[22] Zelikman E, Harik G, Shao Y J, et al. Quiet-STaR: Language models can teach themselves to think before speaking[J]. arXiv preprint arXiv: 2403. 09629, 2024.

[23] Dai D M, Deng C Q, Zhao C G, et al. DeepSeekMoE: Towards ultimate expert specialization in mixture-of-experts language models[J]. arXiv preprint arXiv: 2401. 06066, 2024.

[24] Liu A, Feng B, Wang B, et al. DeepSeek-V2: A strong, economical, and efficient mixture-

of-experts language model[J]. arXiv preprint arXiv: 2405. 04434, 2024.

［25］ Liu A, Feng B, Xue B, et al. DeepSeek-V3 technical report[J]. arXiv preprint arXiv: 2412. 19437, 2024.

［26］ Guo D, Yang D, Zhang H, et al. DeepSeek-R1: Incentivizing reasoning capability in LLMs via reinforcement learning[J]. arXiv preprint arXiv: 2501. 12948, 2025.

［27］ Shao Z, Wang P, Zhu Q, et al. DeepSeekmath: Pushing the limits of mathematical reasoning in open language models[J]. arXiv preprint arXiv: 2402. 03300, 2024.

第8章 机器翻译

机器翻译是利用计算机将一种自然语言（源语言）转换为另一种自然语言（目标语言）的过程。机器翻译研究开始于20世纪40年代，是早期自然语言处理领域最经典和最有代表性的研究方向之一，许多自然语言研究新技术都来源于机器翻译领域。从20世纪50年代第一个俄英机器翻译系统诞生，引起了科技界的轰动并催生了语言学与计算机技术相结合的新兴学科，到20世纪90年代第一个统计机器翻译系统的诞生，促使自然语言处理研究重新进入繁荣发展期，再到后来基于深度学习的自然语言处理方法的第一个端到端生成模型、重要的注意力机制和当今大语言模型的重要基础模型Transformer等都起源于机器翻译领域。

在整个历史发展过程中，机器翻译经历了从人工规则方法到概率统计方法再到深度学习方法的三个发展阶段的诸多技术变迁。本章主要介绍深度学习时代的第二范式时期的典型代表模型和相关的研究问题。

8.1 深度学习机器翻译概述

深度学习时代的第二范式（任务神经网络方法）时期，是机器翻译领域发展的鼎盛时期，在此期间提出许多对自然语言处理领域有重要影响力的新模型，如注意力机制和当今大语言模型的基础模型Transformer等，随着自然语言处理技术范式的变迁，机器翻译领域的研究问题和解决方法也发生了相应变化。第二范式主要研究各种机器翻译模型，以及如何提高机器翻译性能的相关问题；第三范式主要研究多语言的预训练语言模型，和用预训练语言模型如何解决多语言的小语种问题；到第四/五范式，不需要任务模型参数而是直接用大语言模型完成任务，所以这个时期的研究问题发生了转变，即不再是构建任务模型，而是转为提示设计和大语言模型微调工作，而机器翻译本身是语义对齐的生成问题，用简单的提示就可以完成任务。所以在大语言模型时代，机器翻译领域的新技术和模型相对较少。

第二范式时期是任务神经网络方法时期，机器翻译领域研究主要聚焦提出各种新的机器翻译模型，从不同的角度提高机器翻译模型性能，以及在缺少平行训练语料的情况下如何构建机器翻译模型等几方面的工作。本章将根据该时期的研究特点，从机器翻译的典型模型、解码策略改进方法、机器翻译系统其他问题和低资源机器翻译问题等几方面进行简要介绍。

8.2 典型神经机器翻译模型

8.2.1 RNN 编码-解码模型

第一个利用神经网络实现端到端的机器翻译模型由 Sutskever 等[1]于 2014 年提出，该模型使用了一个简单的 RNN，该模型输入源语言句子，经过 RNN 编码成向量。在解码时，首先输入一个特殊标识表示解码的开始，然后模型解码的每个词采用自回归方式逐一解码，最后解码出结束符号，解码策略有多种方法（见 6.4.3 节），该模型采用了最简单的贪心解码方式，即每轮解码的结果都采用词表中最大概率的词作为输出。

由于上述模型是第一个神经机器翻译模型，所以对比的都是基于统计学习的机器翻译，从实验结果可以看出，神经机器翻译模型已经超过了之前的概率统计方法。神经机器翻译模型简单便捷，而且避免了概率统计方法中的很多复杂的中间过程，简化了任务流程。

8.2.2 基于注意力机制的 RNN 编码-解码模型

2014 年首次提出将注意力机制运用于机器翻译模型[2]，该模型在 RNN 编码-解码模型的基础上引入了注意力机制，建立了各输出序列与输入序列之间的联系，有效提升了模型的性能，同时缓解了 RNN 模型的长程依赖问题，并且能够捕获源语言词与目标语言词之间隐蔽的对齐关系。

模型编码端采用双向 LSTM 网络，解码端采用单向 LSTM 网络，计算注意力值时以解码端某时刻隐层向量作为 Q，编码端以输入序列作为 K 和 V（编码端对双向 LSTM 网络对应时刻隐层向量进行合并作为该时刻词表示）计算注意力值。

翻译过程为将源语言句子输入模型编码端，经过双向 LSTM 网络进行编码，在解码时，首先输入一个特殊标识（如＜GO＞）启动解码端开始输出，解码端的每一位对应的隐层向量由前一位的隐层向量和前一位输出以及前一位注意力值共同计算求得，然后用求得的隐层向量通过 Softmax 函数得到词表各词的概率分布，取概率最大的词作为该位输出词，并解码出输出序列。

在该机器翻译模型在引入注意力机制后，注意力机制技术在自然语言处理的各个方面得到了广泛推广和应用，至今仍然是基于深度学习的自然语言处理领域的核心概念。

8.2.3　谷歌神经机器翻译系统

在 2014 年提出注意力机制后，2016 年谷歌首次上线了第一个多语种翻译的实用神经网络机器翻译系统——谷歌神经机器翻译（google neural machine translation，GNMT）系统（图 8.1）[3]，该系统采用编码-解码+注意力机制架构，编码端和解码端均采用了深层 LSTM 网络和缓解梯度消失问题的残差连接结构，其中，编码器由 8 层栈式 LSTM 网络堆叠形成，最下面两层是一个双向 LSTM 网络，其余 6 层均为单向 LSTM 网络，解码器由 8 层单向 LSTM 网络堆叠形成，编码器和解码器的层与层之间均进行残差连接，编码器的顶层输出作为上下文信息，与解码器的最下面一层计算编码-解码的交叉注意力值。在词表上采用了词元处理技术，解码策略采用束搜索和对注意力偏置纠偏的覆盖机制，采用强化学习方法来训练。

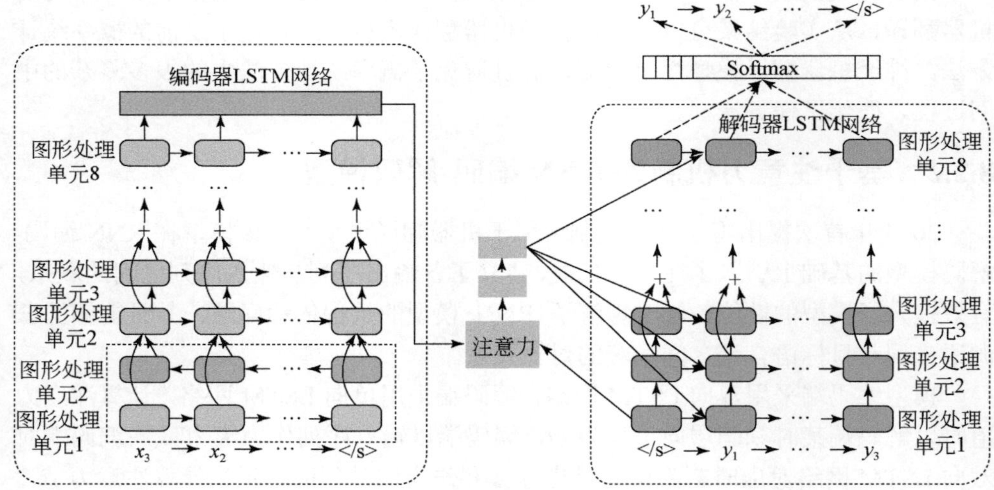

图 8.1　GNMT 系统模型图

该系统上线后在各项性能指标方面均超过当时其他的实用系统，在多种翻译语言上均取得了最优效果。至此，神经网络机器翻译系统走向实用化。

8.2.4　卷积编码-解码模型

采用 LSTM 网络作为编码器进行机器翻译时效率并不高，因为基于 LSTM 的编码-解码架构不能并行训练。因此，为了提高效率，2017 年 Facebook 采用了卷积序列到序列（convolutional sequence to sequence，ConvS2S）模型[4]，其还是沿用编码-解码架构，其中间也采用了注意力机制，并且是多跳注意力值。

如图 8.2 所示，ConvS2S 模型上面是编码端，用来输入源语言句子，左下是注意力机制，右下是模型的输出。在输入源语言句子后，编码得到点积注意力值。在每次解码时，还对生成的每个过程进行一遍注意力值计算。当时，该模型的效果显著优于 LSTM 网络模型的效果。因为该模型可以并行训练，运行速度也优于 RNN 模型。但由于性能更强的 Transformer 翻译模型的提出，该卷积网络翻译模型渐渐离开人们的视野。

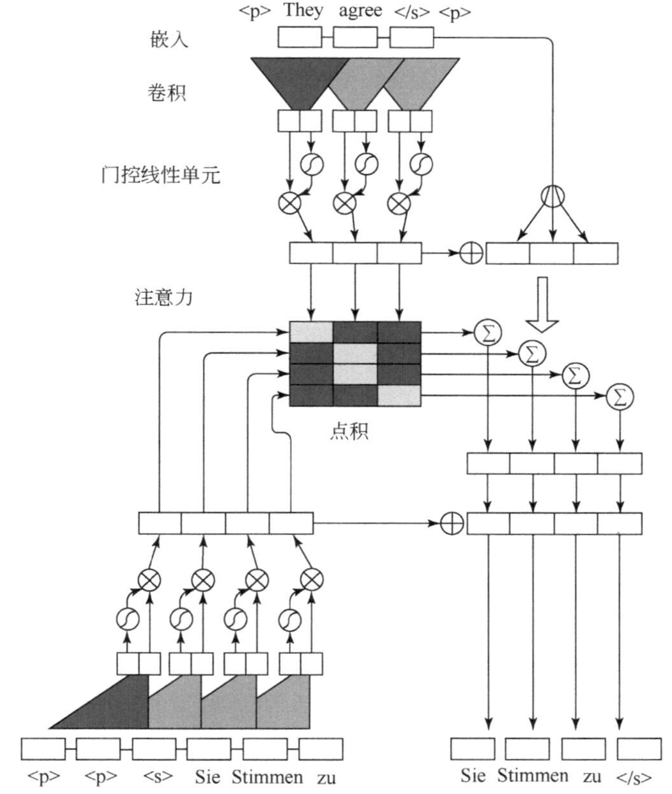

图 8.2 ConvS2S 模型图

8.2.5 Transformer 模型

2017 年下半年，谷歌提出了 Transformer[5] 机器翻译模型，该模型仍然采用编码-解码+注意力机制架构，但编码端和解码端均采用了多头自注意力编码机制替代先前的 RNN 和 CNN 编码方式，在层之间保留残差连接并加入正则化操作，模型全部采用自注意力机制与残差连接，使得模型可以全部并行训练，并克服了长程依赖问题，显著提升了建模效率，也提高了训练速度。即 Transformer 兼备了基于 RNN 模型和 CNN 模型的编码-解码架构的优点。自从提出 Transformer 之后，当前所有的主流生成模型均以 Transformer 为基础（详见 6.4.3 节）。

8.3 神经机器翻译解码策略改进

在第二范式时期有多种改进解码策略的方法，如引入包含未来信息的状态表示法、使用价值网络评估每步解码的未来代价的方法、使用二次解码策略（推敲网络）的方法、利用句法信息增强解码能力的方法、采用非自回归解码方式加快解码速度的方法等。本节将介绍推敲网络、非自回归机器翻译模型和基于隐变量的非自回归模型。

8.3.1 推敲网络

推敲网络[6]的目标是改进机器翻译系统解码端的解码质量。人在翻译东西的时候，会先粗略地看一遍，翻译一遍，然后为了追求高质量的翻译结果，再重复阅读一遍翻译结果，最后再翻译一遍。推敲网络的主体结构还是编码-解码架构，不过在解码端采用了两次解码的过程。如图 8.3 所示，模型左侧是编码端，右侧是解码端。在解码端，下面是第一次解码，上面是第二次解码，此时输入是源语言，经过编码端的表示后，首先经过第一次解码，得到的结果再输给第二次解码的网络，并得到最终的输出结果。

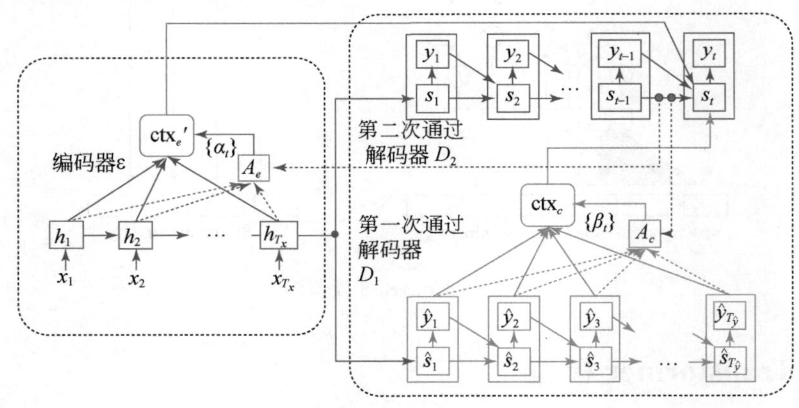

图 8.3 推敲网络整体模型图

下面详细讲解一下推敲网络每部分的模型结构。首先编码端是 RNN 模型结构，解码端也是 RNN 模型结构，此时就是正常的编码-解码+注意力机制架构。

$$\mathrm{ctx}_e = \sum_{i=1}^{T_x} \alpha_i h_i$$
$$\alpha_i \propto \exp\left(v_\alpha^{\mathrm{T}}\left(\mathrm{Tanh}\left(W_{\mathrm{att},h}^c h_i + W_{\mathrm{att},s}^c \hat{s}_{j-1}\right)\right)\right) \tag{8.1}$$
$$\hat{s}_j = \mathrm{RNN}\left([\mathrm{ctx}_e; \hat{y}_{j-1}], \hat{s}_{j-1}\right)$$

第一次解码的过程和标准 RNN 的机器翻译模型解码过程相同。编码端的表示经过隐藏层输入到解码端，并且得到第一个时刻的输出，然后采用自回归方式逐步向后解码出剩下的句子。解码端隐藏层通过 RNN 计算得到。解码端 RNN 的输入由三部分构成：上一个时刻的输出、上一个时刻的隐层状态和注意力值编码的句子表示。其中，注意力值是通过目标语言的每个隐层状态和源语言每个词表示计算一个相似度得分作为权重，来加权求和源语言每一个词，得到最终的对应解码端解码时刻的句子表示。

在第一次解码之后，得到的翻译结果只是一个初稿，还需要第二次的解码过程。第二次的解码过程和第一次相同，也是通过 RNN 解码端来解码模型，不过对比第一次解码会增加一个输入，来自第一次解码的解码结果。

$$\mathrm{ctx}_c = \sum_{j=1}^{T_{\hat{y}}} \beta_j \left[\hat{s}_j; \hat{y}_j\right]$$
$$\beta_j \propto \exp\left(v_\beta^{\mathrm{T}} \mathrm{Tanh}\left(W_{\mathrm{att},s\hat{y}}^d \left[\hat{s}_j; \hat{y}_j\right] + W_{\mathrm{att},s}^d s_{t-1}\right)\right), \quad \forall j \in [T_{\hat{y}}] \tag{8.2}$$
$$s_t = \mathrm{RNN}\left([\mathrm{ctx}_{e'}; \mathrm{ctx}_c; y_{t-1}]; s_{t-1}\right)$$

第二次解码时，解码端的隐层状态由四部分构成：上一个时刻的输出、上一个时刻的隐层状态、注意力值编码的源语言句子表示和注意力值编码的上一次翻译结果表示。原来注意力值使用的都是隐藏层，但是在第二次进行注意力值计算的时候，上一次的翻译结果是由上一层的隐层状态和上一次的输出拼接形成的。

推敲网络的训练涉及一个编码端和两个解码端的参数更新，所以最后的模型损失函数就是两边的解码过程求和得到的最终损失函数。

$$\max\left(\frac{1}{n}\sum_{(x,y)\in D_{XY}} J\left(x,y;\theta_e,\theta_1,\theta_2\right)\right)$$
$$J\left(x,y;\theta_e,\theta_1,\theta_2\right) = \log\sum_{y'\in Y} P\left(y \mid y', E\left(x;\theta_e\right);\theta_2\right) P\left(y' \mid E\left(x;\theta_e\right);\theta_1\right) \tag{8.3}$$

对应的实验结果见表 8.1 和表 8.2，证明了模型在对应的数据集上是有显著效果的。可以看出，在增加了一次解码策略后，模型的效果有了显著提升，在各个不同语项上的提升十分明显。

表 8.1　推敲网络模型在英文→法文语项上的翻译效果

算法	M_{base}	$M_{dec\ x2}$	$M_{reviewer\ x4}$	M_{delib}
BLEU	29.97	30.40	30.76	31.67

表 8.2　推敲网络模型在中文→英文语项上的翻译效果

算法	NIST04	NIST05	NIST06	NIST08
M_{base}	34.96	34.57	32.74	26.21
M_{delib}	36.90	35.57	33.90	27.13

8.3.2　非自回归机器翻译模型

非自回归方法是提升翻译模型生成的效率的改进方法。前面讲的模型均为自回归模型，自回归生成解码的时间与生成序列的长度成正比，效率较低。于是，有学者提出用同时生成所有词的非自回归方法来改进模型的生成效率。利用非自回归方法可以将原来自回归模型的时间复杂度从 $O(n)$下降到 $O(1)$，但翻译性能会下降。

8.3.3　基于隐变量的非自回归模型

基于隐变量的非自回归模型仍采用编码-解码架构，其特点是在编码端给定输入句子后，解码端同时生成所有目标语言词（图 8.4[7]）。具体做法是在编码端输入源语言句子，但是编码端最后的输出不仅仅是句子的表示向量，而是这个句子中的每个词对应目标语言的几个词，这个对应关系称为繁衍率，可以通过额外的对齐工具实现。获取繁衍率之后，将这些词作为输入输入到模型中。因为需要同时解码所有的词，所以首先要面对的问题是如何确定解码端的输入长度。因为输入有多长，最后输出的句子就会有多长，所以首先要确定目标语言句子的长度。通过计算得到繁衍率，可以知道源语言每个词对应到目标语言是几个词，把所有源语言词繁衍率对应的词数进行加和，就可以得到输出端句子的长度。

该模型的具体做法是，针对图 8.4 中的例子“我们完全接受它”，如果“我们”的繁衍率是 1，那么在输出端也只输入一个“我们”；如果“接受”的繁衍率是 2，那么认为对应“接受”的目标语言会有两个词，因此就在解码端输入两个“接受”。

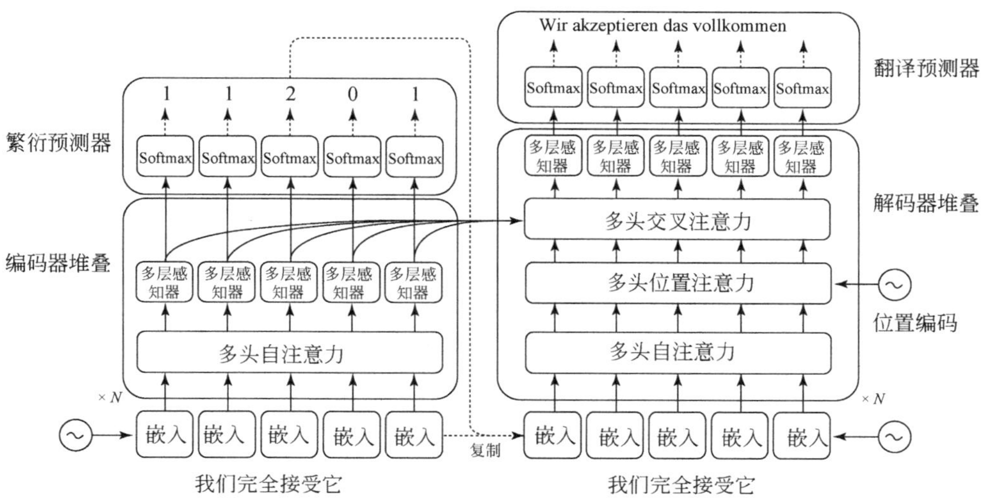

图 8.4 基于繁衍率的非自回归机器翻译模型

如果"它"对应的繁衍率是 0，那么解码端就不输入该词。因为解码端的输入长度是定长的，解码端的输出将来就是输出的目标语言句子，该模型过程就是一个排序和翻译的过程。这个模型的损失分成两个部分，一部分是预测繁衍率的损失，另一部分是生成的损失，两者结合形成了模型的整体损失。

$$L_{\mathrm{ML}} = \log p_{\mathrm{NA}}(Y \mid X;\theta) = \\ \geqslant E_{f_1:T'}\left(\sum_{t=1}^{T}\log\Big(p\big(y_t \mid x_1\{f_1\}, x_{T'}\{f_{T'}\};\theta\big)\Big) + \sum_{t'=1}^{T'}\log\Big(p_F\big(f_{t'} \mid x_1:T';\theta\big)\Big)\right) + H(q) \tag{8.4}$$

之后该模型还使用了知识蒸馏的方法来训练模型，该方法提出了序列级别的知识蒸馏方法，用一个自回归机器翻译模型来指导非自回归模型的生成。针对模型的解码方式，由于模型需要首先解码出各个源语言词的繁衍率，再基于繁衍率进行最后目标语言句子的生成，所以模型设计了几种不同的繁衍率生成方式：①取最大的方法，即每次都找到概率最大的数值作为词的繁衍率；②利用平均的方法，利用输出的概率分布作为权重，加权求和得到每个词的繁衍率；③依赖自回归机器翻译模型来打分，用自回归机器翻译模型确定分数最高的繁衍率值作为每个词的繁衍率，通过不同的繁衍率信息指导生成最后的目标语言句子。

8.4 神经机器翻译系统需要考虑的问题

在神经机器翻译系统实际应用过程中，还有很多问题需要考虑，下面分别介绍词表受限、翻译覆盖率、系统鲁棒性问题。

8.4.1　词表受限问题

在神经机器翻译模型中，由于考虑到计算的复杂度等问题，模型会采用受限的词表，这样会有部分单词成为集外词，这样会打破句子结构，增加语句的歧义性，因此如何处理集外词成为神经机器翻译需要解决的问题。

对于不在词表的集外词，用 UNK 符号代替，后续用不同的方案进行后处理；可以采用词与字混合的处理方法、固定词表配合动态词表的方法、直接复制源语言对应的 UNK 符号的方法和将词分解为词元的词元化方法，目前主流的方法是词元化方法（详见 6.4.3 节）。

8.4.2　翻译覆盖率问题

如图 8.5 所示，在采用 RNN 模型翻译后，在给定的例子“多个机场都被迫关闭了。”这句话中，“被迫”没有被翻译到，而“关闭”被翻译了两次，将这种翻译过两次的问题称为过翻译，没有翻译到的问题称为欠翻译。

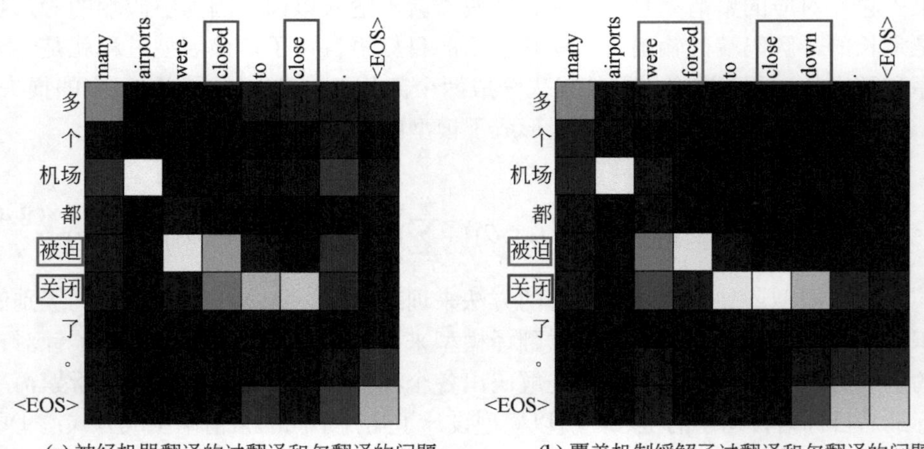

(a) 神经机器翻译的过翻译和欠翻译的问题　　(b) 覆盖机制缓解了过翻译和欠翻译的问题

图 8.5　覆盖机制效果展示

这种问题是因为模型采用了注意力机制。在计算注意力值时，每个解码时刻是彼此独立的，再加上基于 RNN 表示的文本序列后面的词信息量比较大，模型则会过度关注后面的词，产生注意力偏置问题，造成欠翻译的问题。为了缓解此类问题，常在注意力值计算时引入覆盖机制[8]。

通过引入覆盖机制，在翻译的时候会计算整个句子的覆盖程度，要求句子中的每个字都要被翻译。对于一个源语言句子，首先会人为指定一个覆盖度向量，其维度与输入序列长度一致，覆盖度向量初始化为全零向量。如果在翻译过程中某两个词被翻译到，那么对应的覆盖度向量对应的位置会变成 1。只有当所有位置都为 1 时，翻译才会结束，该过程称为硬覆盖。

参考上述方式，在神经网络中引入覆盖机制。其核心思想是让注意力权重高的元素尽量不要集中为同一个词，通过建立注意力值的关联信息，为上轮注意力值高的词分配更低的权重。

引入覆盖机制之后，模型的翻译效果会更加全面。“Close”被翻译成关闭，而且“被迫”也能够正确翻译出来。这种覆盖机制尤其在长句子或者含有单句的复杂句子的问题上会有很好的效果。

8.4.3 系统鲁棒性问题

机器翻译系统的鲁棒性是指翻译系统在面临外部某个微小扰动时，能够维持其功能稳定的能力。

鲁棒性差的翻译系统可能会出现以下情况：当系统输入源语言“苹果比谷歌厉害”时，模型可以将其正确翻译为“Apple is better than Google”，但在句子后加一个句号之后，模型把“苹果比谷歌厉害。”错翻译为“Apple is worse than Google.”，严重影响系统性能和用户体验感。

因此，提升系统的容错性和一致性，即鲁棒性，对维护系统性能稳定和改善用户体验感十分重要。

在神经网络翻译系统中可采用对抗学习训练方法提升系统的鲁棒性。核心思想是在模型训练时引入噪声输入，并且让噪声输入生成与原始输入相同的输出译文，以提升模型的鲁棒性。

具体训练方法如图 8.6 所示，训练的目标模型是编码-解码架构的翻译模型，在训练过程中引入一个分类器，并对输入 x 构造加噪声的 x'。加噪声有两种方式：词级别和特征级别。词级别方式为调换词顺序或删掉或改写几个词；特征级别方式为在词向量上添加少量的高斯噪声。训练方法的核心思想是通过分类器构造使带噪声和不带噪声的输入编码出来的结果尽可能地相似，通过这种方式，让编码器具备一定的抗噪能力。然后再使解码器尽可能地对加噪声的输入和不加噪声的输入解码出相同的句子，这样增强了解码器的抗噪能力。模型最后的优化目标是三个损失函数之和如式（8.6）所示，各部分损失项的系数为超参数。

$$\mathcal{J}(\theta)=\sum_{(x,y)\in S}\left(\mathcal{L}_{\text{true}}(x,y;\theta_{\text{enc}},\theta_{\text{dec}})+\alpha\sum_{x'\in\mathcal{N}(x)}\mathcal{L}_{\text{inv}}\left(x,x';\theta_{\text{enc}},\theta_{\text{dis}}\right)\right)+\beta\sum_{x'\in\mathcal{N}(x)}\mathcal{L}_{\text{noisy}}\left(x',y;\theta_{\text{enc}},\theta_{\text{dec}}\right) \tag{8.6}$$

经此方法训练后编码器和解码器都具有抗噪能力，整个系统的鲁棒性得到提升。

需要注意的是，图 8.6 中的分类器和虚线部分只在模型的训练阶段使用，模型训练完毕后撤掉这两部分。

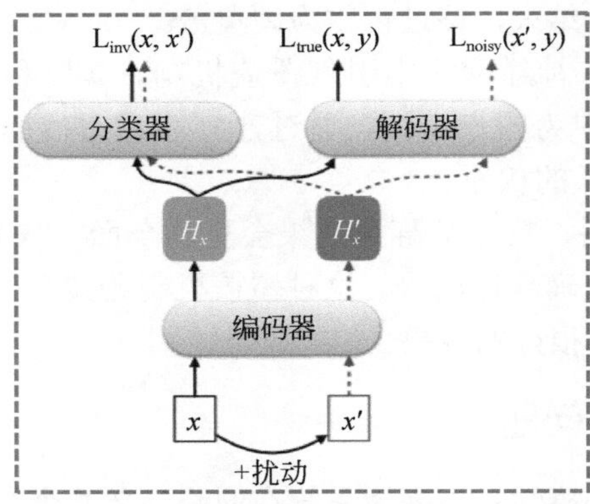

图 8.6 对抗学习训练方法[9]

该方法具有普适性，不仅适用于机器翻译系统，也可以用于一般生成模型的抗噪训练。

8.5 低资源神经机器翻译

基于机器学习方法的机器翻译系统需要大量的平行语料来训练，语料越多，翻译效果越好。但在某些情况下会出现平行语料不足的情况，例如，在某些小语种中，由于平行语料匮乏，翻译效果会急剧下降。

研究语料不足情况下的机器翻译方法称为低资源机器翻译，低资源情况分为以下两个方面：①存在少量双语语料和大量单语语料；②不存在双语语料，只有单语语料。

8.5.1 少量双语语料和大量单语语料

这类问题面临的挑战是如何利用单语语料增强训练的翻译效果，解决这类问题的主要方法有构造伪平行语料、对偶学习、半监督学习等方法。

1. 构造伪平行语料

首先基于少量平行语料训练一个目标语言到源语言的翻译模型（效果不会太好），之后用训练好的小模型翻译出很多源语言的伪语料，这样就构成许多伪平行语料，并和真实的平行语料混合在一起，以此来增强训练语料。用这种方式训练的机器翻译模型虽然效果不如真实平行语料的训练效果好，但对最终的翻译效果会有一定程度的提升。

2. 对偶学习

对偶学习类似自编码任务，其原理是在同一个任务中，给自己构造监督信号进行训练。在对偶学习中，利用两个任务来互相训练。具体方法：先构建一个对偶翻译模型，将源语言句子翻译到目标语言句子，然后再用翻译得到的目标语言句子翻译回源语言句子，并让翻译得到的源语言句子和最初的源语言句子尽量一致，通过这种对偶训练方法可以对翻译模型进行训练。

3. 半监督学习

基于已有的少量平行语料构建“源语言到目标语言”和“目标语言到源语言”两个翻译模型，然后将两个模型分别按源—目标—源（图 8.7(a)）和目标—源—目标（图 8.7(b)）的方式进行级联。对于图 8.7(a)所示的模型，可用大量的源语言单语语料进行训练（类似自编码），对于图 8.7(b)所示的模型，可用大量的目标语言单语语料进行训练（类似自编码），这样“源语言到目标语言”模型在训练过程中充分利用了源语言的单语语料和目标语言的单语语料进行进一步训练，即可以用单语语料中的知识辅助训练机器翻译模型。

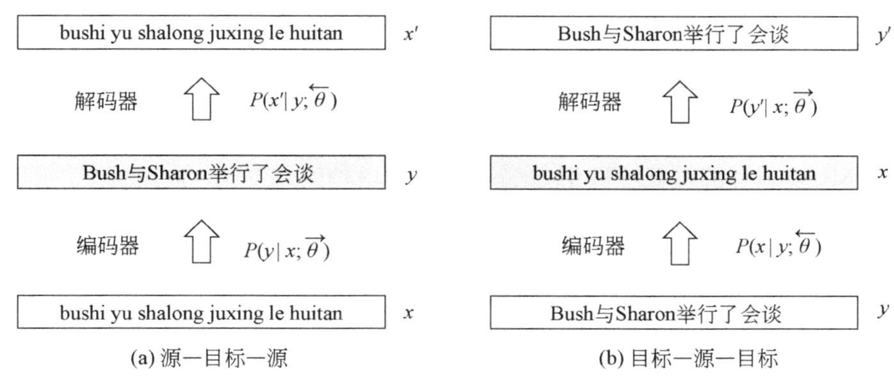

图 8.7　半监督机器翻译模型

8.5.2　无双语语料只有单语语料

对于完全没有平行语料的问题，主要采用去除噪声自编码加循环回译方法解决。

首先，一个编码端同时处理两种语言，让两种语言共用一个编码器，不过使用两个解码器，每个语言有各自的解码器。然后，采用与对偶学习类似的方法训练模型。两种语言的交替训练由于没有平行语料，只有单语数据，先给源语言输入噪声，训练一个源语言到源语言的语言模型任务，在输入有噪声的源语言数据的前提下，通过源语言的解码器解码出完整的源语言句子。通过这样的训练，让解码器对源语言的语言模型知识比较熟悉；同理，可以训练目标语言的解码器。在用各自的单语数据训练好各自的解码器之后，可以采用对偶学习的方式训练翻译任务，并将两种语言的表示空间对齐。

8.6 多语言预训练语言模型

8.6.1 XLM

XLM（cross-lingual language model）[10] 是 Facebook 提出的多语言预训练语言模型。XLM 架构还是采用双向多层 Transformer 编码器架构，与 BERT 一致。该多语言预训练语言模型采用三种不同的预训练任务进行训练。

（1）因果语言建模（causal language modeling，CLM）任务，该任务基于 Transformer 模型来建模给定句子的条件概率 $P(w_t| w_1, w_2, \cdots, w_{t-1};\theta)$。

（2）掩码语言建模（masked language modeling，MLM）任务，与 BERT 的掩码任务同理，不同之处是论文使用由任意数量的句子（每个句子截断 256 个词元）组成的文本流，而不是 BERT 中仅由两个句子组成的文本对。

（3）翻译语言建模（translation language modeling，TLM）任务，TLM 任务实际上是 MLM 任务的扩展，TLM 任务不考虑单语种的文本流，而是将平行的翻译句对拼接起来。

XLM 结构和 BERT 相似，因为语言种类很多，所以该模型使用了语言编码，针对每一种语言，设计了对应的语言编码。同时，该模型的输入还有和 BERT 相同的位置编码以及正常的词元嵌入。CLM 任务和正常的自回归语言模型类似；MLM 任务和正常的自编码语言模型类似；但是在 TLM 任务中，模型会同时输入两个平行句对，TLM 任务会随机掩码平行句对的两个地方，但是在预测掩码位置时，可以使用两个语言的知识来回复同一个句子，这样就让模型获得了翻译能力。

8.6.2 mBART

mBART [11] 是多语言版的 BART，模型采用的是标准的单语 BART 结构，只是在训练以及加噪声的时候，使用了 25 种语言在 BART 上加噪声，训练完成后，又对特定的欧洲语言等几种语言进行训练。具体在使用 25 种语言进行训练时，每次都用单语来训练，和 BART 的预训练任务相同。在微调时，会采用翻译的形式来微调，实现不同语言上的交互，使预训练语言模型获得多语言对齐能力。

8.7　本 章 小 结

本章主要介绍了典型的基于神经网络的机器翻译模型、翻译模型解码策略改进方法，以及翻译系统在实际应用中需要考虑的相关问题；接着简要介绍了低资源机器翻译的典型方法；最后介绍了多语言预训练语言模型。

参 考 文 献

[1] Sutskever I, Vinyals O, Le Q V. Sequence to sequence learning with neural networks[C]//Proceedings of the 28th International Conference on Neural Information Processing Systems, Montreal, 2014: 3104-3112 .

[2] Bahdanau D, Cho K, Bengio Y. Neural machine translation by jointly learning to align and translate[J]. arXiv preprint arXiv: 1409.0473, 2014.

[3] Wu Y H, Schuster M, Chen Z, et al. Google’s neural machine translation system: Bridging the gap between human and machine translation[J]. arXiv preprint arXiv: 1609.08144, 2016.

[4] Gehring J, Auli M, Grangier D, et al. Convolutional sequence to sequence learning[C]//Proceedings of the 34th International Conference on Machine Learning, Sydney, 2017: 1243-1252.

[5] Vaswani A, Shazeer N, Parmar N, et al. Attention is all you need[C]//Proceedings of the 31st International Conference on Neural Information Processing Systems, Long Beach, 2017: 6000-6010.

[6] Xia Y C, Tian F, Wu L J,et al. Deliberation networks: Sequence generation beyond one-pass decoding[C]//Advances in Neural Information Processing Systems, Long Beach, 2017: 1782-1792.

[7] Gu J T, Bradbury J, Xiong C M, et al. Non-autoregressive neural machine translation[J]. arXiv preprint arXiv: 1711.02281, 2017.

[8] Tu Z P, Lu Z D, Liu Y,et al. Modeling coverage for neural machine translation[C]//Proceedings of the 54th Annual Meeting of the Association for Computational Linguistics, Berlin, 2016: 76-85.

[9] Cheng Y, Tu Z P, Meng F D,et al. Towards robust neural machine translation[C]//Proceedings of the 56th Annual Meeting of the Association for Computational Linguistics, Melbourne, 2018: 1756-1766.

[10] Conneau A, Lample G. Cross-lingual language model pretraining[C]//Advances in Neural Information Processing Systems, Vancouver, 2019: 7059-7069.

[11] Liu Y H, Gu J T, Goyal N, et al. Multilingual denoising pre-training for neural machine translation[J]. Transactions of the Association for Computational Linguistics, 2020, 8: 726-742.

第9章 情感分析

情感分析是自然语言处理领域中的核心任务之一，其通过分析主观性文本来判断文本的情感倾向。本章将简要介绍情感分析的基本概念及从粗粒度情感极性分类到细粒度属性情感分析的相关技术。

9.1 情感分析概述

情感分析最早可以追溯到主观性句子分析任务，该任务首先由维贝博士在1994年提出，目标是在故事文本中提取出故事主人公的心理状态。选择故事文本作为研究对象的原因在于，故事中通常包含大量的人物角色，从而产生大量描写人物心理状态的句子；此外，无论是作者还是读者，对于这些心理状态的判断通常能够达成一定共识。因此，故事文本为主观性句子的分析提供了理想的语料和场景。主观性句子是指能够表达某个人物心理观点（point of view，PoV）的句子。心理观点包含多种形式的心理状态，如观点、信念、意图等，这些心理状态构成了主观性句子分析的重要研究对象。

自2000年以来，随着影评、商品评论等文本数据的快速增长，对这些评论文本进行情感极性分类的需求逐渐显现，推动了该领域的研究热潮。但是，这类任务隐含假设非常强：不管文本输入是文档还是句子，都假设分析只需要对单一的实体分类出单一的情绪，这种分类其实并不适用于很多具体的场景。例如，在描述一个打印机的时候，可能只对出墨质量方面进行评论，或者对打印速度、是否容易发热等有不同态度的评论。换言之，评论往往具有多角度的特性，因此仅基于单一实体和情绪的隐含假设在真实场景下存在较大的局限性。除了任务的假设不成熟，当时使用的方法也都较为基础。研究通常采用特征工程结合机器学习的方法：特征工程一般是句法、词袋特征；机器学习方法有朴素贝叶斯或支持向量机。

2004年，Hu等[1]突破情感极性分类的假设，考虑在真实场景下，如何应对文本中可能涉及的多个实体或多个属性，有针对性地进行更加细粒度的情感分析。将情感分析划分为两个阶段：①从文本中提取出涉及的实体或属性；② 针对特定的属性，判断其情感极性方向。

9.2　情感极性分类

9.2.1　任务定义

对于一篇主观性文档，篇章级情感极性分类的目标是判定文本整体情感极性。对于单个主观性句子，句子级情感极性分类旨在确定该句子的情感极性。

9.2.2　任务框架

情感极性分类任务框架如图 9.1 所示，情感极性分类的模型经历了从基于规则方法到基于概率统计方法再到基于深度学习方法的发展过程。基于规则方法主要使用规则方法将输入中的情感词挖掘出来，通常的做法有情感词典构建、情感组合建模等，再辅以词袋模型、句法分析等方法进行分类。基于机器学习方法主要使用特征工程和机器学习方法，一般使用 n 元语法和句法分析得到特征，然后使用简单的朴素贝叶斯、支持向量机、点互信息排序等方法建模分类问题。基于深度学习方法主要使用神经网络自动获得情感分析所需要的特征，如使用卷积神经网络、循环神经网络、Transformer 模型、预训练语言模型等将输入文本编码成特征表示，再使用多层感知器对特征表示进行分类。

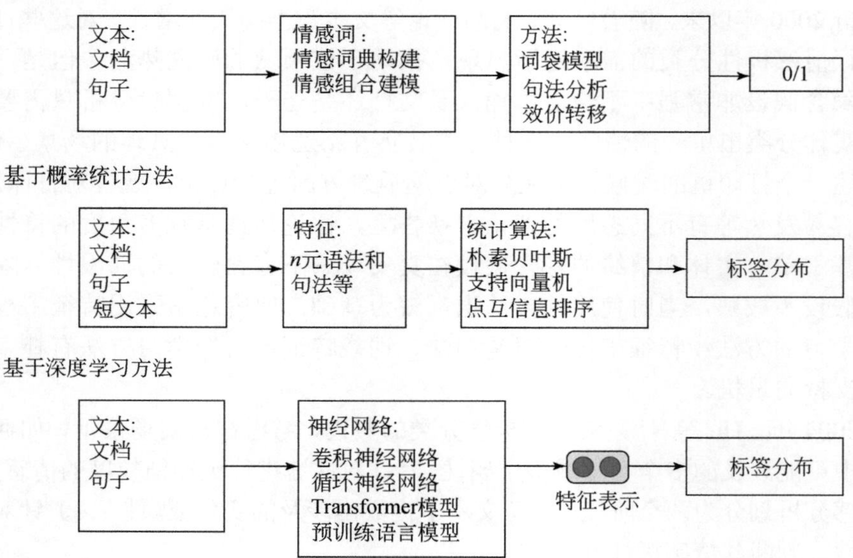

图 9.1　情感极性分类任务框架

9.2.3　技术路线

情感极性分类研究工作可归纳为四类方法：基于情感词典构建方法、基于情感组合建模方法、基于情感表示学习方法以及基于文本直接建模分类方法。

情感词典构建方法是以规则驱动为核心，其基本思想是通过预定义的情感词表或情感词典来判定文本的情感倾向。这一方法在早期情感极性分类研究中发挥了重要作用，但因其对复杂语境和隐含语义的表达能力有限，逐渐难以满足日趋多样化的情感分析需求。

基于情感组合建模方法是通过多任务情感要素融合进行复杂情感状态分析。递归神经张量网络[2]（recursive neural tensor network，RNTN）模型是典型的情感组合模型。该模型利用 RNTN 处理情感词的语义组合问题，通过构造情感语义树逐步分析情感词，得到最终结果。如图 9.2(a)所示的“most compelling”是正向情感，如图 9.2(b)所示的“least compelling”是负向情感，利用 RNTN 模型可以分析出细微情感词差别对结果产生的影响。

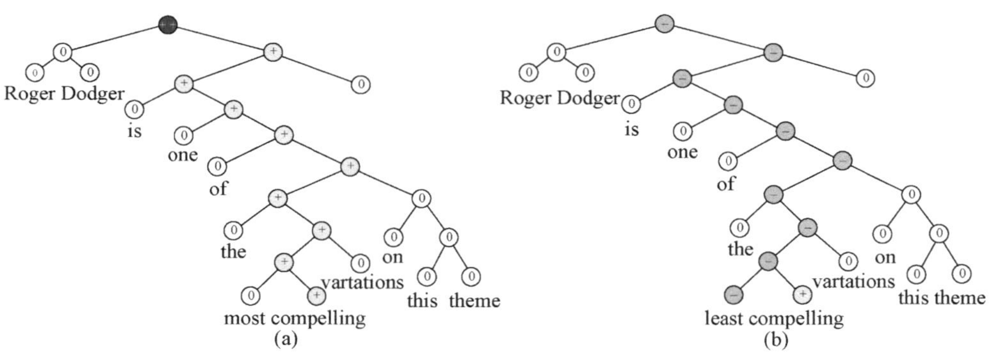

图 9.2　情感组合特征举例

基于情感表示学习方法是指从文本数据及附加的语言知识中面向情感信息提取特征表示以增强模型分类效果的方法。具有语言知识的情感感知语言表征学习（sentiment-aware language representation learning with linguistic knowledge，SentiLARE）模型[4]在预训练语言模型上增强表示，使用两个额外的自监督任务（词性标注，情感极性分类），增强预训练语言模型情感分析方面的能力。该方法会先对每句话进行预处理和词性标注，并对情感词典 SentiWordNet 中所有的词进行情感极性的打分。随后基于预处理的结果，给 BERT 的嵌入层加入词性嵌入和情感极性嵌入。最后进行词级别的三个自监督任务和句级别的情感分类任务。

基于文本直接建模分类方法是构建神经网络模型直接对文本进行情感极性分

类。Leap-LSTM 网络模型[3]是一种利用 LSTM 网络建模的情感极性分类网络，该网络受人类速读机制（跳过单词/像素/帧来处理长序列）的启发，该网络模型对长文本的每个词进行保留和跳过的操作。该模型结构如图 9.3 所示，设计一个分类器对每个词进行二分类，选出对分类结果有贡献的词，如式（9.1）所示。

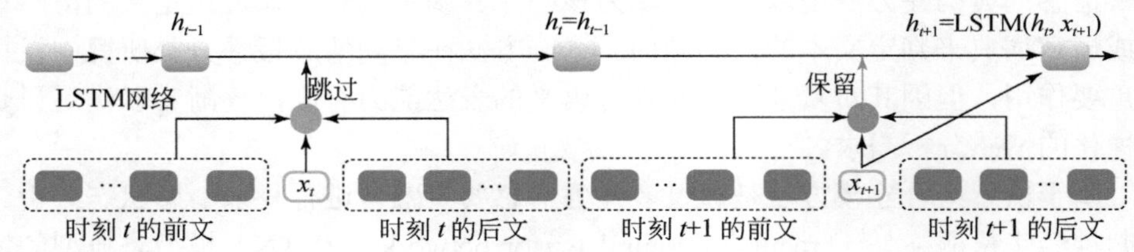

图 9.3　Leap-LSTM 网络模型结构

输入是词及其上下文，输出是保留或跳过的标签。

$$s_t = \mathrm{ReLU}\left(W_1\left[x_t; f_{\text{precede}}(t); f_{\text{follow}}(t)\right] + b_1\right) \tag{9.1}$$

$$\pi_t = \mathrm{Softmax}(W_2 s_t + b_2) \tag{9.2}$$

如式（9.3）所示，如果分类结果是保留，则把词作为输入，对最上层的 LSTM 网络进行编码；如果分类结果是跳过，则直接跳过该时刻的词，直接将前一时刻的状态传递到下一时刻。

$$h_t = \begin{cases} \mathrm{LSTM}(h_{t-1}, x_t), & d_t = 0 \\ h_{t-1}, & d_t = 1 \end{cases} \tag{9.3}$$

最后用选出的词构建的循环神经网络进行分类。

9.3　属性情感分析

9.3.1　任务定义

属性情感分析是一种细粒度的情感分析技术，旨在从文本中识别与特定属性或方面相关的情感倾向，并对其情感极性进行量化评估。

属性情感分析任务主要涉及观点持有者 h、评价对象（属性或方面）a、观点术语 o 和观点极性 p 四个元素，一般通过在文本中识别这些元素来进行属性情感分析。

9.3.2　技术路线

属性情感分析任务可分为以下子任务：观点持有者 h 抽取、评价对象 a 抽取、

观点术语 o 抽取和观点极性 p 判断。其中，评价对象 a 抽取、观点术语 o 抽取是整个任务的关键。观点持有者 h 抽取、评价对象 a 抽取、观点术语 o 抽取可采用相应的信息抽取技术完成，观点极性 p 判断可采用相应的分类技术实现。各类子任务可以单独建模实现，也可以联合建模实现，具体子任务如图 9.4 所示。

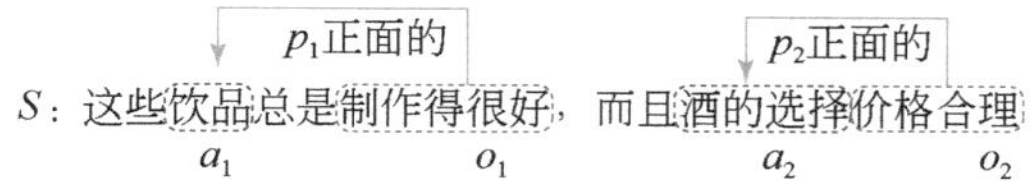

p_1正面的　　p_2正面的

S：这些饮品总是制作得很好，而且酒的选择价格合理

a_1　o_1　a_2　o_2

子任务	输入	输出	任务类型
方面术语抽取	S	a_1, a_2	抽取
意见术语抽取	S	o_1, o_2	抽取
方面级情感分类	$S+a_1$	p_1	分类
	$S+a_2$	p_2	
面向方面的意见抽取	$S+a_1$	o_1	抽取
	$S+a_2$	o_2	
方面术语抽取与情感分类	S	(a_1, p_1), (a_2, p_2)	抽取和分类
对抽取	S	(a_1, o_1), (a_2, o_2)	抽取
三元组抽取	S	(a_1, o_1, p_1), (a_2, o_2, p_2)	抽取和分类

图 9.4　属性情感分析子任务分类

交互式注意力网络（interactive attention network，IAN）模型[5]利用双向交互注意力机制建模目标词（属性）与文本的语义关联，分配文本各词对目标词的权重，然后形成联合表示，并用此表示进行目标词的情感分类，如图 9.5 所示。例如，“手机很好用，但价格太贵。”，利用交互式注意力网络模型对于目标词“手机”输入句子中，“好用”将获得高权重，利于属性分类为正向；对于目标词“价格”输入句子中，“太贵”将获得高权重，利于属性分类为负向。

开放领域目标情感分析模型[6]主要针对开放领域属性情感分析在抽取目标词（属性词）时会遇到搜索空间大且存在多目标词之间可能存在重叠现象的问题，提出基于跨度（span）的抽取—分类框架对各属性进行情感分析。具体方法：首先采用基于跨度的抽取方法来抽取各属性词（图 9.6(a)），然后对属性词进行情感极性分类（图 9.6(b)）。

基于自洽推理的方面情感四元组预测（self-consistent reasoning-based aspect-sentiment quad prediction，SCRAP）模型[7]引入大语言模型进行提取—分配的推理策略。首先从输入句子中提取所有方面术语和观点术语；随后利用预定义的类型和极性集将每个方面-观点对分配给方面类型和情感极性。这种推理过程高度模仿人类认知，能够显著提高模型的准确性和可解释性。SCRAP 模型整体框架如图 9.7 所示，具体分三步。

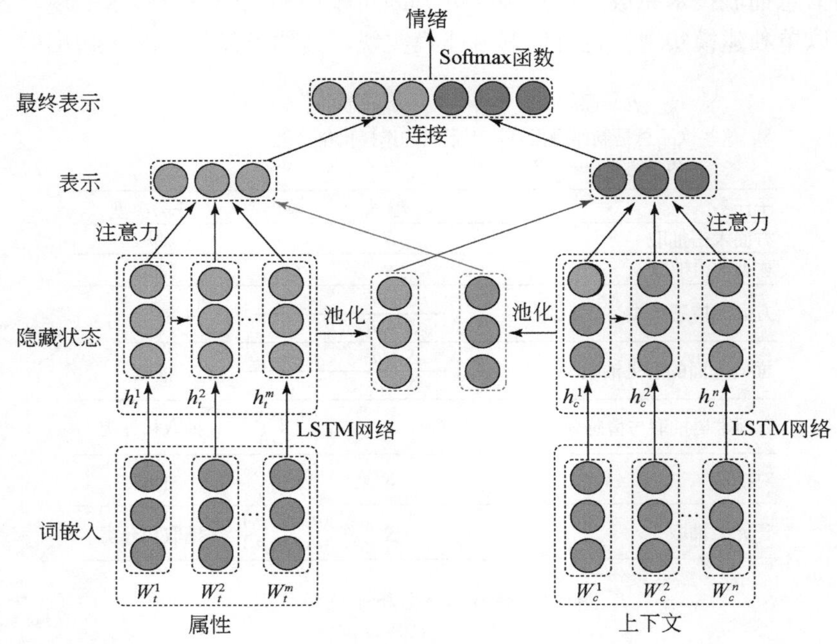

图 9.5　交互式注意力网络模型图

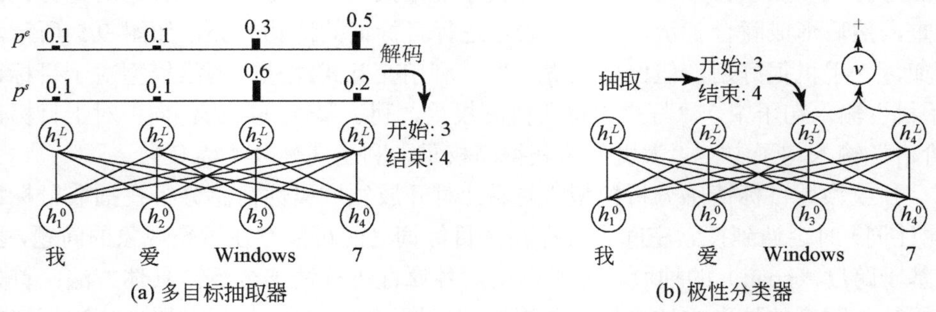

图 9.6　基于跨度的抽取—分类框架

（1）基于大语言模型提示生成提取—分配推理。使用大语言模型结合小样本提示生成推理路径。具体而言，给定一个句子及其对应的四元组，生成 N 条推理路径，以解释如何从句子推导出四元组。提示的设计旨在引导大语言模型模拟提取—分配的过程，从而生成合理的推理逻辑。

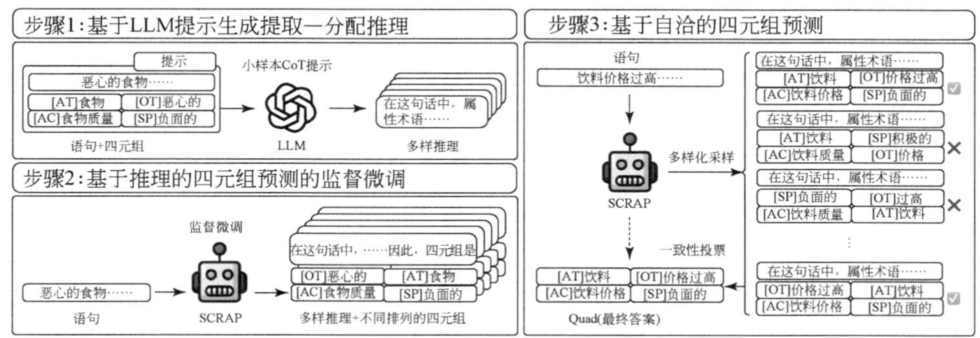

图 9.7 SCRAP 模型整体框架

（2）监督微调。对于每个句子，通过结合生成的推理路径和真实四元组构建微调目标。具体地，对于每条输入序列，利用推理路径中的 N 条路径以及真实四元组 q 的 P 种不同排列，生成多组监督目标。随后，通过最小化负对数似然损失函数，微调 Seq2Seq 模型，从而提升模型的生成能力和预测准确性。

（3）基于自洽的四元组预测。在测试阶段，微调后的模型按照提取—分配的推理策略生成四元组预测。为减少推理噪声对预测结果的影响，SCRAP 引入了基于自洽的策略，通过对多个候选输出进行采样并合并结果生成最终预测。

9.4 本 章 小 结

本章介绍了情感分析的基本概念，并简要介绍了情感极性分类的任务框架和技术路线，以及属性情感分析任务的要素及技术路线。

参 考 文 献

［1］Hu M Q, Liu B. Mining and summarizing customer reviews[C]//Proceedings of the Tenth ACM SIGKDD International Conference on Knowledge Discovery and Data Mining, Seattle, 2004: 168-177.

［2］Socher R, Perelygin A, Wu J, et al. Recursive deep models for semantic compositionality over a sentiment treebank[C]//Proceedings of the 2013 Conference on Empirical Methods in Natural Language Processing, Seattle, 2013: 1631-1642.

［3］Huang T, Shen G H, Deng Z H. Leap-LSTM: Enhancing long short-term memory for text categorization[C]//Proceedings of the Twenty-Eighth International Joint Conference on Artificial Intelligence, Macao, 2019: 5017-5023.

［4］Ke P, Ji H Z, Liu S Y, et al. SentiLARE: Sentiment-aware language representation learning with linguistic knowledge[C]//Proceedings of the 2020 Conference on Empirical Methods in Natural Language Processing, 2020: 6975-6988.

[5] Ma D H, Li S J, Zhang X D, et al. Interactive attention networks for aspect-level sentiment classification[C]//Proceedings of the 26th International Joint Conference on Artificial Intelligence, Melbourne, 2017: 4068-4074.

[6] Hu M H, Peng Y X, Huang Z, et al. Open-domain targeted sentiment analysis via span-based extraction and classification[C]//Proceedings of the 57th Annual Meeting of the Association for Computational Linguistics, Florence, 2019: 537-546.

[7] Kim J, Heo R, Seo Y,et al. Self-consistent reasoning-based aspect-sentiment quad prediction with extract-then-assign strategy[C]//Findings of the Association for Computational Linguistics, Bangkok, 2024: 7295-7303.

第 10 章　信 息 抽 取

互联网信息量的剧增，为人们提供了广阔的信息获取空间。然而，数据的高冗余性、松散结构和大数据量特性，使得有效信息的抽取成为一项挑战。信息抽取因此成为自然语言处理领域中一个重要的研究方向。本章将概述信息抽取任务的基本概念、发展历史、核心技术，并详细介绍命名实体识别、关系抽取和事件抽取这三个核心任务。

10.1　信息抽取概述

10.1.1　基本概念

随着互联网的高速发展和迅速普及，大量的信息呈现爆炸式增长，据 IDC 统计，互联网数据量已经跃至 ZB 级别（1ZB=10^{12}GB），全球数据量持续增长。这些海量的文本数据中蕴含着丰富的、用户感兴趣的高价值信息。如何从海量信息中迅速找到真正需要的信息就成为一个亟待解决的问题。信息抽取（information extraction，IE）正是在这种背景下应运而生的。从广义上讲，信息抽取处理的对象可以是文本、图像、语音和视频等多媒体，但通常指文本信息抽取。文本信息抽取是从非结构化或者半结构化的自然语言文本中抽取实体、实体属性、实体之间关系以及事件等事实信息，并形成结构化数据输出的一种文本数据挖掘技术，是自然语言处理任务中的一个重要研究方向。

10.1.2　发展历史

早在 20 世纪 60 年代，学术界就开始了信息抽取领域的研究，然而直到 20 世纪 80 年代末期，对信息抽取的研究与应用才逐步进入蓬勃发展期，这主要得益于消息理解会议（Message Understanding Conference，MUC）的召开，信息抽取技术受到更多研究者的关注。MUC 由美国国防高级研究计划委员会主办，1987～1997 年共召开了 7 届。MUC 为信息抽取制定了严密的任务定义和评估标准，并首次提出了一套基于模板填充机制的信息抽取方法。继 MUC 之后，自动内容抽取（Automatic Content Extraction，ACE）评估会议成为另一个致力于信息抽取研究的重要国际会议。上述信息抽取的研究主要针对英文文本，基于中文的信息抽取研究起步较晚，但近年来取得了较大的进步。随着互联网实际需求的增加，信息抽取技术需要从开放的、大规模的数据源中抽取信息进而以新获取的知识对现有知识库进行补充和扩展。针对这一目标，文本分析会议知识库填充任务（Text Analysis Conference Knowledge Base Population，TAC KBP）于 2009 年举办。到 2016 年底，TAC KBP 已经成功举办 7 届。与早先的 MUC 和 ACE 会议不同，TAC KBP 的关注点不再是个别文档和限定的领域，而是希望系统能够分辨出数据源与知识库中已有实体的对应关系，并且能够准确地获取这些实体的相关信息。近年来，深度学习技术席卷整个人工智能领域，在包括自然语言处理、图像处理和语音识别等多个方向上取得重大突破，已经成为当下最活跃的研究热点之一。深度学习模型能够自动地从输入数据中学习到最有效的表示，并且随着网络变得越来越复杂，其表示能力也不断加强。鉴于此，本章主要在深度学习的背景下，介绍基于深度学习的信息抽取相关技术。

10.1.3　任务定义

信息抽取广义上是自动处理非结构化的自然语言文本，选择性抽取文本中指定的信息，并就抽取的信息形成结构化的数据表示。在具体任务中，信息抽取包括三个子任务：命名实体识别（named entity recognition，NER）、关系抽取（relation extraction，RE）、事件抽取（event extraction，EE）。其中，命名实体识别是信息抽取的基础性工作，其任务是从自然语言文本中识别出诸如人名、组织名、日期、时间、地点、特定的数字形式等内容，并为之添加相应的标注信息，为信息抽取后续工作提供便利；关系抽取是获取了文本中的实体后识别实体之间语义上的关系；事件抽取是从文本中抽取出用户感兴趣的事件信息，将非结构化的自然语言文本以结构化的形式呈现出来。针对不同的抽取任务，需要设计合适的模型来解决。

随着大语言模型的兴起，信息抽取领域迎来了重大发展。大语言模型在信息抽取中的应用不仅提高了命名实体识别、关系抽取和事件抽取的准确率，还为信息抽取任务提供了基于生成范式的解决方案。未来信息抽取将可以从图像、视频、音频等数据中抽取知识，实现自动化端到端的信息抽取，范围更广，还可以实现细粒度情感标签、通用槽位、观点等信息的抽取。

10.2　命名实体识别

10.2.1　相关概念

1. 任务定义

命名实体（named entity，NE）概念于 1995 年的第 6 届 MUC 上被提出，主要指有意义的专有名词。早期的 MUC 将命名实体限定为人名、机构名和地名。后续的 ACE 会议扩展了命名实体的范畴，包括地理、政治实体和设施等。后来计算自然语言学习会议（Conference on Computational Natural Language Learning，CoNLL）进一步将命名实体定义为包含名称的短语，包括人名、地名、机构名、日期等。随着技术的发展和应用领域的拓宽，命名实体的范围也在不断扩大。

命名实体识别是指从非结构化文本中自动识别出具有特定意义的实体词汇，并对其进行分类标注。

2. 任务形式

命名实体识别的任务形式相对直观，即输入为句子，输出句子中含有实体的集合。从模型的角度来看，输入为构成句子的词序列，输出为按规定类型抽取的实体集合。

根据实体结构的复杂性，可以将实体分为简单实体和复杂实体，其中简单实体就是指传统的非嵌套连续实体，复杂实体是指嵌套或非连续的实体。复杂实体抽取技术在深度学习技术兴起之后被广泛关注。

3. 评估指标

命名实体识别任务主要评估指标是精确率、召回率和 F_1 值。

10.2.2　简单命名实体识别

传统命名实体识别任务的处理对象是简单实体，该对象具有两个限定条件：实体之间不存在重叠结构(包含嵌套结构);实体是由句子内连续的词片段构成的。

例如，“第三届自然语言处理国际会议在北京召开。”句子中的地名实体“北京”是一个简单实体，因为单独的“北”或“京”不能构成一个地名实体，因此“北京”实体不嵌套任何实体，同样也不和其他实体有重叠词，它是由连续的词片段构成的简单实体。

早期的命名实体识别主要是基于规则方法，由语言学家依据数据集特征人工构建特定规则模板。通过观察实体名称自身的特征和短语的常见搭配，人为地制定一些规则来构建规则集合。制定好规则之后，通常将文本与规则进行匹配以实现命名实体识别。这种基于规则方法的局限性非常明显，不仅要观察和分析实体名称的特征，还要有相关领域专业研究者的参与，这将消耗巨大的时间和人力成本。由于人工进行规则迁移的代价比较高，此方法在不同的领域之间缺乏很好的可移植性，且不容易在其他实体类型或者数据集上扩展，无法适应数据的变化。

进入 21 世纪之后，基于大规模语料库的统计学习方法逐渐成为自然语言处理的主流。命名实体识别的研究也逐渐由基于规则方法转向了基于统计学习方法，统计学习方法大多采用基于有监督统计学习模型。基于有监督统计学习的命名实体识别首先根据标注好的数据，应用领域知识和工程技巧设计复杂的特征来表征每个训练样本。通过对训练语料所包含的语义信息进行统计和分析，从训练语料中不断发现有效特征。有效特征可以分为上下文特征、词典以及词性特征、单词特征、核心词特征和语义特征等。最后，应用统计学习算法训练模型，对数据的模式进行学习。

随着深度学习的发展，命名实体识别的技术转向了基于深度学习的方法。该方法不需要基于统计学习方法中必需的特征工程和领域知识。模型可以自动提取特征，以端到端的方法实现实体抽取。在第二、三范式时期，实体抽取主要采用基于神经网络的序列标注方法（详见 6.3 节）。在第五范式时期，除可以沿用以前的方法，还可以利用大语言模型以生成式方式实现实体抽取。

10.2.3　复杂命名实体识别

简单实体的结构通常是连续的且内部不存在其他实体，复杂实体根据实体结构的不同可以分为嵌套命名实体与非连续命名实体。

嵌套命名实体是指实体的内部嵌套了一个或者多个其他实体的实体，如图 10.1 所示，在组织“得克萨斯大学”中嵌套了地名实体“得克萨斯”。从层次的角度，嵌套命名实体内部包含其他实体，嵌套命名实体处于层次结构中的高层，因此，本节将嵌套命名实体称为高层实体。相应地，在嵌套命名实体内位于最底层的实体称为底层实体。此外，由于简单实体只有一层结构，所以其也是底层实体。

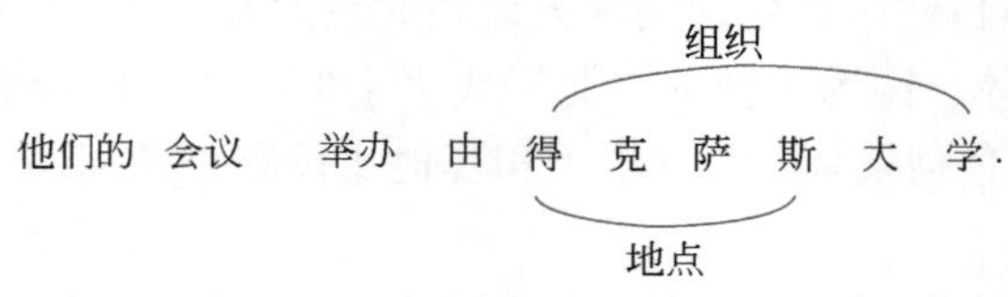

图 10.1　嵌套命名实体

非连续命名实体在文本中通常是由几个不连续的片段组成的，如图 10.2 所示，疾病名“肌肉抽筋”。非连续命名实体识别在医学领域有广泛用途。

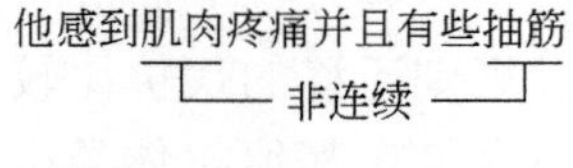

他感到肌肉疼痛并且有些抽筋

非连续

图 10.2　非连续命名实体

1. 嵌套命名实体识别

嵌套命名实体识别方法主要有基于规则方法和基于机器学习方法。基于规则的命名实体识别是在简单实体识别的基础上采用规则方法，通过后处理来识别出嵌套命名实体。该方法的不足之处是规则没有很强的泛化性，面对不同领域的语料库需要一定的人工修正。

基于机器学习的命名实体识别一般采用序列标注方法。但传统的序列标注方法假定文本中每个词只有一个类型标签，嵌套命名实体的嵌套词会含两个标签。因此，针对嵌套命名实体识别任务，基于机器学习的方法大都采用层次模型，即将嵌套命名实体的识别转化成多个层次的序列标注任务，也可以采用任务转换的方法将其转换为机器阅读理解任务进行处理。主要技术方法有：

（1）标签层次化，即扩充一个字的标记内容使它能够反映出更多关于该字的语义信息以及其所参与到的实体，随后，使用一个序列标注模型进行训练和预测。其不足之处是这样的多标签需要大量的标记集，而嵌套命名实体的一个特点是越向上层实体越稀少，而训练实体的稀少最终将导致高层实体识别性能较差。

（2）模型层次化，即采用多个叠加的序列标注模型，按顺序对每一个序列标注模型设定不一样的任务目标。例如，第一个序列标注模型识别出底层实体，第二个序列标注模型识别出第二层的嵌套命名实体，以此类推识别出全部的实体，这样做的缺点是模型数量繁多且不能保证每个模型都具有良好的性能。

（3）任务转换，即将任务转换为抽取式机器阅读理解任务。方法是通过为每个实体类型创建一个问题模板构建先验知识语料，然后利用该语料训练模型得到可以识别嵌套实体的机器阅读理解模型，利用训练好的模型来完成嵌套实体识别任务。

2. 非连续命名实体识别

非连续命名实体识别方法主要有基于规则方法和基于机器学习方法。其中，基于规则方法需要人工制定规则，难以涵盖各类复杂结构，效果有限。因此目前主流方法是基于机器学习的方法，主要如下。

（1）基于序列标注的方法：首先用序列标注方法找出实体各片段，然后将找出的片段进行整合，形成目标实体。

（2）基于超图的方法：将文本转换为超图表示形式，借助超图能很好地表示数据之间复杂关系的优势，开发相应算法，识别非连续实体。

（3）基于生成模型的方法：利用序列生成模型（如指针网络等），以序列生成的方式识别出非连续实体。

近期，随着大语言模型的兴起和其能力的不断提升，有研究工作将复杂命名实体识别用大语言模型来实现。

10.3 关系抽取

关系抽取的研究起源于 20 世纪 90 年代，在 1998 年的 MUC 上被首次提出之后，一直是信息抽取领域的热点问题。关系抽取在知识图谱构建、自动问答、生物信息挖掘等领域有着广泛用途。

10.3.1 任务定义

关系抽取任务是从非结构化文本中识别实体之间的语义关联关系，并将其转化为结构化的数据表示（如三元组），以支持下游任务（如知识图谱构建等）。

关系抽取评估指标与命名实体识别任务类似，为精确率、召回率以及 F_1 值。

10.3.2 主要方法

关系抽取按照训练数据标注来源，可分为基于有监督的关系抽取和基于远程监督的关系抽取。其中基于有监督的关系抽取训练数据是人工标注的，标注数据准确，质量较高；基于远程监督的关系抽取训练数据是利用现有知识库自动标注的，标注数据中含有大量的噪声，标注质量较低。

1. 基于有监督的关系抽取

有监督的关系抽取需要具备一定量的标注数据，即每个实体对都用一种预定义的关系类型来标记。如果某个实体对没有关系，则可以引入一个特殊的关系类型 None 来表示。有监督的关系抽取是一个多元分类问题，每一个类型对应一个不同的关系类型，方法分为基于统计学习方法和基于深度学习方法。基于统计学习的有监督的关系抽取，通过人工标注训练数据来获取样本，并将样本输入到预先选择的特征集中以训练分类模型，根据输入样本的文本语义表示方式的不同，将有监督的统计学习方法分为基于特征向量和基于核函数的方法。其中，基于特征向量方法的核心是特征工程，通过启发式的方法选取特征集合，使用多层次的语言特征构造特征向量，以实现对输入样本的语义进行表征。基于核函数的方法不需要像基于特征向量的方法一样构建特征集合，而是通过对文本进行句法分析来构建核函数的输入，通过计算输入示例之间的相似度训练分类模型。但是基于核函数的方法使用隐式方式表示特征，没有显式地构造和处理语义信息，使得其泛化性能较弱。同时，较高的计算复杂度限制了该类方法在大型语料库上的应用。

基于深度学习的有监督的关系抽取方法可以免除统计方法的人工特征选择问题，模型自动提取特征，典型方法有卷积神经网络、循环神经网络等。基于卷积神经网络的关系抽取模型的主要思想是将句子中实体之间的关系抽取看作句子分类，过程是在编码之后的词向量表示上进行卷积操作，再通过最大池化或者平均池化的操作得到句子表示，对该句子表示进行关系分类。如果直接将实体之间的关系分类作为文本分类任务来使用卷积神经网络会导致实体信息的丢失，所以通常会引入一些词法级别的信息以及位置信息，将这些额外的特征信息和通过卷积神经网络获得的句子表示特征融合起来，再进行关系分类。

基于循环神经网络的关系抽取模型是利用循环网络将句子及其中的实体形成序列信息表示，然后将网络隐藏层信息通过各种方法融合形成句子表示，最后再用句子表示进行分类。相比卷积神经网络，循环神经网络具有更好的建模能力，可以获取实体之间的长程依赖，这对关系抽取非常有益。基于深度学习的有监督的关系抽取方法面临的最大问题是神经网络的训练需要大量带标签的语料。语料的标注是十分费时费力的工作，且语料的质量也大大影响模型训练的效果。远程监督方法在一定程度上可以缓解标注语料的问题。

2. 基于远程监督的关系抽取

基于远程监督的关系抽取方法与基于有监督的关系抽取方法的主要差异在于数据标签的来源，有监督学习的数据标签是人工标注的，远程监督学习的数据标签是利用已有的知识库自动标注的。具体方法是，给定一个包含实体对和对应关系的已有知识库，假设句子中的实体对出现在该知识库中，则使用知识库中该实体对所对应关系的句子进行关系标注。这种方法虽然可以快速自动获取数据标签，但也会引入标签噪声。

引入的标签噪声主要分为两类：①由于远程监督强假设引入的假正例噪声（本身不包含关系但是被标注了）；②由于知识库的不完备，引入的假负例噪声（本身包含关系但是知识库中没有）。

在远程监督关系抽取中，如何降低标签噪声是重点研究问题。这方面已有许多相关成果。

基于注意力机制的标签降噪模型是典型的远程监督关系抽取模型[1]（图 10.3）。该方法首先将包中所有的句子分别用卷积神经网络编码成句向量（图 10.3(a)），然后用句子级注意力机制为各句子分配权重，使标签正确的例句获得较高的权重，标签错误的例句获得较低的权重，最后通过各例句加权求和得到综合的句表示，并用综合句表示进行分类得到类型标签（图 10.3(b)），此方法有效地降低了标签噪声对分类结果的影响。

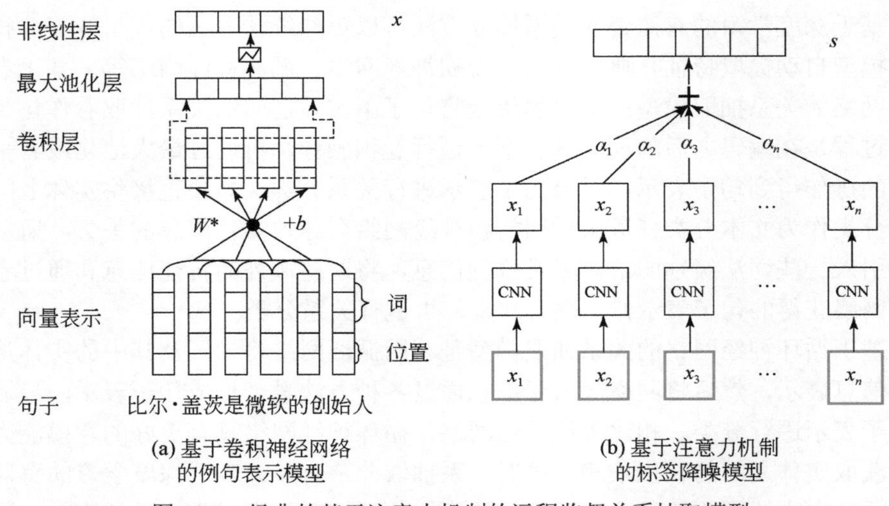

图 10.3　经典的基于注意力机制的远程监督关系抽取模型

3. 实体关系联合抽取

实体抽取与关系抽取是两个不同的任务，通常会用不同的模型完成各自的任务。关系抽取任务需要在实体抽取任务完成的基础上进行，这种独立建模的方法不能有效地利用两个任务之间的关联信息，而且如果实体识别错误，会影响到关系识别的准确性。因此有研究提出实体关系联合抽取方法。

实体关系联合抽取方法是建立统一的模型，同时完成实体识别与关系识别任务。目前实体关系联合抽取方法主要有：①基于序列标注的方法[2]，该方法将实体信息和关系信息融入标签集中，建立实体和关系的统一标签儿集，然后将问题转化为序列标注问题，再通过得到的标签儿序列得到实体及其之间的关系；②基于表填充方法[3]，该方法首先构造二维矩阵表示出所有实体之间的关系，然后通过填充矩阵显示的建模实体之间的关系，完成联合抽取任务；③基于序列到序列模型方法[4]，该方法利用编码-解码架构，将实体关系抽取问题转换为三元组序列生成问题，利用拷贝机制可直接从输入中找到实体，利用生成机制可生成实体与实体关系的三元组。

10.4　事 件 抽 取

事件抽取是信息抽取任务中重要的子任务，也是信息抽取领域的难点问题之一。事件抽取在舆情监控、事件推理等任务中有着广泛的应用前景。

10.4.1　任务定义

事件指特定时空范围内由参与者介入的、引发状态变化的动作或活动组合。事件基本组成元素包括标识事件发生的核心动作（引发状态变化的动作）和事件涉及的参与者及其属性（主要有时间、地点、参与者等）。

论元（元素角色）指事件元素与事件之间的语义关系，即事件元素在相应的事件中扮演什么角色。

事件抽取从非结构化文本中识别特定类型事件，抽取事件基本元素，并以结构化的形式呈现出来。

10.4.2　任务实现步骤

1. 事件检测

（1）触发词识别：定位标识事件发生的核心词汇（在文本中为多为动词或名词，如动词“出生”或名词“收购”）。

（2）事件类型划分：根据预定义体系划分事件类型（如 ACE2005 数据集将事件分为八大类 33 个子类）。

2. 论元抽取

抽取事件参与者及其语义角色，具体包含如下。

（1）主体/客体：施事者、受事者。

（2）时空要素：时间、地点。

（3）扩展属性：金额、方式等附加参数。

10.4.3　任务实现方法

1. 基于模式匹配的方法

事件抽取最初是通过人工制定规则基于模式匹配的方法进行抽取的，此类方法主要包括两个步骤：利用外部知识库有标注语料和无标注语料进行模式获取，主要通过领域内专家人工筛选的方式构造高质量的模式库；基于这些构建的模式库对抽取文档通过模式匹配的方法进行抽取。

2. 基于概率统计的方法

在概率统计方法时期，事件抽取方法主要采用词法特征、句法特征等人工构建特征，结合支持向量机或逻辑回归，使用隐马尔可夫模型或条件随机场对文本序列进行标注，从而执行触发词识别和论元抽取。该类方法的优点是可解释性强，其缺点是需要大量的人工提取特征。

3. 基于神经网络的方法

基于神经网络的方法主要利用神经网络自动从文本中获取特征进而完成事件抽取，可以分为管道方法和联合方法。管道方法将事件抽取任务划分为多个阶段性子任务，对每个子任务分别进行训练，最终组合实现整个抽取目标。优点是简化了整个抽取任务，缺点是会导致误差传递。联合方法同时抽取所有信息，直接完成事件抽取任务中的所有目标，其优点是实现事件触发词和事件元素之间信息的交互，缺点是模型泛化性能差。

在第二范式时期研究主要集中在构建各种网络模型，来完成事件抽取任务。2015 年，Chen 等提出的基于动态多池化卷积神经网络（dynamic multi-pooling convolutional neural networks，DMCNN）的事件抽取模型[5]，是当时的典型模型。

该模型是一个管道模型。首先进行事件类型检测，使用 DMCNN 对句子中的每个词进行分类，识别触发词，如果句子中存在触发词，进行第二阶段论元抽取。如图 10.4 所示，使用类似的 DMCNN 模型整体架构分配触发词的论元。DMCNN 的输入分为三部分：整句的全部单词当作上下文特征，当前单词到被识别的触发词或候补论元的相对距离，以及第一阶段检测的事件类型。将三者拼接后利用卷积神经网络进行分类，最后得到该候补论元的分类结果。

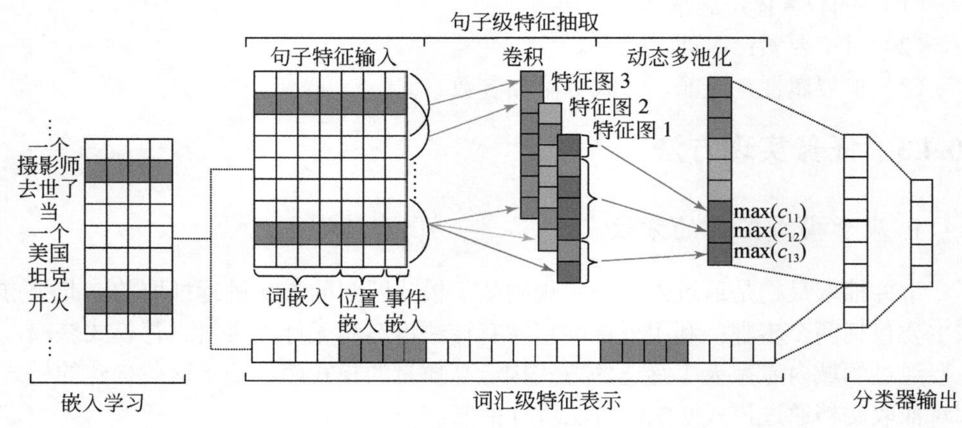

图 10.4　DMCNN 模型整体架构图

随着大规模预训练语言模型在各大自然语言处理任务上成功应用，事件抽取开始出现基于生成范式的事件抽取方法。基于生成范式的事件抽取任务主要有两种类型：①把预训练语言模型作为知识库，将事件抽取任务转变为问答或阅读理解任务来完成抽取；②将事件抽取任务转变为限制条件的序列生成任务。

对于基于问答或阅读理解任务形式的事件抽取，其核心思想是利用预训练语言模型对文本的理解能力，针对事件抽取任务设计相应的问题，让模型生成相应的答案，进而将答案转变为事件抽取的结果。此类方法研究的重点是如何设计有效的问题形式，此类方法也可以看作提示方法在信息抽取领域的应用。

Li 于 2020 年提出的基于多轮问答的事件抽取（event extraction as multi-turn question answering，MQAEE）模型[6]是典型的问答式事件抽取模型。该模型将事件抽取建模成一个多轮问答任务，每一轮提问基于上一轮回答来进行下一步的问题设计，最后整合多轮问题答案作为最终抽取结果，整体抽取流程可以分为以下三个阶段。

（1）事件触发词识别：该模型将事件触发词识别任务建模成抽取式机器阅读理解任务，以 BERT 模型作为基础模型，输入设计的问题和样本句，输出抽取的答案。

（2）事件类型分类：该模型将事件类型判断建模成二分类问题，以 BERT 模型作为基础模型，并根据事件触发词识别阶段问答的结果设计问题，通过一个全连接的二分类器判断事件类型。

（3）论元抽取：该模型将论元抽取任务建模成一个抽取式机器阅读理解任务，以 BERT 模型作为基础模型，基于前两个阶段的结果，针对所得到的事件类型构造相应的问题并输入到模型中，从而获得相应的论元。

对于篇章级事件抽取任务，模型需要针对元素分散和多事件两个挑战设置额外的处理机制和应对模块。下面介绍典型篇章级事件抽取模型 Doc2EDAG。

Doc2EDAG[7]针对篇章级抽取样本在任务定义和模型设计层面进行特别的设置。在任务定义层面，不同于传统的句子级事件抽取，提取每一条事件记录包含事件类型和事件角色及其对应的实体元素，而没有事件触发词。在模型设计层面，则在编码、交互和分类层对篇章级样本的特征进行建模，模型主要包括以下三个模块。

1）编码模块

在 Transformer-1 阶段首先对文档的每个句子进行句子级编码以及抽取候选事件元素，设计基于 Transformer+条件随机场结构的编码模块，将文档中的句子依次通过该模块进行句子内的交互编码，同时结合条件随机场对每个句子基于 BIO 策略进行序列标注，抽取出候选实体。对于句子编码表示，对每个句子的词元编码进行池化，得到相同维度的句子向量表示。对于实体编码，在文档样本中一个实体往往在多个句子中出现多次，每一次出现称为实体提及，而通过句子级编码，同一实体的不同提及会得到不同的上下文表示，因此首先对每个实体提及进行编码表示，因为一个实体提及可能包含多个词元，所以对该实体提及所包含的词元进行池化得到实体提及的编码表示。

2）交互模块

对于句子编码表示和实体提及表示，在Transformer-2阶段进行句子间的交互，并增强实体对完整文档上下文的感知。此外，Transformer 结构是并行计算，为增强交互时引入文档结构的信息，会在句子向量中加入每个句子的位置信息，从而增强文档结构化感知。通过此篇章级交互模块，对于每个实体表示，将其所包含的实体提及表示进行池化操作，得到相同维度的候选实体表示。

3）解码模块

通过交互模块得到篇章级增强后的句子表示和实体表示，首先根据文档的句子表示和元素实体的表示进行事件类型识别，然后依次迭代每一个被激活的事件类型，最后进行后续的元素角色的解码抽取。对于每一个事件类型，该模型将元素抽取任务建模成有向无环图的生成过程，同一事件类型下的所有（一个或多个）事件记录可以通过一次有向无环图解码生成。对于每一个事件类型，按照预定的元素角色顺序依次遍历每一个角色来进行元素分类。对于每一个元素角色，对所有的候选事件元素进行二分类判断是否扮演该角色，如果判断结果为扮演该角色则进行路径扩展。为进一步提高元素角色判断的准确率，提出路径记忆模块，每一个事件类型的初始记忆均为文档中拼接的所有句子表示，随着对每个角色的判断，将每条路径上的元素实体依次拼接到记忆模块中。对于每一步角色判断，拼接候选实体和路径记忆，引入判定分类的角色信息，在Transformer-3 阶段进行进一步的感知和交互，得到最终增强的元素实体的表示，最后基于每个增强的实体表示进行二分类判断。最终所有的论元判断分类完成。

鉴于许多信息抽取任务如命名实体识别、关系抽取、事件抽取可以从跨句子的全局上下文合并或短语之间的非局部依赖性中获益，可以将多种信息抽取任务统一建模。

基于动态跨度图的信息抽取（information extraction using dynamic span graphs，DyGIE）模型[8]，其框架如图 10.5 所示。

该模型具有命名实体识别、关系抽取和事件抽取三个信息抽取任务的能力。其输入是一篇文档和一组跨度实体的集合，输出是跨度集合中每个跨度的实体类型、句子内跨度之间的关系类型和所有跨度之间的指代关系。根据跨度之间的连接，该模型通过构造跨度图辅助信息传播，对于跨度集合中的每一个跨度，根据其上下文的词元、跨度的宽度信息等对跨度进行初始表示；接着构造跨度之间的关联图，对于每个跨度假设存在 K 个先行语，计算每个跨度和先行语跨度之间的置信度；然后通过动态构造图结构进行图连接权重更新，进而基于迭代后的跨度表示计算得分，从而完成跨度之间的指代消解任务。对于关系抽取任务，同理构造跨度之间的关系关联图，对每一种关系类型构造相应的跨度关联图，进行迭代更新以计算边的连接权重和跨度的节点表示，最终基于跨度的节点表示进行关系抽取和实体类型的判断。对于事件抽取任务，连接跨句子的相关语义信息，识别事件角色的论元跨度，完成句子级语义角色标注。

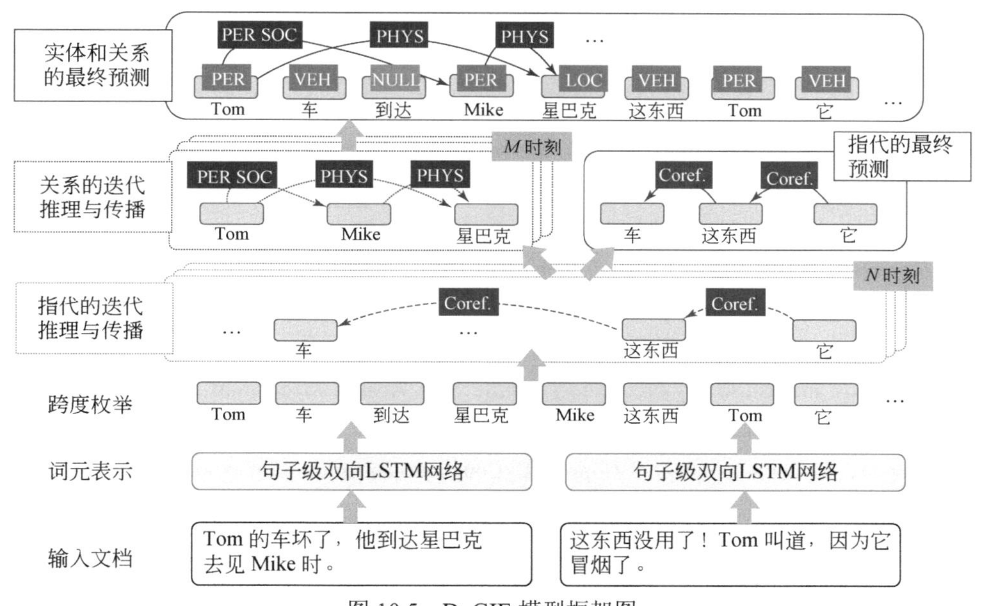

图 10.5 DyGIE 模型框架图

10.4.3 评估

对于事件抽取任务，评估指标主要沿用了信息抽取领域命名实体识别和关系抽取的评估指标，包括准确率、召回率和 F_1 值。同时计算方法可以分为宏平均和微平均两种计算方式。在事件抽取领域，对于事件检测任务，主要评估样例中每个事件记录的类型检测结果；对于元素抽取任务，主要评估样例中每个事件记录中元素抽取的结果。

对于事件检测任务，当一个预测出的事件触发词在文章中的位置（如果抽取本体包含事件触发词）、对应的事件类型和子事件类型都和人工标注的答案一致时，评估系统认定预测出的事件类型分类正确。当一个预测出的事件元素在文章中的位置以及对应的事件类型和子事件类型都和人工标注的答案一致时，评估系统判定预测出的事件元素识别正确。当一个预测出的事件元素在文章中的位置、对应的事件类型和子事件类型以及预测的其在相应事件中扮演的角色，都和人工标注的答案一致时，评估系统判定预测出的事件元素分类正确。

10.5 本 章 小 结

本章简要介绍了信息抽取基本概念及其任务组成，分别介绍了命名实体识别、关系抽取、事件抽取的基本概念和相关技术，为初学者奠定基础。

参 考 文 献

［1］ Lin Y K, Shen S Q, Liu Z Y, et al. Neural relation extraction with selective attention over instances[C]//Proceedings of the 54th Annual Meeting of the Association for Computational Linguistics, Berlin, 2016: 2124-2133.

［2］ Zheng S C, Hao Y X, Lu D Y, et al. Joint entity and relation extraction based on a hybrid neural network[J]. Neurocomputing, 2017, 257: 59-66.

［3］ Zeng X R, Zeng D J, He S Z, et al. Extracting relational facts by an end-to-end neural model with copy mechanism[C]//Proceedings of the 56th Annual Meeting of the Association for Computational Linguistics, Melbourne, 2018: 506-514.

［4］ Zeng D J, Zhang R H, Liu Q Y. CopyMTL: Copy mechanism for joint extraction of entities and relations with multi-task learning[C]//The 34th AAAI Conference on Artificial Intelligence, New York, 2020: 9507-9514.

［5］ Chen Y B, Xu L H, Liu K, et al. Event extraction via dynamic multi-pooling convolutional neural networks[C]//Proceedings of the 53rd Annual Meeting of the Association for Computational Linguistics and the 7th International Joint Conference on Natural Language Processing, Beijing, 2015: 167-176.

［6］ Li F Y, Peng W H, Chen Y G, et al. Event extraction as multi-turn question answering[C]//Findings of the Association for Computational Linguistics, Online, 2020: 829-838.

［7］ Zheng S, Cao W, Xu W, et al. Doc2EDAG: An end-to-end document-level framework for Chinese financial event extraction[C]//Proceedings of the 2019 Conference on Empirical Methods in Natural Language Processing and the 9th International Joint Conference on Natural Language Processing, Hong Kong, 2019: 337-346.

［8］ Luan Y, Wadden D, He L H, et al. A general framework for information extraction using dynamic span graphs[C]//Proceedings of the 2019 Conference of the North American Chapter of the Association for Computational Linguistics: Human Language Technologies, Minneapolis, 2019: 3036-3046.

第 11 章　机器阅读理解

人们在日常生活中往往会遇到需要阅读理解的问题，即针对某些文章回答特定的问题，人类的解决方式往往是结合所处理的文章内容以及自身以往习得的语言学知识和世界知识进行思考和推理，从而给出准确、合理的答案。机器阅读理解任务是模仿人类阅读理解过程，利用计算机在给定的文章或相关事实内容的基础上对相应的问题进行回答。此类任务的问题一般是非事实性的、高度抽象的且需要具备语言理解、分析、思考和推理能力的挑战性问题。

11.1　机器阅读理解概述

机器阅读理解任务技术经历了基于规则方法、基于概率统计方法和基于深度学习方法三个时期。在规则方法时期，主要用大量的人工规则来解决问题。其优点是能够较好地刻画语言的深层知识；缺点是成本高，可扩展性差。在概率统计时期，主要用传统特征工程方法来解决问题，在某些传统数据集上有良好表现。其优点在于可解释性强，子步骤结果直观；缺点是需要大量人工构建特征，且存在数据和领域局限性，难以处理长程依赖问题，且缺乏推理能力，难以回答复杂问题。

在深度学习时期，由于神经网络模型在捕捉上下文信息方面显示出优势，并显著优于传统的概率统计模型，同时各种大规模基准数据集，如 CNN 每日邮报数据集、斯坦福问答数据集和 MS MARCO 等数据集的提出，加快了机器阅读理解技术的进一步发展。目前基于神经网络的方法成为主流。

在深度学习时期，为了降低任务难度，一般采用任务导向与数据驱动的方式展开研究工作，即将机器阅读理解任务定义为完形填空式任务、多项选择式任务、片段抽取式任务和自由生成式任务四种任务形式，并采用人工构造相应的数据集。研究者针对现有模型表现的不足，不断对其进行迭代改进来提出新的模型和技术。

本章主要围绕深度学习的第二范式时期的各类任务、典型模型和各任务的评估指标展开介绍，并对机器阅读理解面临的主要挑战与开放性问题进行概述。

11.2　任 务 定 义

机器阅读理解的主流任务形式有完形填空式、多项选择式、片段抽取式和自由生成式四类。

（1）完形填空式任务定义：给定文章 C，且文章中某个位置的词或者实体 $a \in C$ 会被移除（在语料中被移除词位置用特殊标识代替），同时给出问题，要求机器从候选实体集或给定文章 C 中选择正确的词或者实体进行填空，可形式化地表述为 $p\left(a^{*} \mid C-\{a\}\right)$，该形式任务简单，答案形式固定，现有数据集对语言理解要求不高，应用场景有限。

（2）多项选择式任务定义：给定文章 C、问题 Q 和候选答案集合 A，要求机器从候选答案集合中选择正确的答案，可形式化地表述为 $p\left(a^{*} \mid C,Q,A\right)$。由于答案形式受限，通常与其他自然语言处理任务结合使用。

（3）片段抽取式任务定义：给定文章 C 和问题 Q，其中文章 C 由词序列构成，即 $C=\left(t_1,t_2,\cdots,t_n\right)$，要求机器从给定的文章中抽取出连续的子序列 $\left(t_i,t_{i+1},\cdots,t_{i+k}\right)$，将该文本片段作为问题对应的答案。此类任务已广泛应用，主要依赖共现信息，对文本理解要求较低。

（4）自由生成式任务定义：给定文章 C 和问题 Q，要求机器根据文章内容和问题生成答案文本序列 a，a 可以是 C 的子序列，也可以不是 C 的子序列。此类任务相比其他任务形式最复杂，在理解灵活性和应用上表现良好，适用于实际应用场景，但因回答形式没有限制，难以准确评估结果，且数据集构造难度较大，发展有限。

11.3　神经机器阅读理解模型框架

如图 11.1 所示，基于神经网络的机器阅读理解模型框架一般包括嵌入编码层、特征提取/编码层、文章-问题交互层和答案预测层四个功能层。

（1）嵌入编码层：主要功能是将模型的自然语言形式的文章和问题输入，编码成固定维度的向量，作为神经网络的嵌入输入。

（2）特征提取/编码层：主要功能是接收编码层得到的文章和问题的词向量表示并对其进行处理以抽取更多的上下文信息。一般采用双向循环神经网络或卷积神经网络或 Transformer 编码方式形成上下文表示（抽取上下文信息）。

（3）文章-问题交互层：利用文章和问题之间的交互信息来推测出文章中哪些分布对于回答问题更为重要。文章-问题交互层的输入是文章和问题的上下文表示，输出为文章和问题经过交互操作后更新得到的表示。为了实现文章-问题的交互，现有方法一般采用单向或双向的注意力机制来实现交互操作，并且文章和问题之间的交互过程可以被执行多次，以模拟人类在完成机器阅读理解任务时的推理过程。

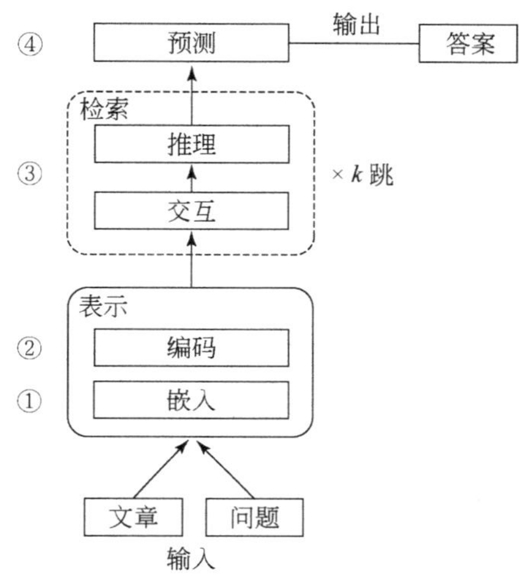

图 11.1　基于神经网络的机器阅读理解模型框架

（4）答案预测层：基于前面三个模块累积得到的信息进行最终的答案预测。答案预测层的输入是经过交互操作后更新的融合表示，输出是预测的答案分布，不同的任务类型对应的答案形式不完全相同。

在四层架构中，文章-问题交互层是核心部分，大部分研究工作将推理过程聚焦在如何设计有效的文章-问题交互层。通常实现文章-问题交互推理功能的核心是注意力机制。推理过程往往是通过多轮交互迭代的：一方面不断更新注意力机制的注意焦点来更新问题和文章的表示实现推理，另一方面通过加深网络层数来模拟不断增加的推理步骤（图 11.2）。

在每次交互过程中，文章和问题的交互方式可以是一维匹配或二维匹配：一维匹配一般指用问题语义表示向量作为注意力机制中的查询向量，文章的语义表示矩阵作为注意力机制中的键值对进行匹配（图 11.3(a)）；二维匹配操作以词粒度表示问题，并以每个词的表示向量作为注意力机制中的查询向量，文章的语义表示矩阵作为注意力机制中的键值对进行匹配，形成文章-问题交互矩阵，捕获文章和问题之间互相关注的语义信息，然后根据交互矩阵进行匹配计算（图 11.3(b)），二维匹配能够更好地捕捉文本中的细节信息，整体效果要优于采用一维匹配方法的模型。

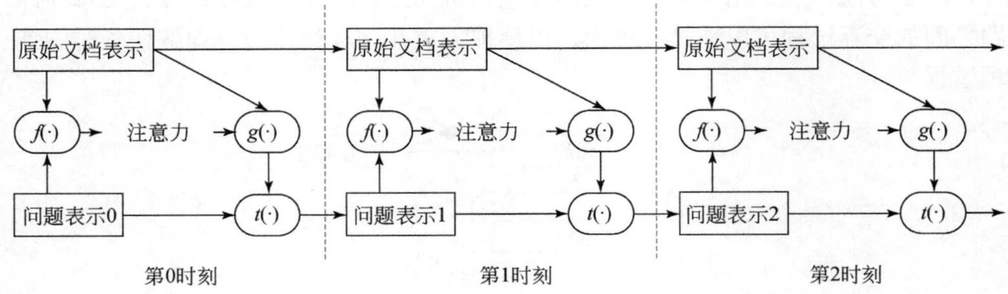

图 11.2　文章-问题交互中的推理过程

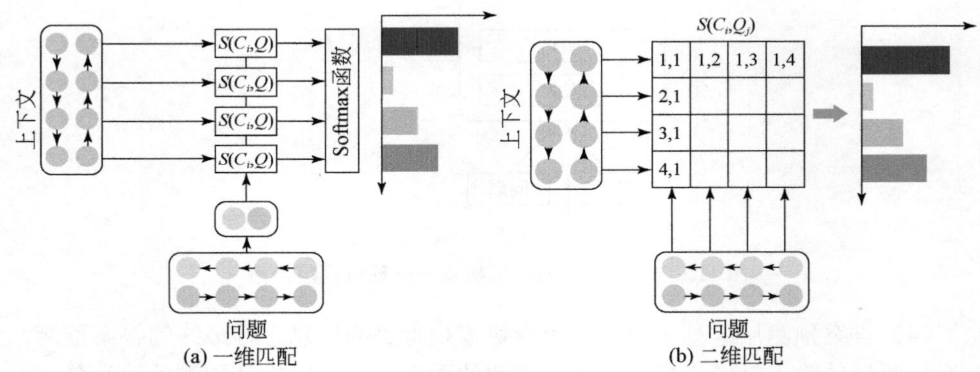

图 11.3　文章-问题交互中的匹配方法

11.4　神经机器阅读理解各类任务及典型模型

11.4.1　完形填空式机器阅读理解任务

完形填空式机器阅读理解任务主要的评估指标是准确率。

代表性数据集为 CNN 每日邮报 [1]、CBT、LAMBADA [2]、Who-did-What、CLOTH3D、CliCR。

Sum Reader 模型 [3] 结构如图 11.4 所示，该模型的计算流程分为以下几个步骤：①通过一层嵌入层将文章和问题中的词分别映射成向量；②用一个单层的双向门控循环单元编码文章，得到文章中每个词的上下文表示；③再用一个单层的双向门控循环单元对问题进行编码，用两个方向的最后时刻的隐层状态的串联值作为问题的整体表示向量；④将文章中每个词的上下文表示与问题表示向量进行点积后归一化的结果作为注意力权重，度量问题与文章中的每个词之间的相关性；⑤最后进行一次相同词概率的合并，得到每个词的概率，最大概率的词即为预测答案。

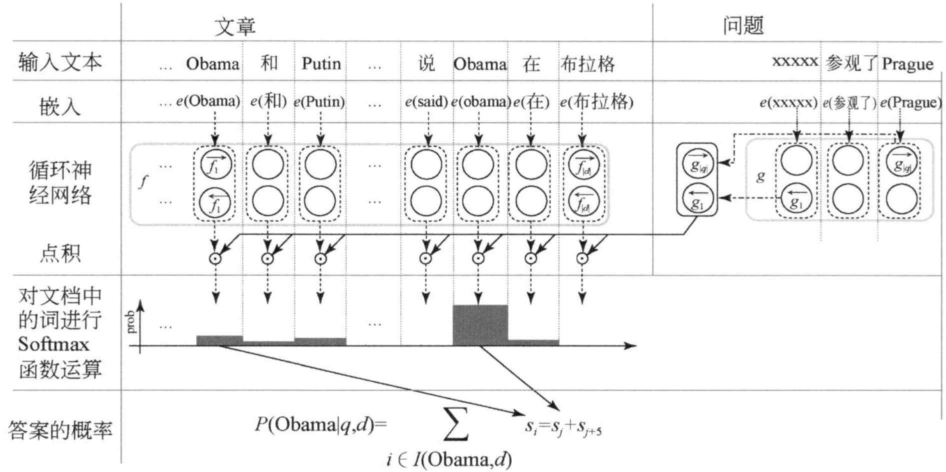

图 11.4　Sum Reader 模型结构

完形填空式机器阅读理解便于构造自监督信号，而且可以扩展到其他不同的自然语言处理任务中，用以辅助模型训练，但存在的问题是现有的数据集较为简单，任务形式也较为简单。

11.4.2　多项选择式机器阅读理解任务

多项选择式机器阅读理解任务主要的评估指标是准确率。

代表性数据集为 MCTest [4]、RACE [5]、MCScript [6]、Arc、OpenBookQA [7]。

Co-Matching 模型 [8] 于 2018 年被提出，在 RACE 数据集上验证其为当时最优模型。

如图 11.5 所示，Co-Matching 模型采用文章、问题和答案联合匹配的架构。模型分协同匹配、分层聚合和输出三层。其中，协同匹配层对答案候选集中的每个答案进行以下匹配，从候选集中选择一个答案，将文章中各句子分别与选中的答案和问题使用注意力机制形成交互耦合句表示，然后分层聚合层将协同匹配层的各句表示通过逐行最大池化操作形成文章的聚合表示。对候选答案集的每个答案进行上述操作，形成四个答案的分层聚合表示，然后将这四个分层聚合表示送入分类器进行分类，概率最大者对应的答案作为任务输出。

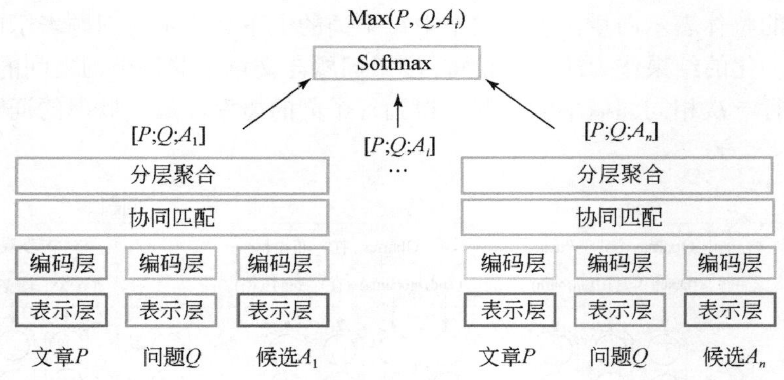

图 11.5　Co-Matching 模型架构

多项选择式机器阅读理解任务具有明确的评估指标，可以准确地评价模型完成相应阅读理解任务的水平，但是可解释性弱，无法对选择的答案进行合理解释，支撑候选答案的证据信息是隐式的。

11.4.3　片段抽取式机器阅读理解任务

片段抽取式机器阅读理解任务主要的评估指标是精准匹配、F_1 值。

代表数据集为 SQuAD [9]、TriviaQA [10]、SearchQA [11]、NewsQA [12]、WikiHop [13]、HotpotQA [14]。

BiDAF 模型 [15] 是一个经典的片段抽取式机器阅读理解模型，并对基于神经网络的机器阅读理解模型产生了重要影响，后续大多数片段抽取式方法均在此模型的基础上，围绕注意力值的计算或输出层进行各式各样的改进。BiDAF 使用双向注意力值，同时捕获问题和文章之间的交互信息，其模型结构如图 11.6 所示，计算流程分为下述步骤。

（1）嵌入层分别对文本进行字符级和词级别的编码，通过字符嵌入和词嵌入将文本以字符粒度和词粒度两个层面进行表示，向量串联后再通过两层高速网络进行特征融合，最终得到嵌入层的输出。文章的表示：$X \in \mathbf{R}^{d\times T}$；问题的表示：$Q \in \mathbf{R}^{d\times J}$。其中，$d$ 是向量的维度，T 和 J 分别是文章和问题的词级序列长度。

（2）在上下文编码层中，使用双向 LSTM 网络对文本的向量进行编码，得到文章和问题的上下文表示，分别是 $H \in \mathbf{R}^{2d\times T}$ 和 $U \in \mathbf{R}^{2d\times J}$。

（3）注意力层是模型的核心，在该层中，首先计算文章和问题之间的相似性矩阵 $S \in \mathbf{R}^{T\times J}$。

$$S_{t,j} = \alpha\left(H_{:t}, U_{:j}\right) \in \mathbf{R} \tag{11.1}$$

$$\alpha(h,u) = w_{(s)}^{\mathrm{T}}[h;u;hu], \quad w_{(s)} \in \mathbf{R}^{6d} \tag{11.2}$$

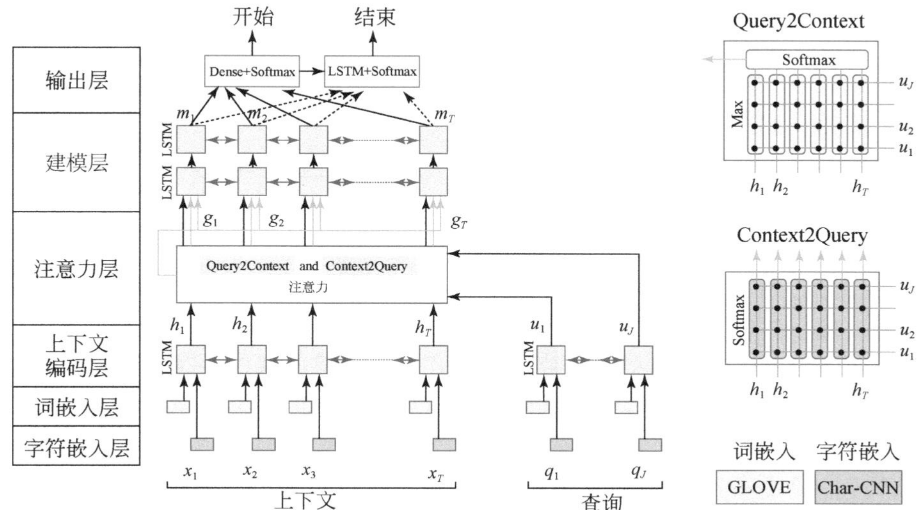

图 11.6　BiDAF 模型结构

基于相似性矩阵，文章到问题的注意力为

$$a_t = \text{Softmax}(S_{t:}) \in \mathbf{R}^J \tag{11.3}$$

$$\tilde{U}_{:t} = \sum_j a_{tj} U_{:j}, \quad \tilde{U} \in \mathbf{R}^{2d\times T} \tag{11.4}$$

问题到文章的注意力为

$$b = \text{Softmax}\left(\max\nolimits_{\text{col}} S\right) \in \mathbf{R}^T \tag{11.5}$$

$$\tilde{h} = \sum_t b_t H_{:t}, \quad \tilde{H} \in \mathbf{R}^{2d\times T} \tag{11.6}$$

将两个方向上的注意力计算结果进行整合，可得

$$G_{:t} = \beta\left(H_{:t}\tilde{U}_{:t}\tilde{H}_{:t}\right) \in \mathbf{R}^{d_G} \tag{11.7}$$

$$\beta\left(h,\tilde{u},\tilde{h}\right) = \left[h;\tilde{u};h\tilde{u};h\tilde{h}\right] \in \mathbf{R}^{8d\times T} \tag{11.8}$$

（4）建模层再一次对经过注意力更新后的表示进行上下文编码，将注意力关注后的文本信息融合到文章的表示中，最终得到文章的表示 $M \in \mathbf{R}^{2d\times T}$，$M$ 的每个列向量为该词关于整篇文章和问题信息的上下文信息表示。

（5）输出层基于前面计算得到的文章表示预测答案片段的开始位置和结束位置。

预测开始位置为

$$p^1 = \text{Softmax}\left(w_{(p_1)}^{\mathrm{T}}[G;M]\right) \tag{11.9}$$

预测结束位置为

$$M^2 = \text{BiLSTM}(M) \in \mathbf{R}^{2d\times T} \tag{11.10}$$

$$p^2 = \text{Softmax}\left(w_{(p_2)}^{\text{T}}\left[G;M^2\right]\right) \tag{11.11}$$

其中，p^1 和 p^2 均是文章长度的概率分布。

模型训练的损失函数为起止位置的交叉熵损失之和，即

$$L(\theta) = -\frac{1}{N}\sum_{i=1}^{N}\left(\log\left(p_{i_1}^1\right) + \log\left(p_{i_2}^2\right)\right) \tag{11.12}$$

在预测过程中，模型计算两个概率分布，选择使得乘积最大的两个序号 p_k^1和p_l^2，输出答案片段的起止位置的序号，即 $(k,l)(k \leqslant l)$。

在使用预训练语言模型解决片段抽取式机器阅读理解任务时，将问题和文本进行串联，作为预训练语言模型的输入，而后基于预训练语言模型的编码结果预测答案片段的起止位置。得益于预训练语言模型强大的编码能力，预训练语言模型在片段抽取式任务上取得了超越人类水平的结果，进一步带动了机器阅读理解的研究热潮。

11.4.4　自由生成式机器阅读理解任务

自由生成式机器阅读理解任务主要的评估指标是 BLEU [16]、ROUGE [17]。

代表数据集为 BaBi、MS MARCO [18]、SearchQA、NarrativeQA [19]、DuReader [20]。

S-Net 模型架构如图 11.7 所示，该模型计算流程分两步：①抽取证据片段（单篇文章抽取/多任务学习）；②根据问题、文章、证据片段合成答案。

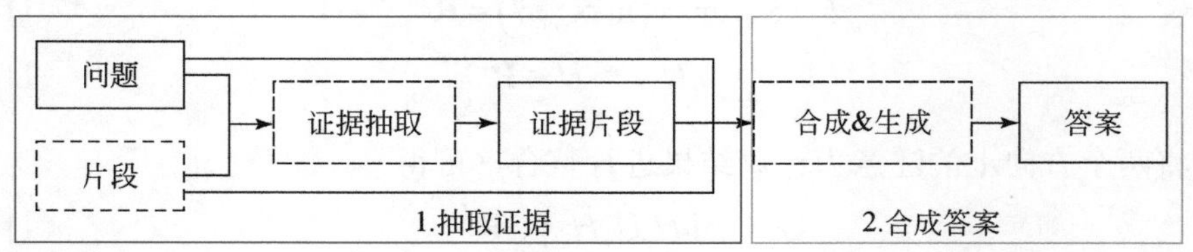

图 11.7　S-Net 模型架构 [21]

（1）证据抽取模块（图 11.8）分为以下三层：①嵌入表示层，将文章和问题分别过双向门控循环单元，得到文章表示序列 U^P 和问题表示序列 U^Q；②问题-文章交互表示层，用文章表示序列 U^P 和问题表示序列 U^Q 进行注意力计算，得到权重化的表示序列 C^Q，C^Q 序列通过门控函数后再通过双向门控循环单元得到表示 V^P 序列，问题表示 U^Q 序列再经过自注意力编码机制得到问题表示向量 r^Q，向量 r^Q 与 V^P 序列进行注意力运算得到文章表示向量 r^P；③证据抽取和检验层，证据抽取部分利用指针网络，输入为问题表示向量 r^Q 与文章表示序列 V^P，用指针网络在文章序列上确定证据的始位置和终止位置，证据检验部分利用数据集中标注

检验答案是否用到当前文章的内容，用文章表示向量 r^P 输入二分类器，1 为用到，0 为未用到。

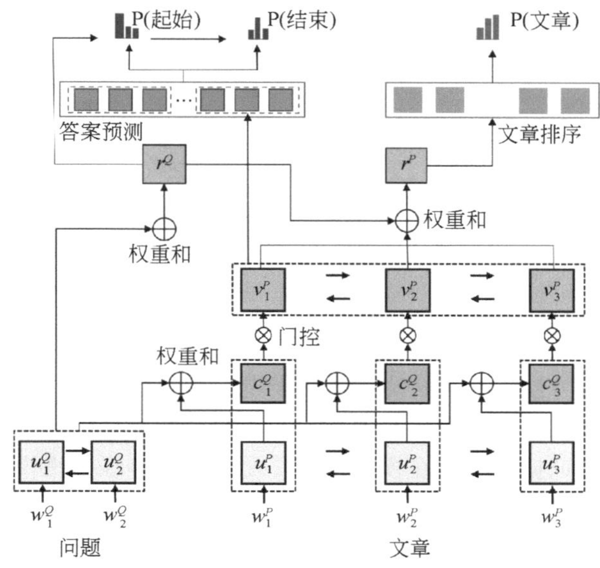

图 11.8　S-Net 证据抽取模块

（2）答案合成模块（图 11.9）采用 Seq2Seq 的编码-解码+注意力机制架构生成答案。其中，对于编码端，文章各词向量与证据标识（图 11.9 中特征部分，第一位为 1，表示证据起始词，第二位为 1，表示证据结束词）融合，然后经双向

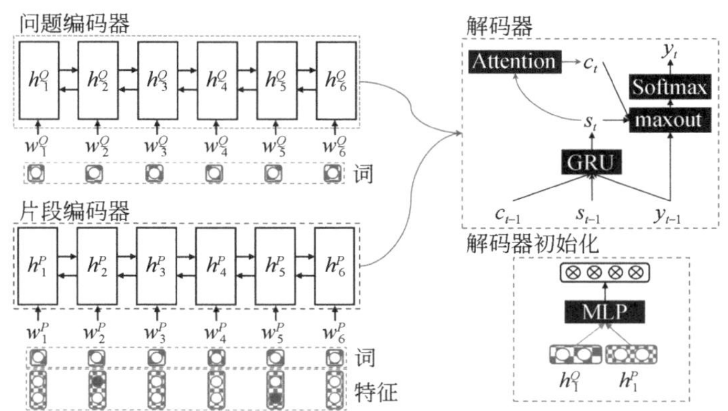

图 11.9　S-Net 答案合成模块

门控循环单元编码形成文章与证据的融合表示序列 h^P、问题表示序列 h^Q；对于解码端，初始位 d_0 用 h^P 和 h^Q 的第一位形成 $d_0 = \text{Tanh}\left(W_d\left[h_1^P, h_1^Q\right] + b\right)$，然后用标准的 Attention-basedSeq2Seq 输出 $d_t = \text{GRU}\left(y_{t-1}, c_{t-1}, d_{t-1}\right)$，其中，$y_{t-1}$ 为前一时刻输出词，c_{t-1} 为解码端对编码端的注意力值，d_{t-1} 为解码端前一时刻的隐藏层节点表示。

自由生成式机器阅读理解可以产生不限于文章的答案，更符合需求，但缺点是生成的答案形式多样，评估比较困难。

11.5　机器阅读理解的主要挑战与开放性问题

11.5.1　机器阅读理解的可解释性

机器阅读理解方法存在可解释性差的问题，导致这一问题的主要原因可以从数据与模型两个层面进行分析：在数据层面，数据集中只给出了问题和答案，并未提供得到答案的证据信息；在模型层面，端到端的神经网络模型无法提供预测答案的根据。现有的解决方法是设计模块化神经网络，通过各个模块的中间输出来提供中间步骤的判断结果，增加模型最终预测结果的可解释性。

11.5.2　机器阅读理解的鲁棒性

机器阅读理解研究中的鲁棒性主要针对问题的可回答性，在机器阅读理解的实际应用中，会存在问题不可回答的情况，具体而言，数据集（如 SQuAD）中存在不可回答问题，这类问题无法基于给定的文章内容得到答案，需要模型给出空答案或者明确的不可回答标签。针对机器阅读理解的鲁棒性差这一问题，研究工作主要可分为两种思路：①引入额外的独立验证模块辅助预测问题是否可回答，②通过在模型内部增加推理模块判断问题是否可回答。

11.5.3　机器阅读理解的长文章理解能力

现实应用中存在很多长文章情况，期望模型能够具备理解长文章的能力从而回答问题。理解长文章的挑战在于大多数模型的输入长度是有限的，理论上对于长文章，模型的编码能力会有折损，并且面对长文章，回答问题所需要的证据信息分散在不同的片段中，为一般的模型正确地回答问题带来了挑战。针对机器阅读理解模型缺乏长文章理解能力这一挑战，现有的研究工作从以下方向开展：由粗到细的文章建模、先抽取再回答、设计处理更长文章的预训练语言模型和开放领域问答等。

11.5.4　机器阅读理解的输入文本受限

在机器阅读理解任务中，存在受限于给定的输入文本的问题，一方面是指给定的文本信息中存在大量冗余信息，需要对给定的输入上下文进行凝练。另一方面，尤其是在开放式的多项选择式任务中，往往存在上下文文本信息缺失的问题，需要针对数据集中的问题从外部语料库中抽取出相关的文本信息。针对凝练上下文的方法，现有的工作可以划分为：①如何从给定文章中抽取出重要的证据句用于回答问题；②研究问题句中的关键信息用于定位文章中的相关信息。针对扩充上下文的方法，现有的工作存在两种类型的解决方式：①基于检索的方式，关注如何从外部语料中抽取相关文章；②基于生成的方式，关注如何借助从外部学到的知识针对问答生成辅助信息。

11.5.5　机器阅读理解的推理能力

推理能力是机器阅读理解研究中的一个核心问题，然而现有的数据集无法支持检测模型的推理能力，大多数问题对于推理能力的需求低。为了丰富机器阅读理解研究中关于推理能力的探索，研究者提出了需要推理能力才能回答问题的数据集。以 DROP[22] 数据集为代表，这些数据集的发布极大地推动了机器阅读理解技术研究中对模型推理能力的探索。

11.5.6　机器阅读理解的已知知识利用

知识在自然语言理解的过程中扮演着不可或缺的角色。在机器阅读理解任务中，机器阅读理解所面临的核心问题是理解和推理，并不是简单的文本匹配或者相似度计算，因而需要更加适合的网络模型对其过程进行建模或刻画，需要领域知识、常识知识、语言知识的支持，需要构建问题和候选项间的关联，缓解问题和答案间的信息不对称。

在已有的研究中，大量高质量数据集未被有效地引入机器阅读理解任务中，例如：①利用其他自然语言处理任务（如关系分类、知识补全、情感分析等）的数据集来辅助；②利用含有不同语义特征的语言学资源帮助模型完成阅读理解任务；③利用外部事实、常识知识库帮助模型在阅读理解过程中进行推理。

如何为机器阅读理解任务寻找适合的知识，是一个重要的挑战和研究问题。这个工作存在三方面的挑战，分别是知识获取、知识表示和知识推理。针对知识获取，需要考虑选择结构化还是非结构化的知识；针对知识表示，需要考虑利用何种编码方式尽可能多地保留知识输入中的信息，捕获知识的特征表示，已有的方法大多采取基于图或基于序列的方式；针对知识推理，需要根据机器阅读理解任务特性以及知识的作用，选择合适的方法进行知识推理。

11.5.7 机器阅读理解的自主利用无标注资源

如何让机器像人类一样，主动调用过去学习到的知识对语言材料进行处理，并自主运用阅读策略帮助自身理解文本，得到所要答案，这是一个挑战性问题。

11.5.8 机器阅读理解的迁移能力

机器阅读理解方法均是聚焦一类任务形式的方法，导致在不同任务形式的方法之间很难进行跨任务迁移。此外，由于机器阅读理解方法的数据驱动特性，导致机器阅读理解方法难以跨领域迁移。基于此，如何学习通用的机器阅读理解能力，打破任务形式和领域之间的壁垒，这是一个挑战性问题。

11.6 本 章 小 结

本章主要介绍第二范式时期机器阅读理解任务的主要任务形式、典型模型及评估指标。此外，本章还讨论了机器阅读理解面临的主要挑战和一些未解决的开放性问题。

参 考 文 献

[1] Chen D Q, Bolton J, Manning C D. A thorough examination of the CNN/daily mail reading comprehension task[C]//Proceedings of the 54th Annual Meeting of the Association for Computational Linguistics, Berlin, 2016: 2358-2367.

[2] Paperno D, Kruszewski G, Lazaridou A,et al. The LAMBADA dataset: Word prediction requiring a broad discourse context[C]//Proceedings of the 54th Annual Meeting of the Association for Computational Linguistics, Berlin, 2016: 1525-1534.

[3] Kadlec R, Schmid M, Bajgar O, et al. Text understanding with the attention Sum Reader network[C]//Proceedings of the 54th Annual Meeting of the Association for Computational Linguistics , Berlin, 2016: 908-918.

[4] Richardson M, Burges C J C, Renshaw E. MCTest: A challenge dataset for the open-domain machine comprehension of text[C]//Proceedings of the 2013 Conference on Empirical Methods in Natural Language Processing, Seattle, 2013: 193-203.

[5] Lai G K, Xie Q Z, Liu H X,et al. RACE: Large-scale reading comprehension dataset from examinations[C]//Proceedings of the 2017 Conference on Empirical Methods in Natural Language Processing, Copenhagen, 2017: 785-794.

[6] Ostermann S, Modi A, Roth M, et al. MCScript: A novel dataset for assessing machine comprehension using script knowledge[C]//Proceedings of the Eleventh International Conference on Language Resources and Evaluation, Miyazaki, 2018:3567-3574.

[7] Mihaylov T, Clark P, Khot T,et al. Can a suit of armor conduct electricity? a new dataset for open book question answering[C]//Proceedings of the 2018 Conference on Empirical Methods in Natural Language Processing, Brussels, 2018: 2381-2391.

[8] Wang S H, Yu M, Chang S Y,et al. A co-matching model for multi-choice reading comprehension[C]//Proceedings of the 56th Annual Meeting of the Association for Computational Linguistics, Melbourne, 2018: 746-751.

[9] Rajpurkar P, Zhang J, Lopyrev K, et al. SQuAD: 100,000+questions for machine comprehension of text[C]//Proceedings of the 2016 Conference on Empirical Methods in Natural Language Processing, Austin, 2016: 2383-2392.

[10] Joshi M, Choi E, Weld D S,et al. TriviaQA: A large scale distantly supervised challenge dataset for reading comprehension[C]//Proceedings of the 55th Annual Meeting of the Association for Computational Linguistics, Vancouver, 2017: 1601-1611.

[11] Dunn M, Sagun L, Higgins M,et al. SearchQA: A new q&a dataset augmented with context from a search engine[J]. arXiv preprint arXiv:1704.05179, 2017.

[12] Trischler A, Wang T, Yuan X D,et al. NewsQA: A machine comprehension dataset[C]//Proceedings of the 2nd Workshop on Representation Learning for NLP, Vancouver, 2017: 191-200.

[13] Welbl J, Stenetorp P, Riedel S. Constructing datasets for multi-hop reading comprehension across documents[J]. Transactions of the Association for Computational Linguistics, 2018，6: 287-302.

[14] Yang Z L, Qi P, Zhang S Z, et al. HotpotQA: A dataset for diverse, explainable multi-hop question answering[C]//Proceedings of the 2018 Conference on Empirical Methods in Natural Language Processing, Brussels, 2018: 1797-1806.

[15] Seo M. Bidirectional attention flow for machine comprehension[J]. arXiv preprint arXiv: 1611.01603, 2016.

[16] Papineni K, Roukos S, Ward T,et al. BLEU: A method for automatic evaluation of machine translation[C]//Proceedings of the 40th Annual Meeting of the Association for Computational Linguistics, Philadelphia, 2002: 311-318.

[17] Lin C Y. ROUGE: A package for automatic evaluation of summaries[C]//Text Summarization Branches Out, Barcelona, 2004: 74-81.

[18] Bajaj P, Campos D, Craswell N,et al. MS MARCO: A human generated machine reading

comprehension dataset[J]. arXiv preprint arXiv: 1611.09268, 2016.

[19] Kočiský T, Schwarz J, Blunsom P,et al. The NarrativeQA reading comprehension challenge[J]. Transactions of the Association for Computational Linguistics, 2018, 6: 317-328.

[20] He W, Liu K, Liu J, et al. DuReader: A Chinese machine reading comprehension dataset from real-world applications[C]//Proceedings of the Workshop on Machine Reading for Question Answering, Melbourne, 2018: 37-46.

[21] Tan C Q, Wei F R, Yang N, et al. S-Net: From answer extraction to answer generation for machine reading comprehension[C]//Proceedings of the AAAI Conference on Artificial Intelligence, New Orleans, 2018: 5940-5947.

[22] Dua D, Wang Y Z, Dasigi P, et al. DROP: A reading comprehension benchmark requiring discrete reasoning over paragraphs[J]. arXiv preprint arXiv: 1903.00161, 2019.

第12章 对话系统

对话系统是一种模拟人类并能与人类进行通顺连贯对话的计算机系统，是自然语言处理领域最有实用价值的任务之一，是人工智能时代人机交互的主要形式。随着技术的发展，对话系统已经成为各个领域中不可或缺的一部分。本章将介绍对话系统的基本概述、开放领域对话、任务型对话的基本概念、典型模型等。

12.1 对话系统概述

12.1.1 背景

深度学习技术的发展和广泛应用，极大地推动了自然语言处理领域的发展。人机对话系统作为自然语言处理领域的一大应用，是当今学术界和工业界研究的热点。随着智能语音助手、导航机器人等应用的逐步落地，人机对话也将成为下一代人机交互的主要方式，可以说人类马上要进入智能对话时代。对话的主要特点为互动地、平滑地推动多轮问答，主要包含任务型对话、闲聊型对话、多模态对话等多种类型。

12.1.2 对话系统的特点与分类

对话系统的基本特点是具有两个及以上的参与者，且以互动的形式平滑地推动话题的演进。根据目标，将对话系统分为开放领域对话和任务型对话。开放领域对话不要求有固定的对话目标，可以进行任意内容的闲聊对话，对话轮次越多越好。任务型对话有明确的对话目标，旨在快速找到问题的答案并完成任务，对话轮次越少越好。如今，在大语言模型广泛应用的背景下，开放领域对话的很多问题都已经被解决，而任务型对话作为挖掘和理解用户潜在需求的工具，依然具有重要的研究价值。

12.2 开放领域对话

开放领域对话的主要目的是吸引用户，与用户持续进行不限话题的多轮对话。

聊天机器人首先需要理解用户的意思，然后根据对话历史来产生有意义且连贯的回复。随着自然语言处理相关技术的发展，开放领域对话系统已经开始应用在人们生活中的方方面面，如常见的天猫精灵、微软小冰等，为人们提供了极大的便利。

从计算机的角度，对话是如何建模的呢？首先需要了解主流的开放领域对话框架，主要有基于检索的开放领域对话系统、基于生成的开放领域对话系统以及检索-生成融合的开放领域对话系统。本节对传统的开放领域对话系统进行简要的介绍。

12.2.1　基于检索的开放领域对话系统

基于检索的开放领域对话系统的输入是当前时刻的对话上文 X 以及对话历史 C，用于在一个预先给定的候选回复集合Ω中选择最合适的下文回复。

回复的选择过程一般是基于交互网络得到的输入与候选间的匹配分数，一般有浅层交互网络和深层交互网络两种基本形式，如图 12.1 所示。虚线上半部分为浅层交互网络，主要通过两个编码网络分别得到输入和候选回复的向量表示，然后将其共同输入一个分类层后得到匹配分数，为输入和候选答案学习到一个好的表示。虚线下半部分为深层交互网络，其通过一个交互网络得到输入与候选回复的联合向量表示，学习一个输入与候选回复间的匹配函数。在实际的应用中，一般深层交互网络表现性能更好。

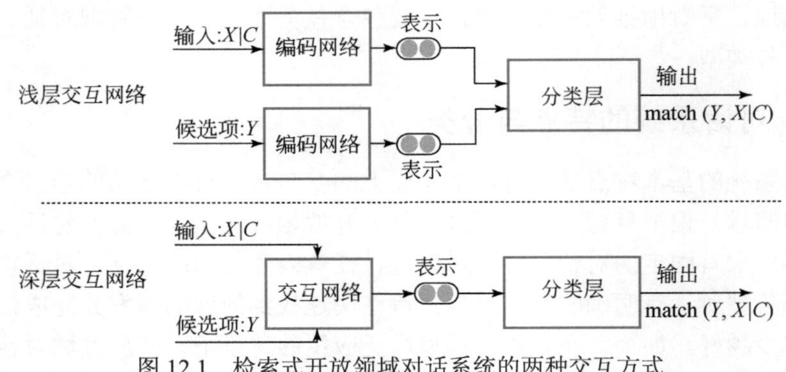

图 12.1　检索式开放领域对话系统的两种交互方式

12.2.2　基于生成的开放领域对话系统

基于检索的开放领域对话系统只能产生存在于预先给定候选集合Ω中的回复，而当没有候选回复集合或者是想要产生一个不在候选集合中的回复时，基于检索的开放领域对话系统无法正常运行，而基于生成的开放领域对话系统很好地解决了这个问题，其不再需要候选回复集合，而是直接生成回复。基于生成的开放领域对话系统框架如图 12.2 所示。在基于生成的开放领域对话系统中，模型的输入一般通过编码器编码为固定维度的隐层向量表示，然后将得到的表示用于解码器进行输出解码，最终得到生成的回复。

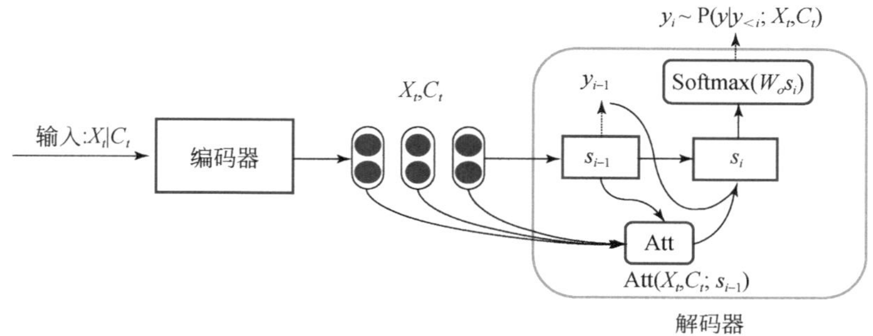

图 12.2 基于生成的开放领域对话系统框架

12.2.3 检索-生成融合的开放领域对话系统

基于检索的开放领域对话系统只能生成候选集合内的回复，但其可以保证生成的回复都是符合人类语法习惯的；而基于生成的开放领域对话系统可以生成未见过的回复，但并不能完全保证回复的流畅性。检索-生成融合的开放领域对话系统是一种两阶段的学习过程，其结合了检索模型可获得流畅、高质量回答和生成模型可获得数据集中未出现回答的优点。检索-生成融合的开放领域对话系统并没有完全固定的范式，一般是第一阶段利用检索模型生成一些相关的规范回答，第二阶段利用这些规范回答帮助生成模型得到更好的结果，如图 12.3 所示。

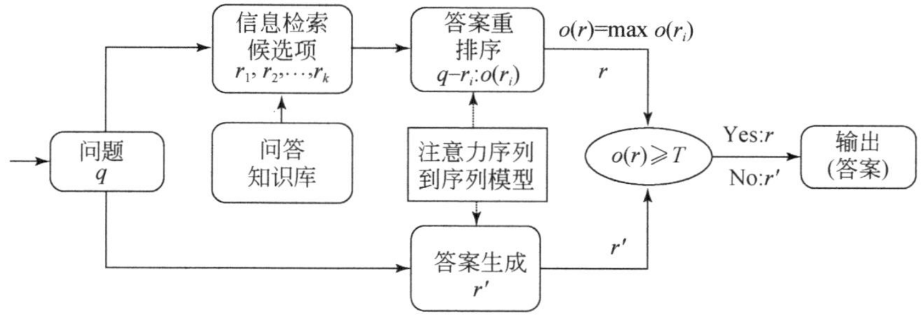

图 12.3 检索-生成融合的开放领域对话系统

12.2.4 开放领域对话系统中的关键问题

在自然语言处理技术的第二、三范式时期，由于训练数据规模有限，开放领域对话系统会遇到性能不佳的问题，当时的研究路线主要是针对各种不同问题，提出解决方案及相关模型。具体问题如下。

1. 回复无意义

回复无意义指在对话的过程中，对话机器人倾向于说一些缺乏信息量的通用回复，如“我不知道。”，这会使用户失去继续对话的兴趣。

导致回复无意义问题的主要原因在于对话语料中存在一对多/多对多问题。在普通 Seq2Seq 模型训练中，采用最大似然估计目标函数，由于对话中的一对多问题，模型难以获取上下文之间的语义联系，所以倾向于直接生成在语料中出现频率高的词，导致通用回复的问题。

可以看到，导致对话回复无意义的主要原因在于模型自身建模能力的不足以及对话中存在的一对多问题。因此，解决回复无意义主要有三种基本思路：改进模型建模、数据增强以及引入外部知识。

对于模型建模，具体的思路有两种，一种思路是修改解码端的结构，例如，加入多头自注意力机制来进行解码工作，多头自注意力有助于解码器从编码端获取多角度的信息，在一定程度上增加信息量。另一种思路是修改目标函数，主流方案采用最大似然估计，该函数仅考虑给定输入下的输出概率，但没有考虑输出对输入的影响。在此背景下，例如，对于问题“今天天气如何？”，直接基于概率的答案可能是“我不知道。”，但这个回复对于很多问题都是合适的，即仅考虑了基于问题的答案回复，而没有考虑到回复对于问题的影响。因此，可以将最大似然估计转换为最大互信息来增加响应的多样性，避免通用回复的问题。其中，互信息衡量随机变量之间的相互依赖程度。

$$I(X;Y)=\sum_{y\in Y}\sum_{x\in X}p(x,y)\log\left(\frac{p(x,y)}{p(x)p(y)}\right) \tag{12.1}$$

因此，加入最大互信息建模输入输出之间的依赖关系后，对话模型的目标函数修改为

$$\hat{T}=\arg\max\nolimits_T\left((1-\lambda)\log(T\mid S)-\lambda\log(S\mid T)\right) \tag{12.2}$$

其中，S 为输入的信息，即对话上文；T 为目标生成的回复；λ为对一般回复的惩罚因子。

2. 回复多样性低

回复多样性低指的是对话机器人在交谈中反复重复用户的话，如“我也是。”或“我不知道。”，这与回复无意义有一定重合，都是信息量低的表现。

解决回复多样性低的问题，基本思路是引入更加丰富的信息来辅助对话生成。通常从主题、情感和知识三个角度切入。

（1）丰富主题。主题是对话中的关键词或核心内容，因此基于主题的信息可以生成更丰富的回答。对于对话的主题或话题，一种方法是直接利用预测得到的关键词生成回复，另一种方法是对现有话题进行扩展和加深。

（2）丰富情感，旨在让机器能够提供真正的情感抚慰和陪伴。根据待生成回复中情感的获取方式，可以分为两种模式：①明确指出待生成回复的情感，这种方法输入对话上文和目标情感，输出蕴含该情感的回复，其优点是情感灵活可控，缺点是需要大规模情感标注的对话语料；②情感隐含在对话上文中，这种方法只需要提供对话上文，优点是可利用已有的大规模对话语料，缺点是生成的情感不易控制。

（3）引入外部知识。一个开放领域的对话系统应该具备丰富的知识基础能力，能够识别用户输入中提到的实体和主题，并将其链接到真实世界的事实中。知识型对话系统整体框架如图 12.4 所示，对于一个常规的智能对话系统，首先根据对话历史进行对话理解，编码对话上文的语义表示；然后建模对话管理模块，管理对话交互的过程；最后基于对话管理模块的预测进行对话生成。在上述的智能对话系统中，可通过引入外部知识分别对上述三个阶段进行增强。

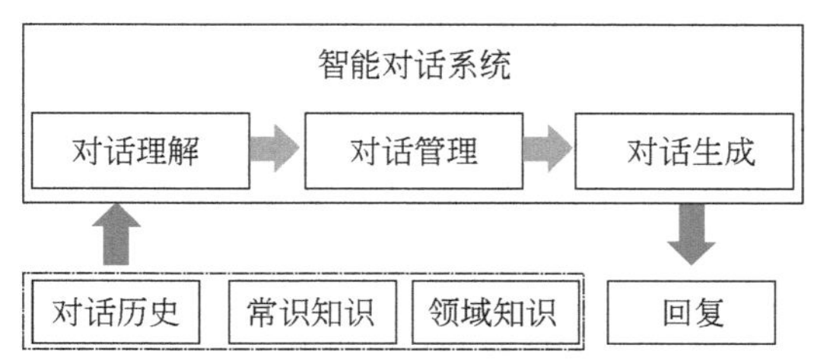

图 12.4 知识型对话系统整体框架

3. 回复一致性低

回复一致性低是指在对话过程中，对话机器人不能保持一个一致的个性，与自己说的话或者背景设定产生了不一致。例如，当对话机器人说完自己年龄是 18 岁后，又继续进行了几轮对话，这时候对话机器人说自己已经是一个中年人了，这就与前面所说的话产生了冲突。

在实际应用中，拥有一致个性的对话系统表现得更像人类，也更容易获取用户的信赖。对于个性的建模主要有两种方式：①隐式建模个性，不需要给定具体的个性信息，直接通过对话历史来隐式捕获用户的个性；②显式建模个性，需要给定具体的个性信息（个性属性值或者描述信息），不一定需要利用对话历史产生个性回复。例如，可以将说话者表示为一个嵌入向量，该向量蕴含了用户的具体信息，将该向量与隐层向量进行拼接得到新表示。同时，在基于对话的语料上训练出的模型具有相似应答的不同会话者，在嵌入空间上更为靠近。因此，即使一个说话者从没有进行过相似问题的对话，也可以根据与其相似的说话者的对话做出较为合适的回答。进入第五范式时期后，鉴于大语言模型的强大功能，上述很多问题都得到了有效缓解。

12.3　任务型对话

任务型对话系统旨在帮助用户高效地完成特定领域内的任务，在多个场景中具有广泛应用，如餐厅预订、天气查询和航班预订等。通过结合相关自然语言处理技术，任务型对话系统能够准确理解用户意图，并提供相应的响应和建议。通过自动化和智能化服务，任务型对话减少了用户操作步骤，节省了时间，显著提升了用户体验和效率。任务型对话系统主要有基于管道结构的方法和基于端到端的方法。

12.3.1　基于管道结构的任务型对话系统

基于管道结构的任务型对话系统框架主要包括三个模块：自然语言理解模块、对话管理模块以及自然语言生成模块，具体如图 12.5 所示，用户输入由语音识别技术转成文本句子之后，首先由自然语言理解模块对句子进行用户意图的解析，

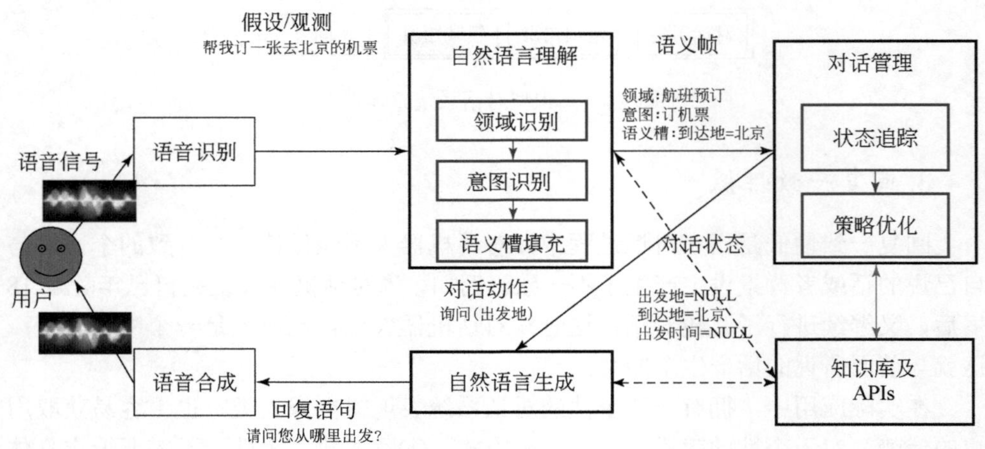

图 12.5　基于管道结构的任务型对话系统框架

接着由对话管理模块负责跟踪对话中的状态，并决定下一步的系统动作，然后由自然语言生成模块生成回复语句。

基于管道结构的建模方法是各功能模块分别建立模型，并用各自的数据进行训练，最后在完成任务时利用训练好的各个模块以管道方法逐步完成任务。

1. 自然语言理解模块

自然语言理解模块负责将用户输入的文本或语音识别结果转化为结构化语义表示，为后续对话管理提供基础数据与支持。其核心功能是：①领域识别，即区分用户需求所属范畴；②意图识别，即确定用户核心目标；③语义填充（槽填充），即提取语句中与意图相关的关键参数（槽位值）。

其中，领域识别和意图识别本质上是分类任务，可以用分类模型实现；语义填充属于序列标注任务，可以用序列标注模型实现。三个子任务可以独立建模，也可以联合建模。

在第二、三范式时期有大量的该模块相关研究工作和相关模型被提出。

2. 对话管理模块

对话管理模块是对话任务的核心模块，负责记录当前的对话状态并决定下一步采取什么策略和动作。该模块包括对话状态跟踪和对话策略优化两个子模块。

（1）对话状态跟踪模块的功能是通过实时跟踪用户意图、槽位信息和上下文构建动态的对话状态，为后续对话策略提供决策依据。关于对话状态跟踪问题，在第二、三范式时期有大量的研究工作和建模方法，主要有按分类问题建模方法、按生成问题建模方法和按机器阅读理解问题建模等方法。

（2）对话策略优化模块的功能是根据当前对话状态，动态选择合适的下一步策略及系统动作，从而回复用户。关于对话策略优化问题，在第二、三范式时期也有大量的研究工作和建模方法，主要有监督学习建模方法、强化学习建模方法和强化学习与监督学习相结合的建模方法。

3. 自然语言生成模块

自然语言生成模块是根据对话管理模块给出系统动作，与槽位信息结合，来生成给用户的回复。关于自然语言生成问题，在第二、三范式时期也有大量的研究工作和建模方法，大部分采用端到端的方法生成回复。

随着大语言模型的提出，陆续有研究者采用大语言模型来对各功能模块建模的方法。

Hudeček 等[1]发现，尽管大语言模型在大多数任务上具备很强的理解能力，但在特定任务的状态跟踪上仍不如领域模型。因此，作者提出了使用一个管道式工作流，通过集成相关专业模块来辅佐大语言模型更好地完成任务。如图 12.6 所示，管道式工作流整个流程分为四个模块：上下文表征模块、提示构造模块、大语言模型对话状态跟踪模块以及大语言模型生成模块。对于任务型对话，关键在于对话状态跟踪和大语言模型生成这两个模块，即解决“目前聊到什么程度”和“应该说什么”的问题，相比单轮对话，多轮对话更需要考虑这两个问题。

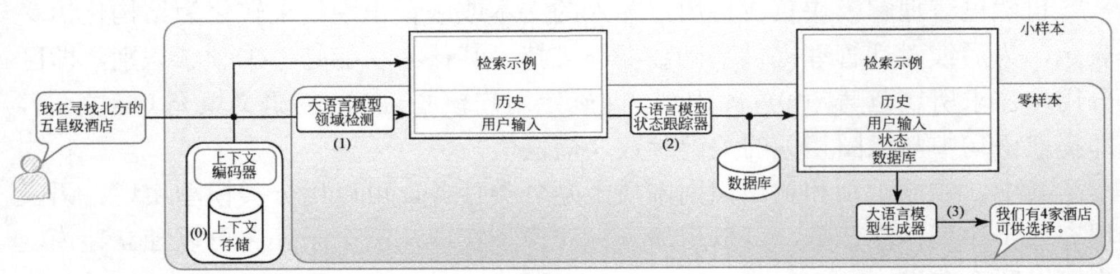

图 12.6　管道式工作流

首先，在预处理阶段，会预先编码一些案例存放在数据库中。接着，对于一个新输入的样本，系统会检测该输入内容所属的领域，随后在相关存储库中检索相关案例，从而获得一个小样本示例，并构造一个［历史案例，输入］的提示模板。随后，使用大语言模型推断信念状态。在此基础上，检索数据库信息并构建另一个包含状态和数据库结果的提示。再一次构造成一个包含小样本示例的［历史案例，输入］形式的新提示模板。最后，将其输入大语言模型进行结果生成。

12.3.2　基于端到端的任务型对话系统

基于端到端的方法是不将具体步骤单独模块化，而是直接学习输入到输出的映射关系，用一个总的神经网络代替各个模块，图 12.7 为端到端统一训练示意图。

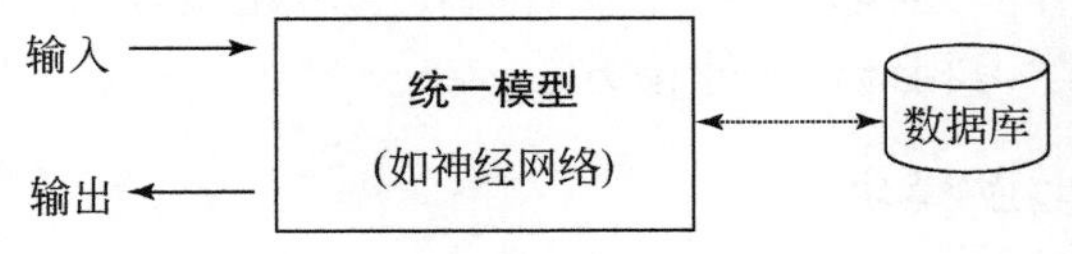

图 12.7　端到端统一训练示意图

SimpleTOD[2] 是早期的基于端到端的任务型对话模型。其基本思想是将自然语言理解模块、对话管理模块和自然语言生成模块三者采用 Transformer 解码器结构整合为一个统一的生成模型。模型以由用户输入、系统回复、信念状态、数据库查询结果和动作组成的序列作为训练数据，采用自回归生成模式进行训练，从而基于端到端的任务型对话模型。

SimpleTOD 模型生成回复的过程为：①将完整的历史对话作为用户输入，模型生成信念状态（图 12.8(a)(b)），信念状态包含领域类型、槽及对应的槽值等，这一步相当于完成了管道式工作流中的自然语言理解及对话状态跟踪工作；②把得到的信念状态和数据库查询结果拼起来输入模型，得到系统动作（图 12.8(c)）；③将用户输入、信念状态、数据库查询结果和动作拼起来输入模型，生成回复（图 12.8(d)）。

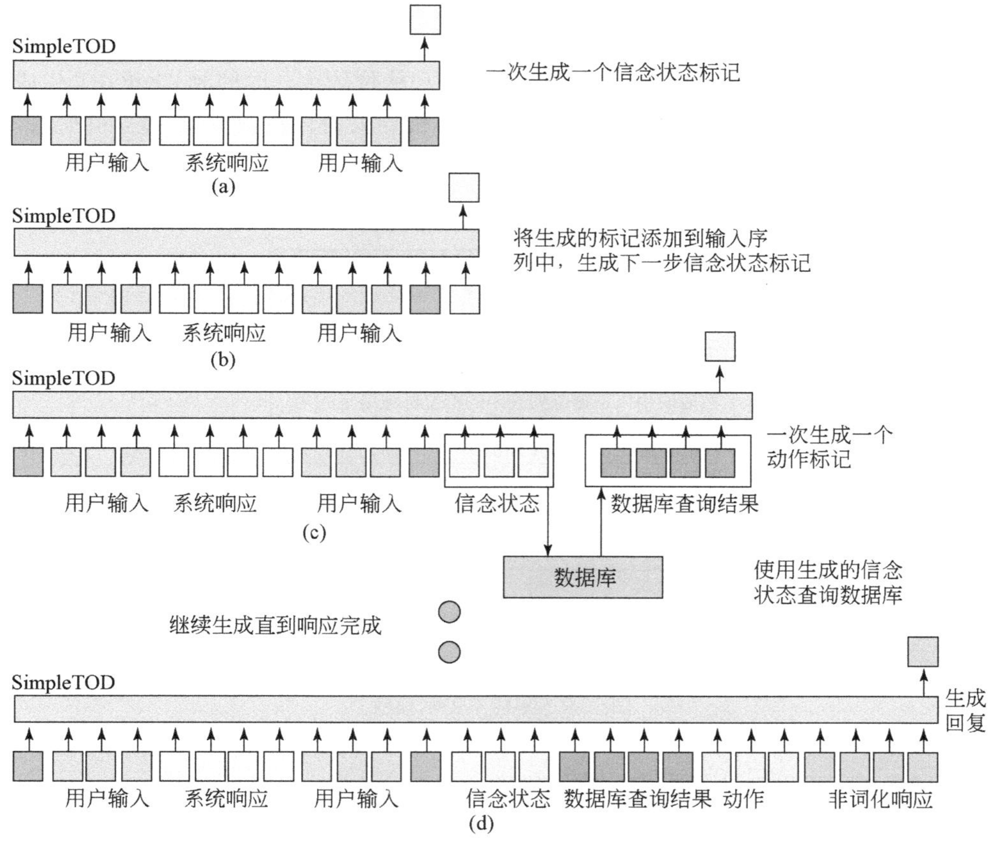

图 12.8　SimpleTOD 模型示意图

尽管 SimpleTOD 将所有子模块都转化成序列生成任务，并通过类似多轮对话的模式逐一生成每个子模块中的内容，但是这种依赖轮次的生成在实际使用中通常会存在一些不可控因素，例如，用户无法准确地要求模型当前执行哪个模块。PPTOD [3] 借鉴了预训练语言的思想，提出了一种多任务学习方法。该方法的核心思想是将自然语言理解模块、对话管理模块和自然语言生成模块各自定义为不同的训练任务，采用类似预训练语言模型 T5 的方式分别用各任务数据对模型进行训练，训练时加提示前缀来区分每类任务。通过训练，模型能学到对话理解、对话状态跟踪和响应生成的通用知识。相比于 SimpleTOD 模型，PPTOD 模型不但可指定具体的模型任务执行，而且具有预训练语言模型的增强低资源场景应用性能的优点。

随着 ChatGPT 在各项自然语言处理任务上取得了卓越成绩，尤其在零样本场景下表现出优异性能，Pan 等[4]提出了使用提示来直接指导 ChatGPT 完成任务型对话工作。作者提出了基于零样本的提示模板（图 12.9），具体包括三部分：①模式和约束，主要是针对自然语言理解进行意图和槽位约束，以控制 ChatGPT 生成正确的意图和槽内容；②规则，主要利用模板指导大语言模型生成合理的回复；③需要输入的句子。

实验证明，在众多任务中，ChatGPT 在零样本情况下的表现良好。

模式和约束
意图约束 给定以下句子，首先从以下意图列表中选择句子的意图 [···] **槽位约束** 然后使用以下槽位列表中的槽位标注给定的句子，并给出每个槽位的示例值。[专辑：Like A Hurricane, The Happy Blues···]
规则
您需要以“···”的形式输出注释。您不能输出任何注释以外的内容··· 您不能遗漏任何可能的槽位-值对···
句子输入
将United Abominations添加到我的稀有节奏播放列表：

图 12.9　零样本提示模板

12.3.3　任务型对话系统发展趋势

随着大语言模型技术的发展，任务型对话系统研究呈现出大语言模型与轻量化组件协同演进的技术路线，采用智能体技术实现更为复杂的隐式意图任务。

Qian 等[5]提出基于 GPT-4 的强大知识来辅助构造一个隐式意图理解合成数据集 IN3（intention-in-interaction），提供了数百个类型的多样化任务（如烹饪、艺术、编程等），并且将这些任务的对话进行标记，分为任务表述是否模糊，对于表述模糊、缺失信息的对话，将缺失信息分为三个级别进行标注，级别越高，缺失信息越重要，通过在 IN3 上对表述模糊的对话进行微调，来增强模型的对话任务分析能力。

Andukuri 等[6]构建了一个合成数据集。不同于 IN3 侧重于覆盖更多的场景，该合成数据集侧重于涵盖各种不同画像的人物建模。使用该高质量的人物画像对话数据进一步微调模型，可以增强模型的个性化对话能力。

12.4　本 章 小 结

对话系统是实现有效人机交互的关键技术。本章简要介绍了开放领域对话和任务型对话的基本概念。通过本章的内容，读者可以理解对话系统的结构、功能及其在人机交互中的应用前景。

参 考 文 献

[1] Hudeček V, Dusek O. Are large language models all you need for task-oriented dialogue?[C]//Proceedings of the 24th Annual Meeting of the Special Interest Group on Discourse and Dialogue, Prague, 2023: 216-228.

[2] Hosseini-Asl E, McCann B, Wu C S, et al. A simple language model for task-oriented dialogue[C]//Advances in Neural Information Processing Systems, Vancouver, 2020: 20179-20191.

[3] Su Y X, Shu L, Mansimov E, et al. Multi-task pre-training for plug-and-play task-oriented dialogue system[C]//Proceedings of the 60th Annual Meeting of the Association for Computational Linguistics, Dublin, 2022: 4661-4676.

[4] Pan W B, Chen Q G, Xu X,et al. A preliminary evaluation of ChatGPT for zero-shot dialogue understanding[J]. arXiv preprint arXiv: 2304.04256, 2023.

[5] Qian C, He B X, Zhuang Z, et al. Tell me more! towards implicit user intention understanding of language model driven agents[C]//Proceedings of the 62nd Annual Meeting of the Association for Computational Linguistics, Bangkok, 2024: 1088-1113.

[6] Andukuri C, Fränken J P, Gerstenberg T, et al. STaR-GATE: Teaching language models to ask clarifying questions[J]. arXiv preprint arXiv: 2403. 19154, 2024.